新编高等院校计算机科学与技术规划教材

Spring 3. x 编程技术与应用

丁振凡 编 著

北京邮电大学出版社
·北京·

内 容 简 介

本书按循序渐进的原则对 Spring 3. x 的主要知识及应用体系进行了较为系统的介绍，回答了应用开发者最为关心的一些话题，目的是帮助读者快速理解和运用相关知识。

全书紧扣新版 Spring 的知识内容，结合实际应用进行讲解，书中的应用样例具有很大的实用性。全书分 3 篇共 21 章，具体内容包括：Spring 环境的安装与使用、JSP 与 JSTL 简介、Spring 基础概念与工具、用 Spring JdbcTemplate 访问数据库、使用 Maven 工程、Spring MVC 编程、基于 MVC 的资源共享网站设计、Spring 的 AOP 编程、Spring 的安全访问控制、Spring 的事务管理、Spring 的任务执行与调度、Spring Web 应用的国际化支持、AJAX 和 Spring 结合的访问模式、利用 Spring 发送电子邮件、Spring JMS 消息应用编程、教学资源全文检索设计、Java 应用的报表打印、网络考试系统设计、Spring 应用的云部署与编程、Spring Integration 应用简介、基于 MVC 的文档网络存储服务设计。

本书是作者近年来利用 Spring 进行应用开发的经验总结。适合作为软件开发人员进行项目开发时的参考资料，同时也可作为高校本科生和研究生开设“Java Web 编程技术”或“Spring 开发技术与应用”课程的教材或参考书。

图书在版编目(CIP)数据

Spring 3. x 编程技术与应用 / 丁振凡编著. -- 北京：北京邮电大学出版社，2013. 8

ISBN 978-7-5635-3627-6

Ⅰ. ①S… Ⅱ. ①丁… Ⅲ. ①JAVA 语言—程序设计 Ⅳ. ①TP312

中国版本图书馆 CIP 数据核字(2013)第 182052 号

书　　　名：Spring 3. x 编程技术与应用
著作责任者：丁振凡　编著
责 任 编 辑：张珊珊
出 版 发 行：北京邮电大学出版社
社　　　址：北京市海淀区西土城路 10 号(邮编：100876)
发　行　部：电话：010-62282185　传真：010-62283578
E-mail：publish@bupt. edu. cn
经　　　销：各地新华书店
印　　　刷：北京鑫丰华彩印有限公司
开　　　本：787 mm×1 092 mm　1/16
印　　　张：18
字　　　数：458 千字
印　　　数：1—3 000 册
版　　　次：2013 年 8 月第 1 版　2013 年 8 月第 1 次印刷

ISBN 978-7-5635-3627-6　　　　定　价：38. 00 元

· 如有印装质量问题，请与北京邮电大学出版社发行部联系 ·

前　言

企业Web应用的开发效率一直以来是应用开发者关注的目标。为了提高开发效率，市场上出现了很多应用框架，Spring框架无疑是其中优秀的代表。Spring是一个开源框架，在使用该框架的过程中，开发者可享受到该框架带来的良好设计理念和众多的技术优势。Spring 3基于注解的MVC框架以及在事务、安全、任务调度上的良好支撑，可给开发者带来清晰直观的感受，有利于软件开发效率的提高。

本书的读者需要对Java面向对象编程具有一定的认识，另外对数据库的操作及原理也应有一定了解，并掌握HTTP协议、网页编程及XML语言的知识。

在本书的帮助下，读者可以清楚地研究源代码，加深对框架的理解，开发出高质量的应用程序。本书不仅解释了框架的基本工作原理，而且注意让读者体会在项目中开发应用的设计思路和技巧，从而可以让读者更加自信地投入到Spring Web应用的开发中。

本书既是指南又是教程，也是Spring Web开发手册。本书没有涉及Spring框架的全部内容，而是从开发使用的角度来介绍Spring框架的主要方面。

本书的特色有以下几个方面：

1. 快速入门

本书对应用环境配置描述翔实。读者可以轻松进入应用的开发过程，可以边学边用。

2. 通俗易懂

全书内容按循序渐进的原则进行安排，每章内容均围绕应用和实例进行介绍。读者能从应用实例中掌握知识并应用。

3. 主次分明、避虚就实

本书没有介绍Spring的所有方面，在内容选择上以实际项目开发中常用到的部分为重点，可谓汇聚精华。全书结构合理、内容丰富、通俗易懂、案例实用，既注重基本理论和概念的阐述，又重视结合实际应用和Web技术的最新发展。

4. 结合应用

本书围绕应用来介绍Spring的核心知识内容，重在技术上的应用。各章围绕应用系统的设计为线索。注重理论与实际的结合，例题精练，将复杂的理论融入到易于理解的实例中，有利于培养学生解决实际问题的能力。

5. 紧扣最新知识

本书是以较新的Spring 3.2的内容为重点，知识介绍中大多以Spring注解形式配置为主线。虽然Spring 3.0也兼容早期版本Spring的配置，但考虑节省篇幅，让读者重点掌握最新知识，非注解方式在某些内容介绍中未涉及。

本书的内容如下：

第1篇　Spring Web编程基础篇

第1章介绍了Spring环境的安装与使用，包括JDK和Tomcat服务器的安装、Spring简单样例的调试以及 Spring 框架基本组成。

第 2 章介绍了 JSP 的使用，包括 JSP 的编译指令、动作标签和内置对象，并介绍了 JSTL 的 EL 表达式语法以及 JSTL 核心标签库和函数标签库的使用。

第 3 章介绍了 Bean 的注入配置、过滤器与监听器的知识、文件资源访问工具包的使用、SpEL 语言等。

第 4 章介绍了 JdbcTemplate 的使用，结合实例对使用 JdbcTemplate 进行数据库的各类操作方法进行了介绍。

第 5 章介绍了 Maven 工程的相关概念，在 STS 中对 Maven 工程的依赖关系配置处理。

第 6 章介绍 Spring MVC 编程，包括 Spring MVC 的 RESTful 特性、注记符的使用、视图的显示处理等，并介绍了用 Spring MVC 实现文件上传应用。

第 7 章以资源共享网站设计为例展示了用 MVC 开发应用系统的设计思路以及配置处理和编程技巧。

第 2 篇　Spring 高级编程概念讨论篇

第 8 章介绍了 Spring 的 AOP 编程及应用举例。

第 9 章介绍了 Spring 的安全访问控制，主要涉及安全登录和授权保护处理。

第 10 章介绍了 Spring 的事务管理，分析了编程式和声明式事务管理的各种实现方式的技术特点。

第 11 章介绍了 Spring 的任务执行与调度的实现方式，并介绍了服务器文件安全检测的应用案例。

第 12 章介绍了 Spring Web 应用的国际化支持，给出了具体配置和编程处理步骤。

第 3 篇　Spring 应用整合处理研究篇

第 13 章结合资源共享网站设计中资源查询功能设计，介绍 AJAX 与 Spring 结合的信息访问服务方式的编程处理技术。给出了 XML 和 JSON 两种消息传送方式的技术处理。

第 14 章介绍了利用 Spring 实现各类邮件的自动发送方法。

第 15 章介绍了利用 Spring JMS 实现消息应用编程的方法。

第 16 章结合课程资源全文检索设计案例，给出了利用 Lucene 和 Tika 进行文档处理，实现全文检索和语义信息提取的方法。

第 17 章结合工程应用，介绍了利用 iText 实现 PDF 报表打印的编程处理方法。

第 18 章介绍了基于 Spring MVC 的网络考试系统的具体实现。

第 19 章 讨论了 Spring 应用部署到 CloudFoundry 云环境的若干问题。

第 20 章介绍了 Spring Integration 中的核心概念，结合应用给出了编程样例。

第 21 章介绍了用户网上文件存储系统设计，可实现用户网上虚拟硬盘的功能。

全书由华东交通大学丁振凡编写。感谢华东交通大学的李卓群、莫佳、李明翠等老师对本书提出的宝贵意见，由于编者水平所限，加之时间仓促，疏漏和错误之处在所难免，恳请读者批评指正。

作　者

目 录

第1篇 Spring Web编程基础篇

第 2 篇 Spring 高级编程概念讨论篇

第 3 篇 Spring 应用整合处理研究篇

第 1 篇

Spring Web 编程基础篇

第1章　Spring环境的安装与使用

Spring 是一个开源框架，它是为了解决企业应用开发的复杂性而创建的。简单来说，Spring 是一个轻量级的控制反转（IoC，Inversion of Control）和面向切面（AOP，Aspect Oriented Programming）的容器框架。从大小与开销而言，Spring 都是轻量的。控制反转（IoC）又称依赖注入（DI，Dependency Injection），可以让容器管理对象，促进了松耦合，它是 Spring 的精髓所在。面向切面编程可以让开发者从不同关注点去组织应用，从而实现业务逻辑与系统级服务（例如审计和事务管理等）的分离。

1.1　Spring 应用环境的安装配置

1.1.1　安装 JDK

（1）从网上下载 jdk-6u2-windows-i586-p. exe，运行即可完成 JDK 安装。

（2）配置环境变量：在我的电脑→属性→高级→环境变量→系统变量中添加以下环境变量。

- path 的值为 JDK 安装路径的 bin 文件夹（例如 d:\ jdk1. 6. 0_02\bin）。
- JAVA_HOME 的值为 JDK 安装路径（例如 d:\ jdk1. 6. 0_02）。

1.1.2　Tomcat 服务器的安装

（1）下载

从网上下载 apache-tomcat-7. 0. 12-windows-x86. zip。

（2）安装 Tomcat 7

将下载的 zip 文件解压到某个目录下，比如 D:\apache-tomcat-7. 0. 12。

（3）启动 Tomcat

进入 Tomcat 7 安装目录下的 bin 目录，运行 startup. bat 文件即可启动 Tomcat，在浏览器中输入 http://localhost:8080/，可以看到 Tomcat7 的欢迎界面，如图 1-1 所示。

（4）配置 Tomcat 的服务端口

Tomcat 的默认服务端口是 8080，可以通过管理 Tomcat 的配置文件来改变该服务端口。

编辑 Tomcat 安装处的/conf/server. xml 可看到如下代码：

```
<Connector port = "8080" protocol = "HTTP/1.1"
        connectionTimeout = "20000"   redirectPort = "8443" />
```

其中，port=8080 就是 Tomcat 的服务端口。

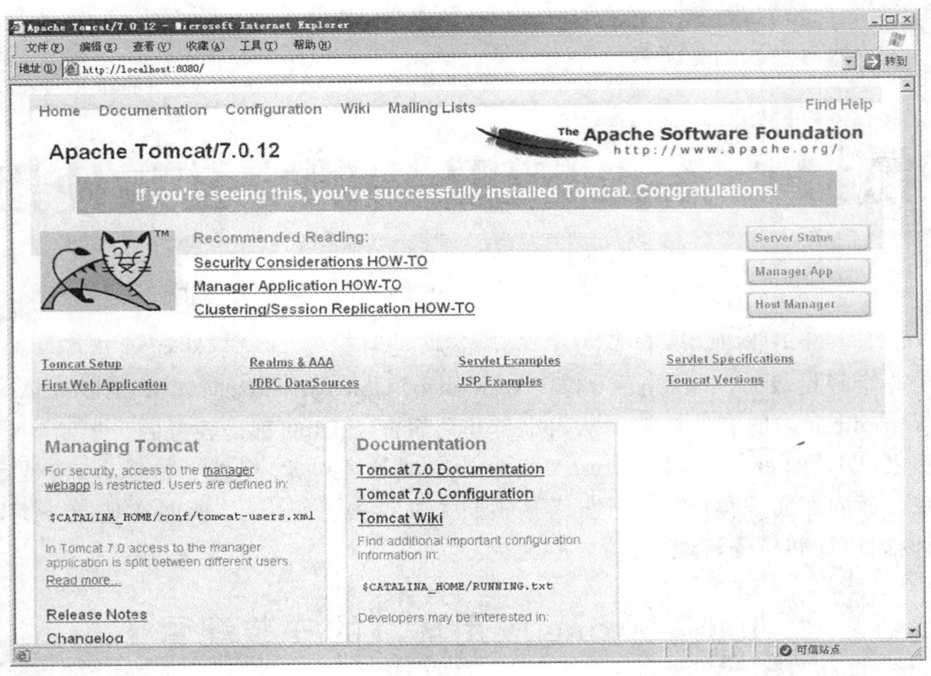

图 1-1　Tomcat 的首页

(5) 进入 Tomcat 的控制台界面

在 Tomcat 的首页可看到有三个控制台：第一个是 Server Status，第二个是 Manager App，第三个是 Host Manager。通常只使用 Manager App 控制台，它可以监控和部署 Web 应用。单击 Manager App 控制台将弹出如图 1-2 所示的用户登录对话框。

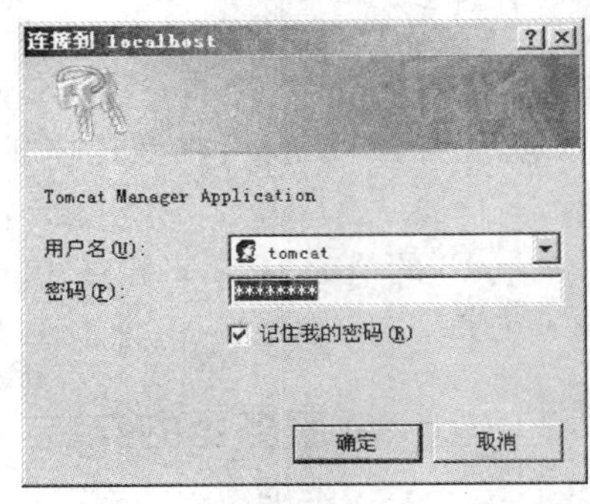

图 1-2　用户认证对话框

为了实现应用管理，需要修改 conf/tomcat-users.xml 配置文件，给 manager-gui 的角色增加一个账户，例如，增加用户名为 tomcat，密码为 abc123 的账户。

```
<role rolename="manager-gui"/>
<user username="tomcat" password="abc123" roles="manager-gui"/>
```

重新启动 Tomcat，就可用该账户登录管理控制台进行应用管理了。

(6) 部署 Web 应用

在 Tomcat 中部署 Web 应用有多种方式，常用方式有两种。

- 利用 Tomcat 的自动部署：将应用目录复制到 webapps 目录下。
- 利用 Manager App 控制台部署：将应用的 war 包上传到服务器上即可。如图 1-3 所示，首先通过浏览选中 war 包，然后单击“Deploy”按钮即可。已经部署的应用也可通过管理控制台来停止或卸载。

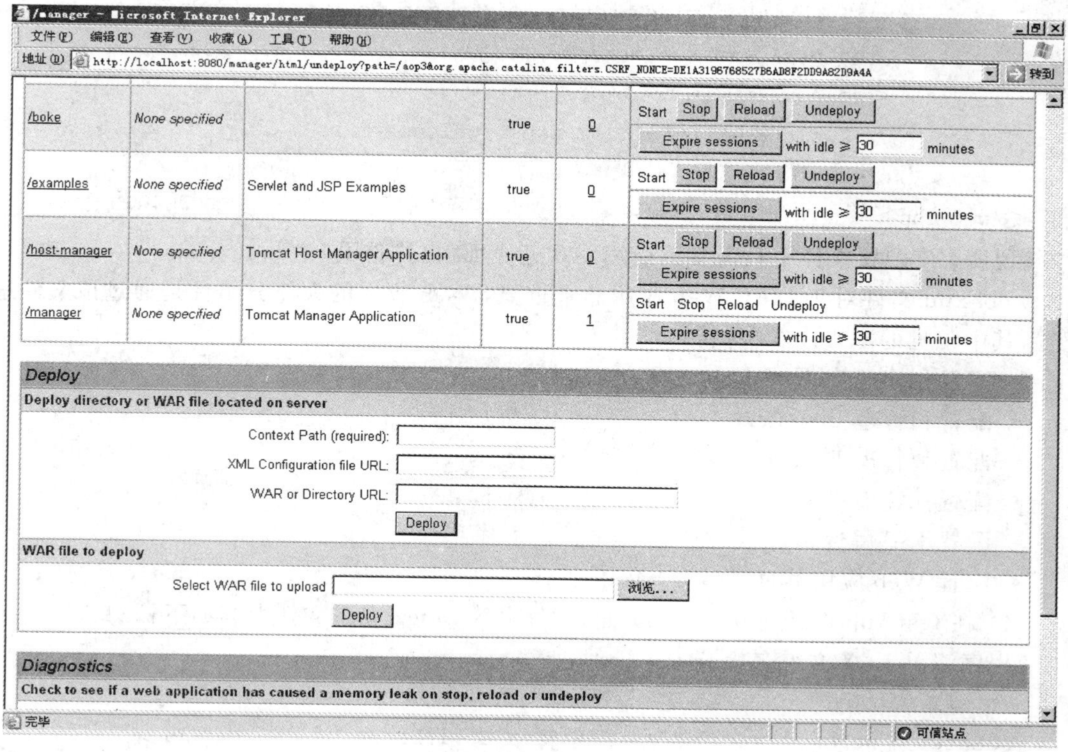

图 1-3　利用控制台进行部署的界面

1.1.3　测试简单的 Web 应用

在 Tomcat 的应用环境中实现一个简单 Web 应用步骤如下，这里给该应用取名为 testApp。

(1) 在 webapps 下新建 testApp 目录。

(2) 在 testApp 下新建一个目录 WEB-INF，注意，目录名称是区分大小写的。

典型 Web 应用的文件结构按如下形式安排：

```
<testApp>………………………………………………这是应用名称
|—WEB-INF
|      |—classes
|      |—lib
|      |—web.xml
|—index.jsp………………………………………………这里可放置任意个 JSP 文件
```

(3) 在 WEB-INF 下新建一个文件 web.xml，内容如下：

【程序清单 1-1】文件名为 web.xml

```
<? xml version = "1.0" encoding = "UTF-8"? >
<web-app version = "3.0"
        xmlns = "http://java.sun.com/xml/ns/javaee"
        xmlns:xsi = "http://www.w3.org/2001/XMLSchema-instance"
```

```
    xsi:schemaLocation="http://java.sun.com/xml/ns/javaee
      http://java.sun.com/xml/ns/javaee/web-app_3_0.xsd">
    <welcome-file-list>
      <welcome-file>index.jsp</welcome-file>
  </welcome-file-list>
</web-app>
```

【说明】该配置文件中只定义了应用的欢迎页面(也称首页)为 index.jsp。

web.xml 文件对于 J2EE Web 应用非常重要,Web 应用的大部分组件是通过该文件进行配置,其中常见的配置内容包括:

- 配置和管理 Servlet;
- 配置和管理 Listener;
- 配置和管理 Filter;
- 配置标签库;
- 配置 JSP 属性;
- 配置 Web 应用首页。

(4) 在 testApp 下新建一个 jsp 页面,文件名为 index.jsp,文件内容如下:

【程序清单 1-2】文件名为 index.jsp

```
<html><body>
<center> welcome you ! <% = new java.util.Date() %></center>
</body></html>
```

(5) 启动 Tomcat,在浏览器输入 http://localhost:8080/testApp/index.jsp 就可在页面中看到显示结果。由于该应用的首页配置为 index.jsp,所以直接输入 http://localhost:8080/testApp/可得到一样的结果。

1.1.4 下载 Spring

访问 http://www.springsurce.org/download 站点,下载 Spring 的最新版本。读者需要下载压缩包:spring-framework-3.2.2.RELEASE-dist.zip。

解压该包将得到名为 spring-framework-3.2.2.RELEASE-dist 的文件夹,该文件夹下面有 spring-framework-3.2.2.RELEASE 子文件夹,其下含如下几个子文件夹。

- libs:包含 Spring 各部分的 JAR 包。不同的 JAR 包提供不同的功能,这样允许开发者根据需要进行选择。同时还提供了相应文档和源代码的压缩包。
- schema:包含 Spring 各组成部分的名空间 XML 模式定义文件。
- docs:Spring 框架整体介绍的文档。

1.1.5 安装 STS

目前 Spring 应用开发环境主要有 Elipse 和 STS(SpringSource Tool Suite),本书选用 STS 作为工具。读者可以进入网站 http://www.springsource.org/download 下载 zip 包,解包后运行其中的 sts.exe 程序即可。

1.2 Spring 简单样例调试

1.2.1 简单 Spring 应用程序调试步骤

1. 建立工程

在 STS 操作界面选择 File→New→Project 菜单，在弹出的对话框中选择“Spring Project”，单击“Next”按钮将进入如图 1-4 所示的对话框。在对话框中输入工程名称(Project Name)，单击“Finish” 按钮将进入图 1-5 所示的工程设计界面。

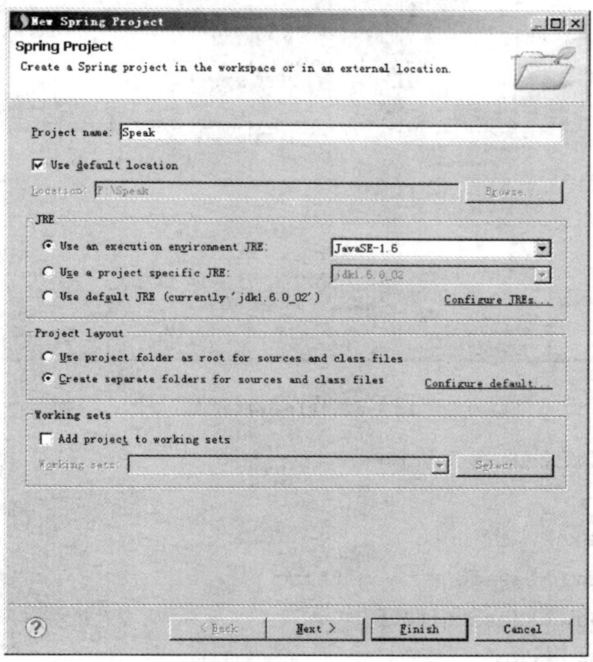

图 1-4 新建 Spring 工程对话框

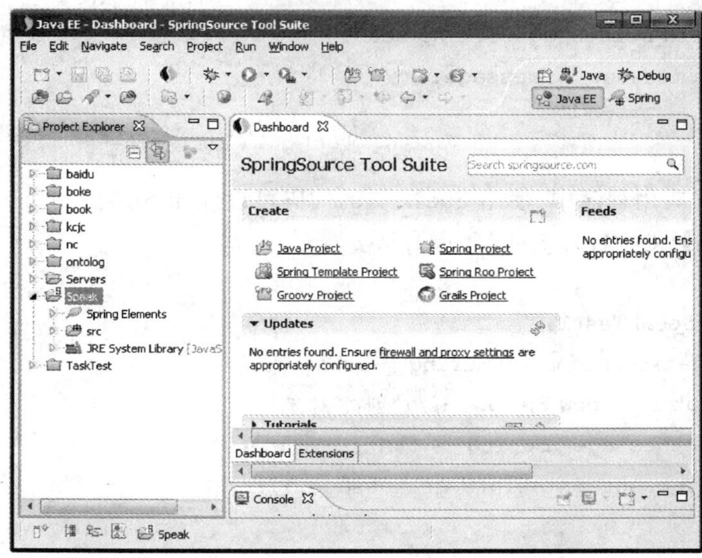

图 1-5 工程设计界面

2. 创建 Java 类，输入程序代码

在工程的 src 目录下新建一个 test 包，选中 test 包右击，在弹出菜单中选择“New”，再在子菜单选择“Class”。在弹出的对话框的 Name 输入域中输入 “Speak”，然后单击“Finish”按钮。可出现如图 1-6 所示的程序编辑界面。仿照此办法也可输入其他程序。

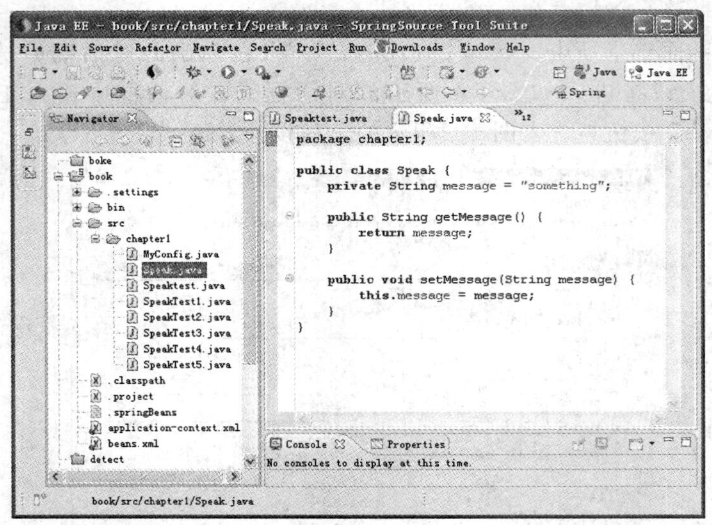

图 1-6　程序编辑界面

【程序清单 1-3】文件名为 Speak.java

```
package chapter1;
public class Speak {
    private String message = "something";
    public String getMessage() {
        return message;
    }
    public void setMessage(String message) {
        this.message = message;
    }
}
```

在传统的 Java 应用程序中，使用 Speak 类的代码可设计如下：

【程序清单 1-4】文件名为 SpeakTest1.java

```
package chapter1;
public class SpeakTest1 {
    public static void main(String[] args) {
        Speak s = new Speak(); // 创建对象
        s.setMessage("Spring is fun…… ");
        System.out.println(s.getMessage());
    }
}
```

【运行程序】在 STS 调试环境下，选中“SpeakTest1”程序右击，从“Run As ”菜单项中选择“Java Application ”的运行方式，输出结果如下：

Spring is fun……

3. 在 Spring IoC 容器中配置 Bean

Spring 提供了另一种途径来创建对象的方法，而且创建的对象可以在 Spring 容器的生命周期中长期存在，称这种对象为 Bean。Spring 可通过 XML 配置定义 Bean，并给 Bean 注入属性值。将以下配置文件放在应用工程的 src 目录下，文件名为 application-context. xml。

【程序清单 1-5】文件名为 application-context. xml

```
<?xml version="1.0" encoding="UTF-8"?>
<beans xmlns="http://www.springframework.org/schema/beans"
    xmlns:xsi="http://www.w3.org/2001/XMLSchema-instance"
    xsi:schemaLocation="http://www.springframework.org/schema/beans
http://www.springframework.org/schema/beans/spring-beans.xsd">
    <!-- 定义一个 Bean -->
    <bean id="speak" class="chapter1.Speak">
        <!-- 通过依赖注入给属性 message 赋值 -->
        <property name="message" value="welcome to ecjtu!" />
    </bean>
</beans>
```

其中：

- id 为 Bean 的标识，在查找 Bean 时将用到。
- class 属性用来表示 Bean 对应的类的名称及包路径。
- 给 Bean 的 message 属性注入“welcome to ecjtu!”的值。

【说明】Bean 的属性 property 如果为简单类型或字符串类型，可通过 Bean 的 value 属性或 Bean 的子元素给其赋值。例如，以上 property 元素也可写成如下形式：

```
<property name="message" >
    <value> welcome to ecjtu! </value>
</property>
```

【注意】对于 XML 配置中给出的每个 property 设置在相应类中要提供 setter 方法。

4. 关于 Bean 的构建问题

前面配置中，Bean 实例化实际是使用 Bean 的无参构造方法来构建对象，在有些场合还会使用静态工厂方法或实例工厂方法来实现 Bean 的实例化。

例如，以下使用静态工厂方法定义 Bean。

```
<bean id="clientService"  class="examples.ClientService"
    factory-method="createInstance"/>
```

相应的 Java 代码如下。其中，createInstance()方法必须是静态方法。

```
package examples;
public class ClientService {
    private static ClientService clientService = new ClientService();
    private ClientService() { }
```

```
    public static ClientService createInstance() {
        return clientService;
    }
}
```

以下则是使用实例工厂方法定义 Bean。

```
<bean id="serviceLocator" class="examples.DefaultServiceLocator" />
<bean id="clientService"    factory-bean="serviceLocator"
    factory-method="createClientServiceInstance"/>
```

其中,factory-bean 属性引用前面定义的一个 Bean。通过执行由 factory-bean 属性所定义 Bean 以及由 factory-method 属性定义的方法来创建 Bean。

相应的 Java 代码如下。其中,createClientServiceInstance ()方法是实例方法。

```
package examples;
public class DefaultServiceLocator {
    private static ClientService clientService  =  new ClientService();
    private DefaultServiceLocator() { }
    public ClientService createClientServiceInstance() {
        return clientService;
    }
}
```

5. 给工程添加 JAR 包

选中工程名右击,从弹出菜单中选择"Properties",将出现工程属性对话框。选择"Java Build Path"选项对应面板中的"Libraries"选项卡,单击"Add External JARs..."按钮将弹出文件选择对话框,可从 Spring 框架的 dist 目录下选取添加需要的 JAR 文件,特别注意将 apache 公司的 commons-logging-1.1.1.jar 包加入,该包用来记录程序运行时的活动的日志记录,Java 应用程序在进行环境配置时要记录日志。

【注意】对于纯 Java 项目使用的是本地自己的 JRE,通过 build path 导入的 JAR 包的配置信息会出现在应用的".classpath"文件中,ClassLoader 会智能地去加载这些 JAR。而 Web 项目是部署到 Web 服务器(如 Tomcat),这些服务器都实现了自身的类加载器。以 Tomcat 为例,它的四组目录结构 common、server、shared、webapps 分别对应四个不同的自定义类加载器 CommonClassLoader、CatalinaClassLoader、SharedClassLoader 和 WebappClassLoader,其中,WebappClassLoader 加载器专门负责加载 webapps 下面的 Web 项目中 WEB-INF/lib 下的类库。而通过 build path 引入的 JAR 包不会复制到项目的 WEB-INF/lib 路径中,所以会产生 ClassNotFoundException 异常。

【应用经验】为了让工程环境编译认可 WEB-INF/lib 路径中的 JAR 包,在工程的"Java Build Path"中通过"Libraries"选项卡的"Add Library..."按钮将"Web App Libraries"引入到 Libraries 路径中。

6. 测试程序

【程序清单 1-6】文件名为 SpeakTest2.java

```
package chapter1;
import org.springframework.context.ApplicationContext;
```

```
import org.springframework.context.support.ClassPathXmlApplicationContext;
public class SpeakTest2 {
    public static void main(String[] args) {
        ApplicationContext appContext = new ClassPathXmlApplicationContext(
                "application-context.xml");
        Speak s = (Speak) appContext.getBean("speak");
        System.out.println(s.getMessage());
    }
}
```

其中：

- ClassPathXmlApplicationContext 实现 XML 配置文件的加载，初始化应用环境，并根据配置信息完成 Bean 的创建。
- 用 ApplicationContext 对象的 getBean 方法从 IoC 容器中获取 Bean，该方法返回的是一个 Object 类型的对象，所以，需要强制转换为实际类型。

【注意】一般建议使用 T getBean(String name, Class<T>requiredType)方法来得到容器中 Bean 的实例。因此，程序中相应代码可写成如下形式。

```
Speak s = appContext.getBean("speak", Speak.class);
```

【运行程序】在 STS 调试环境下，选中"SpeakTest2"程序右击，从"Run As "菜单项中选择"Java Application"的运行方式，输出结果如下：

"welcome to ecjtu !"

【思考】这里通过 XML 配置定义 Bean 并给 Bean 注入属性，读者可修改配置文件中注入的属性值，再运行程序，观察结果变化。与程序清单 1-4 中使用 new 运算符创建对象方式相比，这里通过配置定义 Bean，实际上它也是 Java 对象，只是该对象由 Spring IoC 容器进行管理。需要用到 Bean 时，可以通过应用上下文的 getBean 方法从容器中获取。

7. 关于应用日志记录

Spring 应用程序将自动查找日志配置文件，否则会给出警告性错误。带日志记录的应用程序需要建立一个日志配置文件 log4j.properties，将其放到应用的 src 目录下。Log4j 的配置文件用来设置记录器的级别、存放目标和布局模式、输出格式等。

日志输出级别共有 5 级，分别为：FATAL、ERROR、WARN、INFO、DEBUG。

Appender 为日志输出目的地，Log4j 提供的 Appender 有以下几种：

(1) org.apache.log4j.ConsoleAppender(控制台)；

(2) org.apache.log4j.FileAppender(文件)；

(3) org.apache.log4j.DailyRollingFileAppender(每天产生一个日志文件)；

(4) org.apache.log4j.RollingFileAppender(文件大小到达指定尺寸的时候产生一个新的文件)；

(5) org.apache.log4j.WriterAppender(将日志信息以流格式发送到目标位置)。

Layout 为日志输出格式，Log4j 提供的 layout 有以下几种：

(1) org.apache.log4j.HTMLLayout(以 HTML 表格形式布局)；

(2) org.apache.log4j.PatternLayout(可以灵活地指定布局模式)；

(3) org.apache.log4j.SimpleLayout(包含日志信息的级别和信息字符串)；

(4) org. apache. log4j. TTCCLayout(包含日志产生的时间、线程、类别等信息)。

Log4J 可采用格式标记符来格式化日志信息,格式标记符如表 1-1 所示。

表 1-1　格式标记符

标记符	含　义
%m	输出代码中指定的消息
%p	输出优先级,即 DEBUG、INFO、WARN、ERROR、FATAL
%r	输出自应用启动到输出该 log 信息耗费的毫秒数
%c	输出所属的类目,通常就是所在类的全名
%n	输出一个回车换行符
%d	输出日志时间点的日期或时间,默认格式为 ISO8601,也可以在其后指定格式,比如:%d{yyyy MM dd HH : mm : ss },输出类似:2011-10-30 07 : 41 : 03
%t	输出产生该日志事件的线程名
%l	输出日志事件的发生位置,包括类名、发生的线程以及在代码中的行号

【程序清单 1-7】日志配置文件,文件名为 log4j. properties

```
### set log levels ###
log4j.rootLogger = debug ,stdout
### 输出到控制台 ###
log4j.appender.stdout = org.apache.log4j.ConsoleAppender
log4j.appender.stdout.Target = System.out
log4j.appender.stdout.layout = org.apache.log4j.PatternLayout
log4j.appender.stdout.layout.ConversionPattern = %-d{yyyy-MM-dd HH : mm : ss}
[ %t: %r ]-[ %p ]  %m%n
```

【程序清单 1-8】增加日志记录后的程序代码,文件名为 SpeakTest3. java

```
package chapter1;
import org.springframework.context.ApplicationContext;
import org.springframework.context.support.ClassPathXmlApplicationContext;
import org.apache.commons.logging.*;
public class SpeakTest3 {
    private static final Log logger = LogFactory.getLog(SpeakTest3.class);
    public static void main(String[ ] args) {
        ApplicationContext appContext = new ClassPathXmlApplicationContext(
                "application-context.xml");
        Speak s = (Speak) appContext.getBean("speak");
        logger.info("hello");
        System.out.println(s.getMessage());
    }
}
```

【运行结果】

信息：hello

welcome to ecjtu!

以上实际使用了 Spring 框架自身提供的日志记录功能。如果给应用的 Libraries 中加入 log4j-1.2.16.jar，则应用的运行结果变为：

2011-10-30 07:41:03 [main : 0] - [INFO] hello

welcome to ecjtu!

1.2.2 使用单元测试

Spring 框架的 Test 模块支持对 Spring 组件进行单元测试。为了使用单元测试来测试应用，需要将 junit-4.8.1.jar 包引入工程的类路径，另外要专门编写一个测试类，类中定义一个带@Test 注解符的方法。这样程序运行时将自动寻找带@Test 注解符的方法执行，正如 Java 应用程序寻找 main 方法一样。

【程序清单 1-9】文件名为 Speaktest.java

```
package chapter1;
import org.junit.Test;
public class Speaktest {
    @Test
    public void mytest() {
        Speak s = new Speak();
        s.setMessage("你好");  // 设置属性
        System.out.println(s.getMessage());
    }
}
```

【如何运行】选中 Speaktest 类右击，从"Run as"菜单的子菜单中选择"Junit test"，可看到程序结果。

1.3 STS 的动态 Web 工程模板的目录结构

1.3.1 动态 Web 工程模板的目录结构

一般的 Web 应用项目，可通过 STS 的动态 Web 工程模板来创建。在 STS 操作环境的 File 菜单选择"New"→"Dynamic Web Project"，在弹出的对话框中输入工程名称(例如：myProject)，将看到如图 1-7 所示的目录结构。

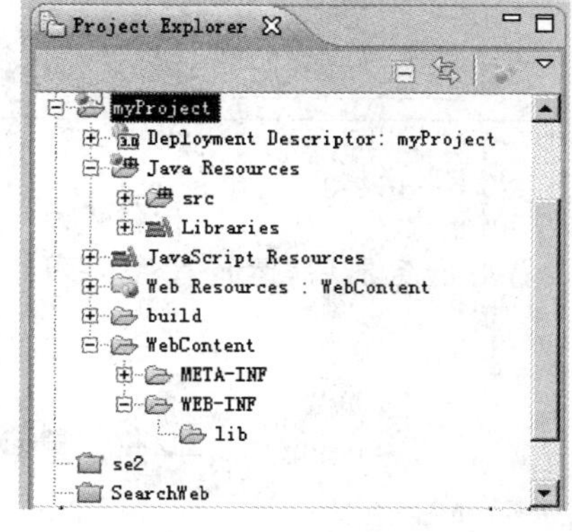

图 1-7 动态 Web 模板工程目录树

- src 目录：在 src 包中可添加应用开发的 Java 源程序，该目录下编写的 Java 源代码将自动编译产生 class 类型的文件，这些 class 文件在部署时存放在 WEB-INF/class 目录下。

- WebContent 目录："WebContent"目录对应 Web 应用部署时的根目录，该目录或子目录下可安排 JSP 文件和其他资源文件(如图片、CSS 样式等)。其下有一个重要目录 WEB-INF。应用的配置文件(如：web. xml)安排在 WEB-INF 目录下。程序中要加入的 JAR 包可复制到 WEB-INF/lib 目录下。在 MVC 应用中，用来实现视图显示的 JSP 文件一般安排在 WEB-INF 的某个子目录下，例如：WEB-INF/views 目录。

1.3.2 应用的运行与部署

1. 将应用部署到 Tomcat 服务器上

读者可在 STS 环境下利用动态 Web 工程模板完成 1. 1. 3 节介绍的应用，为了生成部署需要的 WAR 包，可选中工程名右击，从弹出菜单中选择"Export"→"WAR file"，在弹出的对话框中填写 WAR 包的存储路径和名称，这样将产生可在 Tomcat 中部署的 WAR 包。通过前面介绍的 Tomcat 的工程部署方式可将应用作品部署到 Tomcat 服务器上。

2. 在 STS 环境中直接调试应用

在 STS 环境下通过配置 Server 可直接在操作环境中运行调试 Web 程序。要添加 Server，从 Spring 的 New 菜单中选择"Server"，如图 1-8 所示。单击"Next"按钮，将出现如图 1-9 所示的 Server 配置选择。可以看到它支持众多的 Server 选择，Spring 自己还内置有 Spring Source tc Server。展开 Apache，选择 Tomcat v7. 0 Server，单击"Next"按钮，在出现的对话框中，通过"Browse..."按钮选择指定 Tomcat 的安装路径即可。

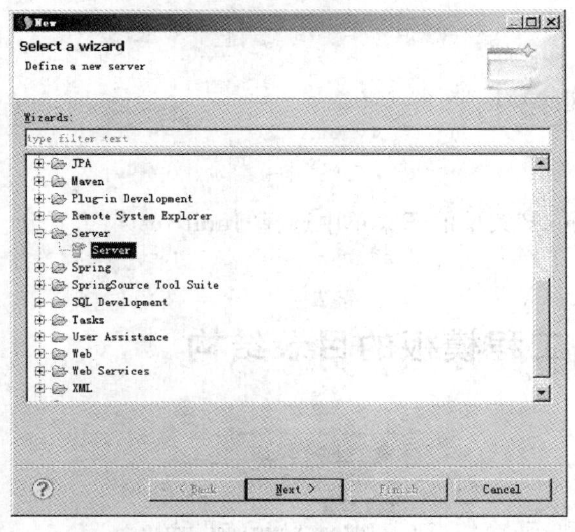

图 1-8　新建 Server

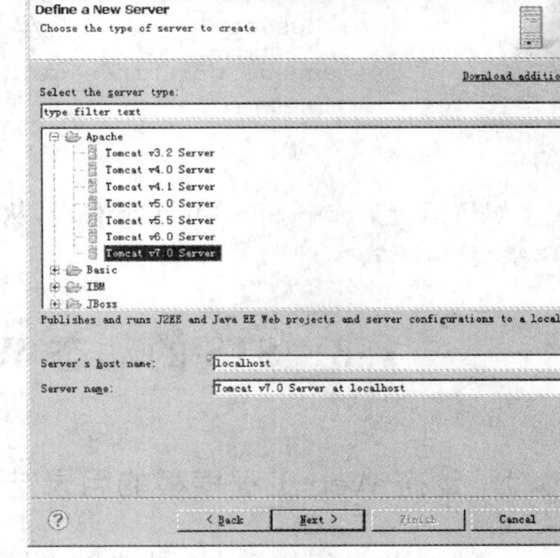

图 1-9　选择 Server 类型

设置好服务器后，运行程序时可选择"Run at Server"的运行方式在 STS 开发环境调试应用。

1.4　Spring 框架基本组成

Spring 框架是一个分层架构，由 7 个定义良好的模块组成。Spring 模块构建在核心容器之上，核心容器定义了创建、配置和管理 Bean 的方式，框架整体构成如图 1-10 所示。

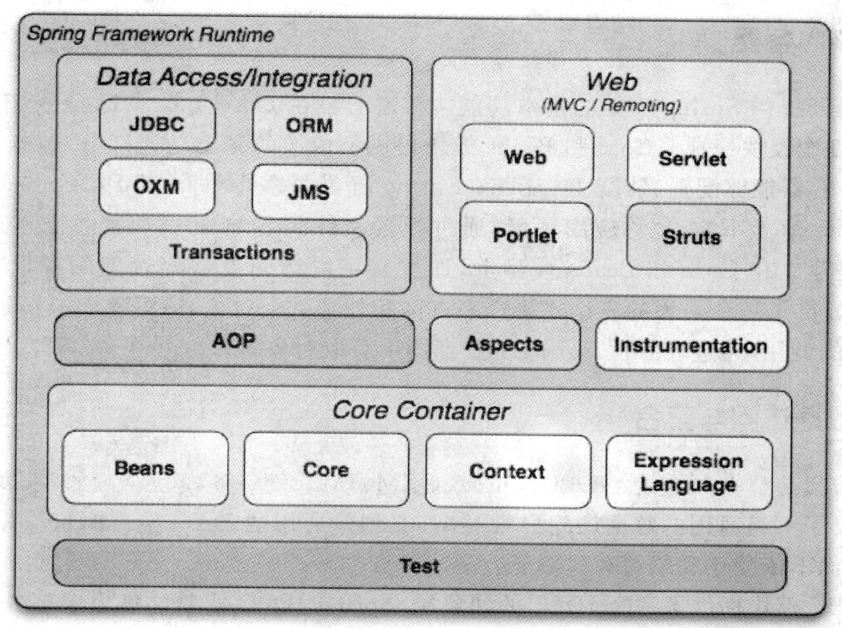

图 1-10　Spring 框架构成

以下为最新版 spring-framework-3. 2. 2. RELEASE 框架中所含包的简要介绍，其中省略了框架包的前缀和版本等信息。例如："jdbc"对应 spring-jdbc-3. 2. 2. RELEASE. jar。

- aop：用于面向切面编程。
- aspects：对 AspectJ 的支持。
- beans：IoC 的基础实现。
- context：支持应用上下文、JNDI 定位以及各种视图框架的封装。
- context. support：提供对应用上下文环境的扩展访问服务，如任务调度等。
- core：核心工具包。
- expression：表达式语言。
- instrument：Spring 对服务器的代理接口。
- instrument. tomcat：对 Tomcat 连接池的支持。
- jdbc：对 JDBC 的简单封装。
- jms：对 JMS 的封装。
- orm：整合第三方的 ORM 框架，如 Hibernate、JDO 以及 Spring JPA 的实现。
- oxm：对 Object/XML 的映射支持。
- tx：为 JDBC、Hibernate、JDO、JPA 等提供一致的声明式/编程式事务管理。
- test：对 Junit 测试框架的封装。
- web：Spring Web 工具包。
- webmvc：Spring MVC 支持。
- webmvc. portlet：Spring MVC 的增强。
- web. servlet：对 Servlet 3 的支持。

- web.struts:Struts 整合支持。

1.4.1 核心容器

核心容器提供 Spring 框架的基本功能。核心容器由 Core、Beans、Context 和 Expression Language 四个模块组成。Core 和 Beans 模块提供了框架的基础功能部分,包括 IoC 的特性,Spring IoC 容器能够配置、装配 JavaBean,Spring 提供了多个"即拿即用"的 Bean 工厂实现。Spring Context(上下文,也称应用环境)通过配置文件向 Spring 框架提供上下文信息,Context 模型是建立在 Core 和 Beans 模型上,通过它可以访问被框架管理的对象。Expression Language 提供了一个强大的表达式语言来查询和处理一个对象,该语言支持设置和访问属性数值、方法的调用,通过名字从 Spring IoC 容器中获取对象等。

1.4.2 数据访问与整合

数据访问与整合层包括:JDBC、ORM、OXM、JMS 和事务模块。通过对 DAO 的抽象,Spring 定义了一组通用的数据访问异常类型,在创建通用的 DAO 接口时可以抛出有意义的异常信息,而不依赖于底层持久机制。

- JDBC 模块提供了一个 JDBC 的抽象层,Spring JDBC 抽象层集成了事务抽象和 DAO 抽象。比起直接使用 JDBC,用 Spring 的 JDBC 包可大大提高效率。
- Spring 支持多种对象关系映射工具,如 Hibernate、JDO 等,简化了资源的配置、获取和释放,并且将 O/R 映射与整个事务和 DAO 抽象集成起来。
- OXM 模块提供了 Object/XML 映射的抽象层。
- JMS 模块提供了消息的发送和接收处理功能。
- 事务模块提供了编程式和声明性的事务管理。Spring 提供了通用的事务管理基础设施,包括可插接的事务策略(如 JTA、JDBC 等)和不同的事务边界划分方式。

1.4.3 Web 层

Web 上下文模块为基于 Web 的应用程序提供了上下文。Spring MVC 框架是一个全功能的构建 Web 应用的 MVC 实现。Web 层由 Web、Servlet、Struts 和 Portlet 模块组成。

- Web 模块提供了基础的面向 Web 的整合特性,例如文件上传功能,使用 Servlet 监听器来初始化 IoC 容器及 Web 应用上下文环境。
- Servlet 模块包含了 Spring 的 MVC 应用。
- Struts 模块包含了整合传统 Struts Web 层的类,但不建议使用。现建议将应用整合到 Struts 2.0 或是整合到一个 Spring MVC 解决方案。
- Portlet 模块实现了将 MVC 功能用于 Portlet 环境。

1.4.4 其他模块

Spring AOP 模块将面向方面的编程功能集成到了 Spring 框架中,可以对轻量级容器管理的任何对象进行方法拦截。Test 模块则支持对 Spring 应用的各类测试。

本章小结

本章介绍了 Spring 进行应用开发的环境搭建过程，Web 应用的基本结构，并通过样例介绍了 Spring 中 Java Bean 的属性注入配置、应用日志的使用、基本单元测试方法等。最后简要介绍了 Spring 框架的各模块的功能。读者可结合本章介绍的环境进行简单应用调试。

第2章 JSP与JSTL简介

2.1 JSP 简单示例

JSP(JavaServer Pages)是一种动态网页技术标准。它是在传统的 HTML 网页文件中通过 JSP 标记来插入 Java 代码,从而形成 JSP 文件(*.jsp)。Web 服务器在遇到 JSP 网页的首次访问请求时,将编译产生对应的 Servlet 代码,然后执行代码,所以第一次访问相对较慢。以后访问将执行对应的 Servlet 代码。以下是一个简单 JSP 程序,运行结果如图 2-1 所示。

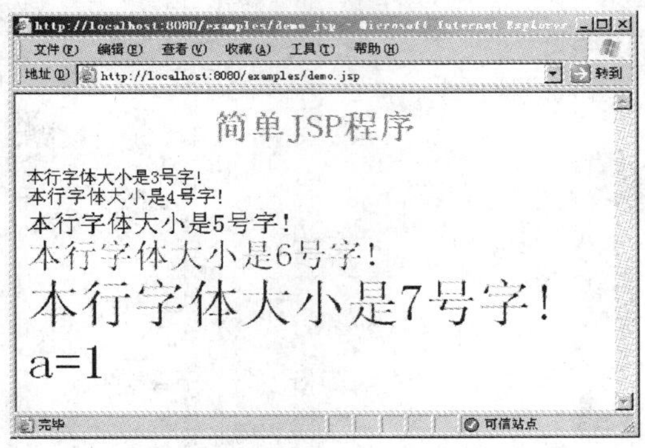

图 2-1 简单 JSP 程序的输出显示

【程序清单 2-1】文件名为 demo.jsp

```
<%@page contentType="text/html; charset=UTF-8"%>
<% int a=0; %>
<!-- 这里是 HTML 注释-->
<center><b><font color="green" size="6">简单 JSP 程序</font></b>
</center><BR>
<%-- JSP 注释,以下将循环执行 --%>
<%for (int i=3;i<=7;i++) {%>
<FONT SIZE=<%=i%>> 本行字体大小是<%=i%>号字!</FONT><BR>
<% }
a = a+1;
out.print("a="+a);
%>
```

【说明】

(1) 程序中分别出现了HTML注释和JSP注释。HTML注释可通过HTML源代码看到注释内容。格式为"＜! --comment --＞"。JSP代码注释也称为隐藏注释,它是对JSP代码的说明,在响应给浏览器的HTML代码中不存在。格式为"＜%--comment--%＞"。

(2) 第一行的"＜%@ page ... %＞"为JSP的指令,这里用来指定页面的编码。

(3) 程序中用到两种方式输出信息:一种是用out对象的print方法,另一种是用＜%=表达式%＞的形式。两者的作用等价。

(4) JSP页面里的代码不仅可输出动态内容,而且可动态控制页面中的静态内容。例如,该程序中的"本行字体大小"重复出现5次。

2.2 JSP编译指令

编译指令是通知JSP引擎在编译代码时要处理的消息。JSP包括三种编译指令:page指令、include指令和taglib指令。taglib指令用于引入自定义标签,将在以后涉及。

指令的定义格式为:

```
<%@ 指令名 属性1="值1" 属性2 ="值2"  … %>
```

2.2.1 page指令

page指令应放在页面开始,用于指示针对当前页面的设置,其主要属性见表2-1。在page指令所有属性中,只有import属性可以出现多次,其余属性均只能定义一次。

表2-1 page指令的主要属性

属性名	作用
language	定义JSP页面中在声明、脚本片断和表达式使用的脚本语言,默认值为Java
import	该属性导入JSP页面脚本环境中使用的Java类
session	指定该页面是否有http会话管理,默认值为true
contentType	用来指定返回浏览器的内容类型,属性值可以为:text/plain、text/html、application/msword等,默认值为text/html。contentType还可以指定字符编码格式
pageEncoding	指定字符编码格式,默认编码是西欧字符编码ISO-8859-1,如果JSP页面编码为汉字字符编码,可以使用gb2312、gbk或者utf-8。 如果在contentType中进行了设置,这里可以不进行设置
buffer	属性值为none或指定的缓冲区大小,默认值为8 KB
autoFlush	用来指定页面输出内容时的缓冲模式,控制JSP的缓冲属性值为true或false,默认值为true
isELIgnored	设置为true时,会禁止EL表达式的计算
include	用于在代码编译时包含指定的源文件。要注意被包含文件中html标签不要与包含文件中的html标签相冲突

如果在返回浏览器页面中需要使用中文字符显示,可通过如下page指令:

```
<%@ page contentType="text/html;charset=UTF-8"%>
```

2.2.2 include指令

用于将另一个文件的内容嵌入到当前JSP文件中。格式如下:

<%@ include file="relativeURI" %>

该指令是在编译时将目标内容包含到当前JSP文件中，在JSP页面被转化成Servlet之前完成内容的融合。

2.3 JSP动作标签

动作标签是指示JSP程序运行时的动作。JSP含7个标准的动作标签：include、forward、useBean、setProperty、getProperty、plugin、param。

2.3.1 <jsp:include>动作标签

用于程序执行时动态地将目标文件包含进来。这个被包含的文件也会被JSP容器编译执行。<jsp:include>动作标签的使用格式为：

```
<jsp:include page="relativeURL">{<jsp:param name="name" value="value"/>}
</jsp:include>
```

其中：page可以代表一个相对路径。子元素标签<jsp:param .../>为可选项，用于给被包含的页面传递参数。

2.3.2 <jsp:forword>动作标签

用于实现页面重定向。<jsp:forword>行为是在服务器端完成的，浏览器地址栏的内容并不会改变。该标签只包括一个page属性，指定要转向的URL地址。另外，可以使用<jsp:param>子元素来指定URL参数列表。使用格式如下：

```
<jsp:forward page="url"> {<jsp:param name="name" value="value"/>}
</jsp:forward>
```

【注意】在使用forward之前，不能有任何内容输出到客户端，否则会发生异常。

2.3.3 useBean、setProperty、getProperty动作标签

1. <jsp:useBean>动作标签

<jsp:useBean>动作用来实例化一个页面使用的JavaBean组件。最简单的格式如下：

```
<jsp:useBean id="name" class="package.class"/>
```

Bean能够被共享，因此，并不是所有的<jsp:useBean>指令都产生一个新的Bean的实例。该指令的属性见表2-2。

表2-2 <jsp:useBean>指令的属性

属性	含义
id	给Bean定义一个标识名，页面中通过该标识名访问Bean
class	定义Bean所对应的带路径的类名
scope	指明Bean的作用域。有四个可能的值：page、request、session和application。默认值是page
type	指明Bean的类型
beanName	赋予Bean一个名字

2. <jsp:setProperty>动作标签

用于修改指定 Bean 的属性。语法如下：

```
<jsp:setProperty name = "beanName" property = " * " | property = "propertyName"
value = "具体的值" />
```

其中，各属性说明如下：

- name="beanName"：表明对应 Bean 的标识。
- property=" * " | property ="propertyName"：表示要设置哪个属性。如果 property 的值是" * "，则表示将 JSP 页面中输入的全部值存储在匹配的 Bean 属性中。匹配的方法是：Bean 的属性名称与输入框的名字相同。
- value="具体的值"：用来指定 Bean 的属性的值。

3. <jsp:getProperty>动作标签

用于获取指定 Bean 属性的值，实际是调用 Bean 的 getter 方法。语法如下：

```
<jsp:getProperty name = "beanName" property = "propertyName"/>
```

其中，各属性说明如下：

- name="beanName"：表明对应 Bean 的标识。
- property=" * " | property ="propertyName"：表示要获取哪个属性。

以下为在 JSP 页面中使用 JavaBean 的样例。

【程序清单 2-2】文件名为 SimpleBean.java

```
package chapter2;
public class SimpleBean {
    private String message;          // 属性
    public String getMessage() {     //getter 方法
        return message;
    }
    public void setMessage(String message) {   //setter 方法
        this.message = message;
    }
}
```

【程序清单 2-3】文件名为 test.jsp

```
<%@page contentType = "text/html; charset = UTF-8" %>
<jsp:useBean id = "test" class = "chapter2.SimpleBean"/>
<jsp:setProperty name = "test" property = "message" value = "JSP Bean Test!"/>
<p>消息：<jsp:getProperty name = "test" property = "message"/>
```

【思考】该程序执行时在网页上显示什么内容？

2.4 JSP 内置对象

JSP 的内置对象是指在 JSP 页面系统中已经默认内置的 Java 对象，这些对象不需要开发人员显式声明即可使用。在 JSP 页面中，可以通过存取 JSP 内置对象实现与 JSP 页面和 Servlet 环境的相互访问。每个内部对象均有对应所属的 Servlet API 类型，例如：request 对应 javax. servlet. httpServletRequest。

2.4.1 内置对象的作用范围

(1) application 范围:作用范围起始于服务器开始运行,application 对象被创建之时;终止于服务器关闭之时。

(2) session 范围:有效范围是整个用户会话的生命周期内。每个用户请求访问服务器时一般就会创建一个 session 对象,用户断开退出时 session 对象失效。

服务器对 session 对象有默认的时间限定,如果超过该时间限制,session 会自动失效,而不管用户是否已经终止连接,这主要是出于安全性的考虑。

(3) request 范围:在一个 JSP 页面向另一个 JSP 页面提出请求到请求完成之间,在完成请求后此范围即结束。

(4)page 范围: 有效范围是当前页面。

2.4.2 out 对象

out 对象用于向浏览器端输出数据。所有使用 out 对象输出的地方均可用<%=... %>形式的输出表达式代替。out 实际上是带有缓冲特性的字符输出流,通过 page 指令的 buffer 属性可设置缓冲区容量。out 对象的常用方法如下:

- void println(String str):输出信息,最后要换行。
- void print(Object obj):输出对象内容。
- void write(String str):输出字符串。
- void clear():清除输出缓冲区内容。
- void close():关闭输出流,清除所有内容。

2.4.3 application 对象

application 对象对应 Servlet 的 ServletContext 接口,该对象存储的信息为应用的所有用户和页面共享。application 对象的常用方法如下:

- Object getAttribute(String name):获取 application 对象属性的值。
- Enumeration getAttributenames():获取 application 对象的所有属性的名字。
- Object getInitParameter(String name):获取 application 对象某个属性的初值。
- void setAttribute(String name,Object object):设置指定属性的值。
- void removeAttribute(String name):删除指定属性的值。
- ServletContext getContext(String URLpath):获得对应指定 URL 的 ServletContext 对象。
- String getMimeType(String filename):返回特定文件的 MIME 类型。
- URL getResource(String URLpath):获取资源路径映射的完整 URL。
- String getRealPath(String virtualpath):获取一个虚拟路径所对应的实际路径。

以下程序用 appication 对象实现计数器。利用属性 count 存储访问系统用户计数。

【程序清单 2-4】文件名为 count. jsp

```
<%@page contentType="text/html; charset=UTF-8"%>
```

```
<%
if(application.getAttribute("count") == null){
    application.setAttribute("count", "1");
    out.println("欢迎您,第 1 位访客!");
}
else{
    int  m = Integer.parseInt((String)application.getAttribute("count"));
    m++;
    application.setAttribute("count", String.valueOf(m));
    out.println("欢迎您,第" + m + "位访客!");
}
%>
```

2.4.4 request 对象

request 对象对应 Servlet 的 HttpServletRequest 接口，用于获取 HTTP 请求提交的数据，request 对象的最常用方法是：

```
request.getParameter("参数")
```

该方法可用于：

(1) 获取客户表单提交的输入信息；

(2) 通过超链接传递的 URL 参数；

(3) 获取 JSP 动作标签 param 传递的参数。

另外，与获取请求参数相关的还有其他几个方法说明如下：

- Enumeration getParameterNames():取得所有参数名称。
- String[] getParameterValues(String name):取得名称为 name 的参数值集合。
- Map getParameterMap():获取所有请求参数名和参数值组成的 Map 对象。

以下程序显示了如何获取表单传递的数据。

【程序清单 2-5】文件名为 login.jsp

```
<%@page contentType="text/html; charset=UTF-8"%>
<html><body><center>
<form action="process.jsp? p=1" method="post">
用户名<input type="text" name="name"/>
<br>密  码<input type="password" name="password"/>
<p><input type="submit" value="登录"/>
</form>
</center></body></html>
```

【程序清单 2-6】文件名为 process.jsp

```
<%@ page pageEncoding="GB2312"%>
<% String username = request.getParameter("name");
   String pass = request.getParameter("password");
%>  您好! <%=username%><br />您的密码是<%=pass%>
```

URL 参数 p 的值为<% = request.getParameter("p") %>

特别地，对于表单中同一元素名称含多个值的输入控件，可通过 getParameterValues 方法读取数据。

request 对象的其他常用方法如下：

• Cookie [ ] getCookies()：取得与请求有关的 Cookies。
• String getContextPath()：取得 Context 路径（也即/应用名称）。
• String getMethod()：取得 HTTP 的方法（GET、POST）。
• String getQueryString()：取得 HTTP GET 请求的参数字符串。
• String getRequestedSessionId()：取得用户的 Session ID。
• String getRemoteAddr()：取得客户机的 IP 地址。
• String getRemoteHost()：取得客户机的主机名称。
• void setAttribute(String name, Object value)：设置请求的某属性的值。
• Object getAttribute(String name)：取得请求的某属性的值。
• void setCharacterEncoding(String encoding)：设定字符编码格式，用来解决数据传递中文的问题。
• String getCharacterEncoding()：获取请求的字符编码方式。
• String getRemoteUser()：获取 Spring 安全登录的账户名。
• HttpSession getSession()：返回与请求关联的当前 session。

2.4.5 response 对象

response 对象对应 Servlet 的 HttpServletResponse 接口，负责将服务器端的数据发送回浏览器的客户端。主要用于向客户端发送数据，如 Cookie、HTTP 文件头等信息。response 对象的最常用方法如下：

(1) void addCookie(Cookie cookie)：将新增 Cookie 写入客户端。

以下 JSP 代码给出了 Cookie 的创建方法：

```
Cookie c = new Cookie("userid" , "mary");  //创建一个 Cookie 对象
c.setMaxAge(24 * 3600);                     //设置 Cookie 对象的生存期限
response.addCookie(c);                      //向客户端增加 Cookie 对象
```

(2) void sendRedirect(String url)：页面重定向到某个 URL。

【注意】<jsp:forward>和 response.sendRedirect 的区别。

使用<jsp:forward>，在转到新的页面后，原来页面的 request 参数是可用的。同时，使用<jsp:forward>，在转到新的页面后，新页面的地址不会在地址栏中显示出来。

而使用 sendRedirect 方法，重定向后在浏览器地址栏上会出现重定向后页面的 URL，原来页面的 request 参数是不可用的。

(3) void setHeader(String name ,String value)：指定 String 类型的 value 值到名称为 name 的 HTTP 请求标头。

例如，以下行设置 3 秒后网页定向到 login.jsp 页面。

```
setHeader("Refresh", "3;url= login.jsp");
```

以下程序将根据名为"loginname"的 Cookie 变量是否存在转向不同页面。

【程序清单 2-7】文件名为 redirect.jsp

```
<%
Cookie[ ] cookies = request.getCookies();
String username = null;
for (Cookie c : cookies)                    // 根据 Cookie 名访问 Cookie 的值
  if ("loginname".equals(c.getName()))
       username = c.getValue();             // 读 Cookie 的内容
if (username == null)
    response.sendRedirect("login.jsp");     //用户未登录,转登录页面
else
    response.sendRedirect("index.jsp");     //转主功能页面
%>
```

2.4.6 session 对象

session 对象对应 Servlet 的 HttpSession 接口,用于存储一个用户的会话信息。session 对象的属性值可以是任何可序列化的 Java 对象。session 对象的方法如下:

- Object getAttribute(String name):获取 name 会话对象的属性值。
- void setAttribute(String name,Object value):设置 name 会话对象的属性值。
- long getCreationTime():获取会话创建时间,从 1970 年 1 月 1 日算起的毫秒数。
- String getId():获取会话 ID。
- boolean isNew():是否为新会话, 新会话表示 session 已由服务器产生,但用户尚未使用。
- long getLastAccessedTime():获取会话的上次访问时间。
- long getMaxInactiveInterval():获取会话持续时间,单位为秒。
- void invalidate():取消 session。
- ServletContext getServletContext():返回当前会话的应用上下文环境。

以下程序实现带自动刷新的简易聊天室,假设用户名记录在 session 中。

2.4.7 pageContext 对象

pageContext 对象代表页面上下文,该对象主要用于访问 JSP 之间的共享数据。使用 pageContext 可访问 page、request、session、application 范围的属性变量。

- getAttribute(String name):取得 page 范围内的 name 属性。
- getAttribute(String name,int scope):取得指定范围内的 name 属性。

其中 scope 代表范围参数,可以是如下 4 个值:

- PageContext. PAGE_SCOPE:对应于 page 范围。
- PageContext. REQUEST_SCOPE:对应于 request 范围。
- PageContext. SESSION_SCOPE:对应于 session 范围。
- PageContext. APPLICATION_SCOPE:对应于 application 范围。

与 getAttribute()方法相对应,pageContext 也提供了两个对应的 setAttribute()方法,用于将指定变量放入 page、request、session、application 范围内。

通过 pageContext 对象还可用于获取其他内置对象，例如：用 getRequest()方法可获取 request 对象，通过调用 getOut()方法可以获取 out 内置对象等。

通过 pageContext 对象的 getServletContext()方法可得到应用上下文环境。

2.4.8 config、page、exception 对象

config 对象一般用于 Servlet，对应 Servlet 的 ServletConfig 接口，用于获取配置信息。常用方法如下：

- getServletName()：获取 Servlet 的名称。
- String getInitParameter(String paraName)：获取某个配置参数的值。
- String[] getInitParameterNames()：获取所有配置参数的名称。

page 对象指代 JSP 页面本身、代表了正在运行的由 JSP 文件产生的类对象，也就是 Servlet 中的 this。page 对象在 JSP 中很少使用。

exception 对象是 Throwable 的实例，代表 JSP 脚本中产生的异常，JSP 页面的所有异常均交给错误处理页面。常用方法有：getMessage()、toString()、printStackTrace()等。

2.5 使用 EL 表达式

1. EL 语法

在 JSP 中访问模型对象是通过 EL 表达式的语法来表达。所有 EL 表达式的格式都是以“${ }”表示。例如，${userinfo}代表获取变量 userinfo 的值。当 EL 表达式中的变量不给定范围时，则默认在 page 范围查找，然后依次在 request、session、application 范围查找。也可以用范围作为前缀表示属于哪个范围的变量，例如：${pageScope. userinfo}表示访问 page 范围中的 userinfo 变量。

2. EL 中运算符

(1) 运算符 [] 和 .

在 EL 中，可以使用运算符“[ ]”和“.”来取得对象的属性。例如：${user. name}或者 ${user[name]}表示取出对象 user 中的 name 属性。

另外，在 EL 中可以使用[]运算符来读取数组、Map 以及 List 等对象集合中的数据，例如在 session 域中有一个数组 schools，以下表达式获取数组中第 2 个元素的值：

```
${sessionScope. schools[1]}
```

还可以用 EL 表达式来访问一个 JavaBean 的属性值，假设 JavaBean 的定义如下：

```
<jsp:useBean id="user" class="ecjtu.User"/>
```

对 username 属性的引用为 ${user. username}或者 ${user["username"]}。

【注意】当属性名中包含一些特殊符号时，例如“.”或者“-”等非字母或数字符号时，就只能使用“[]”格式来访问属性。当某个对象的属性名用变量来代表，也必须使用[]符号来引用属性值。

(2) 算术运算符、关系运算符、逻辑运算符

EL 中支持的算术运算符有加法(+)、减法(-)、乘法(*)、除法(/或 div)、求余(%或 mod)。关系运算符有等于(==或者 equals)、不等于(!=或者 ne)、小于(<或者 lt)、大于(>或者 gt)、小于等于(<=或者 le)、大于等于(>=或者 ge)。逻辑运算符有与(&& 或者

and)、或(||或者 or)、非(! 或者 not)。

例如:${! name.equals("bad")}表示的值为 name 是否不等于"bad"的逻辑值。

【应用经验】关系运算符"=="也可以用来比较字符串。且比较时,如果一个整数和一个串比较,只要串中的内容等于整数的值,则结果为 true。

(3) empty 运算符

empty 运算符是一个前缀形式的运算符,用来判断某个变量是否为 null 或者为空。

例如,${empty user.name}表示在 user 对象的 name 属性值为 null 时结果 true,否则为 false。

(4) 条件运算符

格式为:${ A ? B : C }

其中:A 为判断条件,如果 A 为 true,则结果为 B,否则结果为 C。

运算符的优先级和其他程序设计语言类似,按算术→关系→逻辑的顺序,算术运算中乘除类运算高于加减运算,关系运算符优先级一样,逻辑运算符按 not→and→or 的顺序。可以通过加小括号来改变执行优先权,小括号括住的部分优先运算。

3. EL 中的隐含对象

为方便数据访问,EL 提供了 11 个隐含对象,这些隐含对象见表 2-3。

表 2-3 EL 的隐含对象

类别	隐含对象	描述
JSP	pageContext	当前页的 javax.servlet.jsp.PageContext 对象
作用域	pageScope	用来获取页面范围的对象
	requestScope	用来获取请求范围的对象
	sessionScope	用来获取会话范围的对象
	applicationScope	用来获取应用范围的对象
请求参数	param	用来获取某请求参数的值
	paramValues	用来获取某请求参数值的集合
请求头	header	表示 http 请求头部,字符串
	headerValues	表示 http 请求头部,字符串集合
cookie	cookie	用来获取 cookie 对象值
初始化参数	initParam	应用上下文初始化参数组成的集合

以下程序演示了 EL 隐含对象的使用。

【程序清单 2-8】文件名为 index.jsp

```
<%@page contentType="text/html; charset=UTF-8"%>
<%@taglib uri="http://java.sun.com/jsp/jstl/core" prefix="c"%>
<table><tr><td>输出地址栏后面的参数字符串</td>
<td><c:out value="${pageContext.request.queryString}"/></td>
</tr><tr><td>输出参数 x 的值</td>
<td><c:out value="${param.x}"/></td>
</tr><tr><td>取得用户的 IP 地址</td>
```

```
<td><c:out value="${pageContext.request.remoteAddr}"/></td>
</tr></table>
```

【运行测试】输入地址 http://localhost:8080/baidu/index.jsp? x=123。其中,该工程的项目名为 baidu。可看到如图 2-3 所示的结果。

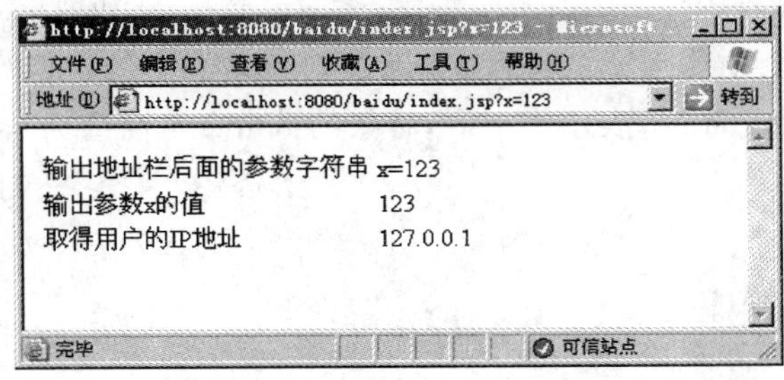

图 2-3 EL 隐含对象的测试

2.6 JSTL 的标签库

JSTL 全名为 Java Server Pages Standard Tag Library,是一个标准的标签库,可用于各种领域,如:基本输入/输出、流程控制、循环、XML 文件剖析、数据库查询及国际化等。使用 JSTL 要将 jstl.jar 安排在类库的搜索路径下。

JSTL 提供的标签库分为五大类,见表 2-4。本书仅介绍核心标签库和函数标签库。

表 2-4 JSTL 的标签库

JSTL	前缀	URI
核心标签库	c	http://java.sun.com/jsp/jstl/core
I18N 格式标签库	fmt	http://java.sun.com/jsp/jstl/xml
SQL 标签库	sql	http://java.sun.com/jsp/jstl/sql
XML 标签库	xml	http://java.sun.com/jsp/jstl/fmt
函数标签库	fn	http://java.sun.com/jsp/jstl/functions

1. JSTL 核心标签库

若要在 JSP 网页中使用 JSTL 的核心标签库,要做如下声明:

```
<%@ taglib prefix="c" uri="http://java.sun.com/jsp/jstl/core" %>
```

核心标签库是对于 JSP 页面一般处理的封装。在该标签库中的标签一共有 14 个,被分为了四类,分别是:

- 通用核心标签:<c:out>、<c:set>、<c:remove>、<c:catch>。
- 条件控制标签:<c:if>、<c:choose>、<c:when>、<c:otherwise>。
- 循环控制标签:<c:forEach>、<c:forTokens>。
- URL 相关标签:<c:import>、<c:url>、<c:redirect>、<c:param>。

(1) <c:out>标签

主要用来显示数据的内容,类似于<%=scripting-language %>。格式为:

```
<c:out value="value" [escapeXml="{true|false}"] [default="defaultValue"]/>
```

其中，value 为需要显示出来的值，如果 value 的值为 null 则显示 default 的值，escapeXml 指定是否进行特殊字符的转换。例如：

```
<c:out value = "${param.data}"  default = "No Data" />
```

其中，param. data 为模型传递的参数变量。

【说明】一般来说，<c:out>默认会将 <、>、'、" 和 & 转换为 <、>、'、" 和 &。假若不想转换，只需设定 escapeXml 属性为 false。

(2) <c:set>标签

主要用来将变量储存至 JSP 范围中或是 JavaBean 的属性中。

语法 1：将 value 的值储存至范围为 scope 的 varName 变量之中

```
<c:set value = "value" var = "varName" [scope = "{ page|request|session|application }"]/>
```

例如：

```
<c:set var = "number" scope = "request" value = "${1 + 1}"/>
```

再比如，以下将页面的图片文件路径记录在 imagesPath 变量中。

```
<c:set var = "contextPath" value = "${pageContext.request.contextPath}"/>
<c:set var = "imagesPath" value = "${contextPath}/images"/>
```

语法 2：将 value 的值储存至 target 对象的属性中

```
<c:set value = "value" target = "targetX" property = "propertyName" />
```

其中，targetX 为某个 JavaBean 或 java. util. Map 对象。

【应用技巧】在程序中可以给同一名称的变量重复赋值，例如，以下给变量 x 增值 1。

```
<c:set var = "x" value = "${x + 1}"/>
```

(3) <c:if>标签

用途和程序中用的 if 一样。语法如下：

```
<c:if test = "condition" [var = "name"] [scope = "{page|request|session|application}"]>
内容体
</c:if>
```

其中，var 定义的变量用来储存 test 运算后的结果，即 true 或 false。

例如，pageNo 代表当前页码，分页显示时只有在当前页码大于 1 时才有"上一页"。

```
<c:if test = "${pageNo>1}">
  <a href = "/resource/page/${pageNo-1}">上一页</a>
</c:if>
```

【应用经验】条件式必须用引号括住，如果条件式内存在双引号，则外边的括号也可用单引号。例如：

```
<c:if  test = '${current = = "root"}'>
```

(4) <c:choose>、<c:when>、<c:otherwise>标签

<c:choose>本身只当做<c:when>和<c:otherwise>的父标签。在同一个<c:choose>中，当所有<c:when>的条件都没有成立时，则执行<c:otherwise>的内容体。语法如下：

```
<c:choose>
  <c:when test = "condition" >内容体</c:when>
```

```
  ……
 <c:otherwise>内容体</c:otherwise>
</c:choose>
```

其中,一个<c:choose>内可有 1 或多个 <c:when>,0 或 1 个<c:otherwise>。

(5) <c:forEach>标签

<c:forEach>为循环控制,常用于遍历访问集合或数组中的成员。常用语法如下:

```
<c:forEach [var = "varName"] items = "collection" [varStatus = "varStatusName"]>
    内容体
< /c:forEach>
```

【特别提示】在 JSP 页面中,通过 EL 表达式访问某个自定义成员的属性时,在相应对象中要提供该属性的 getter 方法。否则,会出现找不到对象属性的错误提示。例如,以下访问 jobs 为 Job 的列表集合,要访问某个 job 的 id 属性,则 Job 类要提供 getId()方法。

```
<c:forEach items = "${jobs}"  var = "job">
  <c:set var = "x" value = "${job.id}"></c:set>
</c:forEach>
```

【应用经验】<c:forEach>也可用于遍历访问 java.util.Map 对象。当 items 属性为 Map 对象时,循环遍历的每个元素为一个 Map.Entry 项,不妨用变量名 me 表示,则可用表达式 ${me.key}取得键名,用表达式 ${me.value}得到键值。根据 Map 中关键字 key 的具体名称,也可以用 ${map[key]}得到该关键字对应的值。在 MVC 模型中常用 Map 存储模型数据,在视图文件可用这种方式读取来自模型的数据。

(6)<c:forTokens>标签

用来浏览一字符串中所有的成员,其成员是由"分隔符"所分隔。常用语法如下:

```
<c:forTokens   items = "stringOfTokens"  delims = "分隔符"
    [var = "varName"]   [varStatus = "varStatusName"] >
    内容体
</c:forTokens>
```

其中,items 的内容必须为字符串;而 delims 定义分隔符。例如:

```
<c:forTokens items = "A,B,C,D,E"  delims = ","  var = "item">
    ${item}
</c:forTokens>
```

上面代码执行后,将会在网页中输出"ABCDE"。

【应用经验】JSTL 提供的标签库只能基本满足应用逻辑要求,在 JSP 文件中有时还要借助 Java 代码来实现某些特定功能。JSP 脚本和 JSTL 之间如何实现变量的互访呢?

首先,JSP 脚本通过 JSP 对象可访问 JSTL 定义的变量,例如:对于页面作用域的变量,可以通过 pageContext.getAttribute()来获取。例如:

```
<c:set var = "str" value = "JSTL 变量" scope = "page"/>
<%  String x = (String)pageContext.getAttribute("str");
%>
```

注意,JSP 获取来自 MVC 编程的模型数据用 request 对象的 getAttribute 方法即可。

其次,在 JSTL 标签中访问 JSP 脚本变量,可以使用 JSP 表达式来获取,例如:

```
<c:set var="s" value="<%=x%>" />
```

2. JSTL 的函数标签库

表 2-5 列出了 JSTL 的函数，在 EL 语句中使用，要以 fn 作为名空间前缀。

表 2-5　JSTL 的函数

函数名	功能	使用举例
contains	判断是否为字符串的子字符串	${fn:contains("ABC","B")}
containsIgnoreCase	不区分大小写判断是否为某串的子串	${fn:containsIgnoreCase("ABC", "a")}
startsWith	是否为某串的打头部分	${fn:startsWith("ABC","A")}
endsWith	是否为某串的结尾部分	${fn:endsWith("ABC","bc")}
indexOf	获取子串在源串中的首次出现位置	${fn:indexOf("ABCD","BC")}
length	求集合的长度	假设 arrayList1 为列表集合 ${fn:length(arrayList1)}
replace	允许为源字符串做替换	${fn:replace("ABCA","A","B")}
split	将一组由分隔符分隔的字符串转换成字符串数组	${fn:split("A,B,C",",")}
substring	用于从字符串中取子串	${fn:substring("ABC",1,2)}
toLowerCase	将源字符串中的字符全部转换成小写字符	${fn:toLowerCase("ABCD")}
trim	结果串不包含源字符串中首尾的“空格”	${fn:trim(" ABC")}

本章小结

本章介绍了 JSP 的使用，包括 JSP 的编译指令、动作标签和内置对象。还介绍了 JSTL 的 EL 表达式和 JSTL 标签的使用。JSP 是 Java Web 编程中的基本元素，它可以作为单独的请求对象，也可以作为 MVC 控制器的视图文件。利用 JSTL 标签可方便遍历访问模型数据。读者可练习利用 JSP 技术设计一个简易的多用户聊天应用。

第3章　Spring基础概念与工具

在传统的程序设计中，上层模块都是在代码中声明下层模块的实例或直接调用下层模块的方法。一旦下层模块的方法改变，相应的上层模块的代码也需相应的修改，造成了上层模块依赖于下层模块。解决办法可通过把上层模块中用到的方法提取出来定义成一个接口，上层只针对接口编程。

Spring 通过 Bean 的配置注入实现控制反转，控制反转（IoC）是一种将组件依赖关系的创建和管理置于程序外部的技术，这种在程序运行时注入依赖关系的行为也称为依赖注入。由于把对象生成放在了 XML 里定义，所以要换一个实现子类将会变得简单，依赖注入增加了模块的重用性、灵活性。

3.1　Bean 的依赖注入

Spring 常用的两种依赖注入方式：一种是设值注入方式，利用 Bean 的 setter 方法设置 Bean 的属性值；另一种是构造注入，通过给 Bean 的构造方法传递参数来实现 Bean 的属性赋值。

3.1.1　设值注入方式

设值注入方式在实际开发中得到了最广泛的应用。其优点是简单、直观；缺点是属性多时，需要很多 setter 和 getter 方法。在下面例子中定义了一个 Shape 接口，给接口分别定义 Rectangle 和 Circle 的两种实现类。在 AnyShape 类的 Shape 类型的属性中可以通过注入 Rectangle 或 Circle 类型的对象来实现不同的行为结果。

1. 定义接口文件

【程序清单 3-1】文件名为 Shape. java

```
package chapter3;
public interface Shape {
    public double area();  //求形状的面积
}
```

2. 编写实现接口的类

以下分别针对矩形和圆的说“求面积”方法给出不同实现。

【程序清单 3-2】文件名为 Rectangle. java

```
package chapter3;
public class Rectangle implements Shape {
```

```
    double width,height;
    public double getWidth() {
        return width;
    }
    public void setWidth(double width) {
        this.width = width;
    }
    public double getHeight() {
        return height;
    }
    public void setHeight(double height) {
        this.height = height;
    }
    public double area() {
        return width * height;
    }
}
```

【程序清单 3-3】文件名为 Circle.java

```
package chapter3;
public class Circle implements Shape {
    double r;
    public double getR() {
        return r;
    }
    public void setR(double r) {
        this.r = r;
    }
    public double area() {
        return Math.PI * r * r;
    }
}
```

3. AnyShape 类的定义

为了验证通过接口类型注入对象，以下定义了 AnyShape 类，其中定义了 Shape 属性。

【程序清单 3-4】文件名为 AnyShape.java

```
package chapter3;
public class AnyShape {
    Shape  shape;
    public void setShape (Shape shape){ this.shape = shape;}
    public Shape getShape ( ){ return shape; }
    public void ouputArea( ) {
```

```
        System.out.println("面积 = " + shape.area());
    }
}
```

【应用经验】以上每个属性均定义了相应的 setter 和 getter 方法。在实际开发环境中 setter 和 getter 方法可让开发环境根据属性自动产生。在 STS 环境中将鼠标移到程序中的指定属性上,在弹出的 quick fixes 提示中,选择"create getter and setter for ..."即可自动生成该属性的两个方法。或者在程序中右击,在弹出菜单中选择"Source"→"Generate Getters and Setters..."即可给所有属性添加 setter 和 getter 方法。除此以外,程序中的构造方法、toString 方法等均可根据需要由环境自动产生。

4. 用配置文件实现属性注入

Spring 通过配置文件传递引用的类及相关属性参数,这样比以前写死在程序里更灵活,也更具重用性。XML 配置中通过<bean>元素实现 Bean 的构建及属性注入。例如:

【程序清单 3-5】文件名为 myContext.xml

```xml
<?xml version="1.0" encoding="UTF-8"?>
<beans xmlns="http://www.springframework.org/schema/beans"
xmlns:xsi="http://www.w3.org/2001/XMLSchema-instance"
xsi:schemaLocation="http://www.springframework.org/schema/beans
http://www.springframework.org/schema/beans/spring-beans.xsd">
<bean id="myShape" class="chapter3.Area" >
    <property name="r" >
        <value>2.5</value>
    </property>
</bean>
<bean  id="anyShape" class="chapter3.AnyShape" >
    <property name="shape">
        <ref bean="myShape"/>
    </property>
</bean>
</beans>
```

【说明】

(1) 每个 Bean 的 id 属性定义 Bean 的标识,查找和引用 Bean 是通过该标识进行的。Bean 的命名采用标准的 Java 命名约定。如果一个 Bean 有多个 id,那么其他的 id 在本质上将被认为是别名。还可通过 Bean 的子元素<alias/>来完成 bean 别名的定义。例如:

```xml
<alias name="fromName" alias="toName"/>
```

(2) Bean 的 class 属性定义 Bean 对应的类的路径和名称。

(3) 通过 Bean 的子元素 property 实现属性值的设置,它是通过调用相应属性的 setter 方法实现属性值的注入。

(4) 标识为"anyShape"的 Bean 在设置 shape 属性时通过<ref/>标签引用了标识为"myShape"的 Bean,也就是 shape 属性由标识为"myShape"的 Bean 决定。实际上,引用同一配置文件中的其他 Bean 也可以通过 ref 元素的 local 属性来实现,而 ref 元素的 Bean 属性则可以引用不在同一配置文件中的 Bean。

5. 测试程序

以下编写一个应用程序来测试 Bean 的装载和运行。

【程序清单 3-6】文件名为 Test.java

```
package chapter3;
import org.springframework.context.ApplicationContext;
import org.springframework.context.support.*;
public class Test {
    public static void main(String[ ] args) {
        ApplicationContext context =
            new FileSystemXmlApplicationContext("myContext.xml");
        AnyShape s = ( AnyShape)context.getBean("anyShape");
        s.ouputArea ();
    }
}
```

【运行结果】

面积= 19.634954084936208

【说明】

(1) 程序中通过 FileSystemXmlApplicationContext 类完成应用环境的装载，从而完成 IoC 容器的初始化。它将从文件系统中载入 xml 文件。这里在指定文件路径时是采用不加前缀的默认表示，存在两种情形：没有盘符的表示使用项目工作路径，即相对项目的根目录；有盘符代表的是文件绝对路径。

在 Spring 中，还有以下几种容器可从 XML 配置装配 Bean。

- XMLBeanFactory：一种简单的 BeanFactory，用 InputStream 载入 xml 文件。经常通过 Resource 对象装载 Spring 配置信息。例如：
```
Resource res = new ClassPathResource("ecjtu/beans.xml");
BeanFactory bf = new XmlBeanFactory(res);
AnyShape s = (AnyShape) bf.getBean("anyShape");
```
- ClassPathXmlApplicationContext：代表类路径应用上下文，从类路径中载入 xml 文件，也就是工程中 src 文件夹所在的路径。
- XmlWebApplicationContext：代表 Web 应用系统上下文，从 Web 应用的内容路径中载入 xml 文件。

(2) 程序中通过 ApplicationContext 对象的 getBean 方法从容器获取 Bean，并通过其引用变量执行 Bean 的相应方法。

以下是 Spring Bean 工厂容器提供的常用方法。

- boolean containsBean(String)：如果容器包含给定名称的 Bean 实例，则返回 true。
- Object getBean(String)：返回以给定名字注册的 Bean 实例。如果没有找到指定的 Bean，该方法将抛出 NoSuchBeanDefinitionException 异常。
- Object getBean(String, Class)：返回以给定名称注册的 Bean 实例，并转换为给定 class 类型的实例，如果转换失败，相应的异常(BeanNotOfRequiredTypeException)将

被抛出。

- Class getType(String name):返回给定名称的 Bean 的 Class。如果没有找到指定的 Bean 实例,则抛出 NoSuchBeanDefinitionException 异常。
- boolean isSingleton(String):判断给定名称的 Bean 是否为 singleton 模式,如果 Bean 没找到,则抛出 NoSuchBeanDefinitionException 异常。
- String[] getAliases(String):返回给定 Bean 名称的所有别名。

6. 修改配置测试结果

在以上所有程序不变的情况下,将配置文件进行修改,属性 shape 注入"Rectangle"类型的对象。

```
<bean id = "myShape2" class = "chapter3.Rectangle" >
    <property name = "width" value = "3" />
    <property name = "height" value = "4" />
</bean>
<bean id = "anyShape" class = "chapter3.AnyShape" >
    <property name = "shape">
        <ref bean = "myShape2"/>
    </property>
</bean>
```

然后,重新运行程序,则输出结果为矩形面积。

3.1.2 构造注入方式

构造注入方式通过构造方法的参数实现属性值的注入。例如:

```
public AnyShape (Shape shape){
    this.shape =  shape;
}
```

在配置文件中,将 bean 的 autowire 属性设置为"constructor"。

```
<bean  id = "anyShape" class = "chapter3.AnyShape"  autowire = "constructor">
    <constructor-arg name = "shape">
        <ref bean = "myShape"/>
    </constructor-arg>
</bean>
```

以上是通过<constructor-arg>子元素的设置根据构造方法的参数名称的对应关系给 bean 注入属性。

另一种方式是根据参数的位置顺序来注入匹配参数值。第一个参数的索引值是 0,第二个是 1,依此类推。例如:

```
<bean  id = "anyShape" class = "chapter3.AnyShape"  autowire = "constructor">
    <constructor-arg index = "0">
        <ref bean = "myShape"/>
    </constructor-arg>
</bean>
```

Spring 对 bean 没有任何要求，但建议按如下原则进行设计：

- bean 实现类通常要提供无参构造方法，在 JSP 中使用 Bean 时将用到该方法。
- 接受构造注入的 Bean，在类中需要提供对应的构造方法。
- 接受设值注入的 Bean，则应提供对应的 setter 方法，并不强制提供 getter 方法。

3.1.3 集合对象注入

List、Set 和 Map 是代表三种集合类型的接口。在 Spring 中，可通过一组内置的 XML 标记（如<list>、<set>、<map>）进行配置，实现这些集合类型数据的注入。

1. Bean 的类定义

以下类 SomeBean 中包含了数组、List、Map 几种类型的属性。每个属性均提供有 setter 和 getter 方法。

【程序清单 3-7】文件名为 SomeBean. java

```
package chapter3;
import java.util. * ;
public class SomeBean {
    private String[] myArray;
    private List<String> myList;
    private Map<String, String> myMap;
    public String[] getMyArray() { return myArray;   }
    public void setMyArray(String[] myArray) {this.myArray = myArray;   }
    public List<String> getMyList() {return myList;}
    public void setMyList(List<String> myList) {this.myList = myList;   }
    public Map<String, String> getmyMap() {   return myMap;}
    public void setMyMap(Map<String, String> myMap) {this.myMap = myMap;}
}
```

2. 配置文件

从以下配置文件中可看出各类属性的注入方法。数组和列表一样，均是通过<list>标记实现属性值的注入。特别地，如果在<list>元素中不含任何子元素，则得到的列表为不含任何成员的空列表。Map 是通过<map>标记注入各映射项。

【程序清单 3-8】文件名为 beans-config. xml

```
<? xml version = "1.0" encoding = "UTF-8"? >
<beans>
    <bean id = "someBean" class = "chapter3.SomeBean">
        <property name = "myArray">
            <list>
                <value>John</value>
                <value>Mary</value>
            </list>
        </property>
        <property name = "myList">
```

```
            <list>
                <value>Java</value>
                <value>VB</value>
            </list>
        </property>
        <property name="myMap">
            <map>
                <entry key="thank">
                    <value>谢谢</value>
                </entry>
            </map>
        </property>
    </bean>
</beans>
```

3. 测试程序

【程序清单 3-9】文件名为 testDemo.java

```
package chapter3;
import java.util.List;
import org.springframework.context.ApplicationContext;
import org.springframework.context.support.FileSystemXmlApplicationContext;
public class testDemo {
    public static void main(String[] args) {
        ApplicationContext context = new FileSystemXmlApplicationContext(
                "beans-config.xml");
        SomeBean myBean = (SomeBean) context.getBean("someBean");
        String[] strs = (String[]) myBean.getMyArray(); //取得注入的字符串
                                                        //数组
        for (int i = 0; i < strs.length; i++) {
            System.out.println(strs[i]);
        }
        List<String> x = (List<String>) myBean.getMyList(); //取得注入
                                                            //的 List
        for (int i = 0; i < x.size(); i++) {
            System.out.println(x.get(i));
        }
    }
}
```

【说明】程序中只演示了对数组和列表的访问，对 Map 的访问读者自己补充。

3.2 用自动扫描注解方式定义 Bean

定义 Bean 的另一种方式是使用自动扫描功能，在 XML 配置文件中加入如下配置：

```
<context:component-scan base-package="chapter3" />
```

如此，Spring 将扫描所有 chapter3 包及其子包中的类，识别所有标记了 @Component、@Controller、@Service、@Repository 注解的类。

@Component 常和@Resource 配合实现 Bean 的依赖注入。前面例子中如果采用注解定义 Bean 的方式可修改如下：

(1) 在程序清单 3-3 上加上@Component 注解。

```
package chapter3;
@Component
public class Circle implements Shape {
    …
}
```

【说明】Spring 将自动根据注解产生标识为"circle"的 Bean，其特点是将类名的首字符改为小写后的符号串。

(2) 在程序清单 3-4 中添加@Component 注解。

```
package chapter3;
@Component
public class AnyShape {
    @Resource(name = "circle")
    Shape   shape;  // Shape 接口类型
…
}
```

其中，@Resource(name="circle")通常添加到属性定义或属性对应的 setter 方法前，用来表示 Bean 属性的引用依赖关系。这里表示 shape 属性值由"circle"这个 Bean 决定。

以上定义 Bean 的程序等价于前面 XML 定义 Bean 的如下配置：

```
<bean id="circle" class="chapter3.Circle" />
<bean  id="anyShape" class="chapter3.AnyShape" >
    <property name="shape">
        <ref bean="circle"/>
    </property>
</bean>
```

3.3 Spring Bean 的生命周期

Spring 通过 IoC 容器管理 Bean 的生命周期，每个 Bean 从创建到消亡所经历的时间过程称为 Bean 的生命周期，其过程包括以下几个阶段：构造对象→属性装配→回调→初始化→就绪→销毁。

其中,初始化阶段 Bean 将执行 init-method 属性设置的方法,销毁阶段 Bean 将执行 destroy-method 属性设置的方法。如果 Bean 定义时实现了 initializingBean 接口,则初始化阶段将先执行该接口中的 AfterPropertiesSet()方法,再执行 init_method 属性指定的方法。同样,如果 Bean 定义时实现了 DisposableBean 接口,则在销毁阶段先执行接口中定义的 destory()方法,再执行 destroy-method 属性指定的方法。

每个 Bean 的生命周期的长短取决于其 scope 设置。而 Bean 的属性装配则取决于装配方式的设置和依赖检查方式(dependency-check)的设置。

3.3.1 Bean 的范围

Bean 的作用域也称有效范围,在 Spring 中,Bean 的作用域是由 bean 元素的 scope 属性指定。Spring 支持五种作用域,见表 3-1。Bean 的 scope 属性默认值为 singleton,也就是说,默认情况下,对 bean 工厂的 getBean()方法的每一次调用都返回同一个实例。

表 3-1 Bean 的作用域

作用域	描述
singleton	在每个 Spring IoC 容器中一个 Bean 定义只会存在一个共享的 Bean 实例。换言之,Spring IoC 容器只会创建该 Bean 定义的唯一实例
prototype	每次请求时创建一个新的 Bean 实例,换言之,IoC 容器中,同一个 Bean 对应多个对象实例
request	每次 HTTP 请求将会有各自的 Bean 实例
session	在一个 HTTP Session 中,一个 Bean 定义对应一个实例。当 HTTP Session 最终被废弃的时候,在该 HTTP Session 作用域内的 Bean 也会被废弃掉
global session	在一个全局的 HTTP Session 中,一个 Bean 定义对应一个实例。典型情况下,仅在使用 portlet context 的时候有效

除 singleton 和 prototype 外的其他三种只能用在基于 Web 的应用环境中。对于 singleton 形式的 Bean,Spring 容器将管理和维护 Bean 生命周期。而 prototype 形式的 Bean,Spring 容器则不会跟踪管理 Bean 的生命周期。

【应用经验】一般地,对所有有状态的 Bean 应该使用 prototype 作用域,而对无状态或状态不变化的 Bean 使用 singleton 作用域。

以下对 Speak 类创建两个 Bean 进行测试。

【程序清单 3-10】文件名为 SpeakTest4.java

```
package chapter1;
import org.springframework.context.ApplicationContext;
import org.springframework.context.support.ClassPathXmlApplicationContext;
public class SpeakTest4 {
    public static void main(String[] args) {
        ApplicationContext appContext = new ClassPathXmlApplicationContext(
            "application-context.xml");
        Speak s1 = (Speak) appContext.getBean("speak");
        s1.setMessage("你好");
```

```
            System.out.println(s1 + s1.getMessage());
            Speak s2 = (Speak) appContext.getBean("speak");
            System.out.println(s2 + s2.getMessage());
        }
    }
```

【运行结果】

chapter1.Speak@1394894 你好

chapter1.Speak@1394894 你好

从结果可看出,两次执行 getBean 方法得到的是同一个实例。

读者不妨在配置文件中将 Bean 的 scope 属性修改为 prototype,再观察测试结果。不难发现,两个 Bean 得到的是不同实例。

3.3.2 Bean 自动装配(autowire)的 5 种模式

当要在一个 Bean 中访问另一个 Bean 时,可明确定义引用来进行连接。但是,如果容器能自动进行连接,将省去手动连接的麻烦。

解决办法是在配置文件中设置自动装配方式。不需要明确指示引用关系,由容器自动将某个 Bean 注入到另一个 Bean 的属性当中。Spring 支持的自动装配方式见表 3-2。

表 3-2 Spring 支持的自动装配方式

方式	描述
no	手动装配
byName	通过 id 的名字自动注入对象
byType	通过类型自动注入对象
constructor	根据构造方法自动注入对象
autodetect	完全交给 Spring 管理,按先 constructor 后 byType 的顺序进行匹配

【注意】自动装配的优先级低于手动装配,自动装配一般应用于快速开发中,但是不推荐使用。自动装配虽然可使代码简单,但是一方面容易出错,另一方面也不方便后期的维护,而且要求在应用上下文中不出现歧义的情形。

【应用经验】程序中可使用@Autowired 注解定义某属性注入对象时用自动装配。例如:

```
@Autowired AmqpTemplate amqpTemplate;
```

3.3.3 Bean 的依赖检查

在自动绑定中,由于没办法从定义文件中清楚地看到是否每个属性都完成设定,为了确定某些依赖关系确实建立,可以在<bean>标签中设定"dependency-check"属性来实现依赖检查,可以有四种依赖检查方式:

- simple:只检查基本数据类型和字符串对象属性是否完成依赖关系。
- objects:检查对象类型的属性是否完成依赖关系。
- all:则检查全部的属性是否完成依赖关系。
- none:该方式为默认情形,表示不检查依赖性。

依赖检查用于当前 Bean 初始化之前显式地强制一个或多个 Bean 被初始化。

ApplicationContext 默认是在启动时将所有 singleton 形式 Bean 提前进行实例化。根据需要,可以通过设置 Bean 的 lazy-init 属性为"true"来实现初始化延迟。

3.4 使用基于注解的配置

3.4.1 使用@Configuration 和@Bean 进行 Bean 的声明

虽然 2.0 版本发布以来,Spring 陆续提供了十多个注解,但是提供这些注解只是为了在某些情况下简化 XML 的配置,并非要取代 XML 配置方式。这一点可以从 Spring IoC 容器的初始化类可以看出。

ApplicationContext 接口的最常用的实现类是 ClassPathXmlApplicationContext 和 FileSystemXmlApplicationContext 以及面向 Portlet 的 XmlPortletApplicationContext 和面向 Web 的 XmlWebApplicationContext,它们都是面向 XML 配置的。

Spring 3.0 新增了另外两个实现类:

(1) AnnotationConfigApplicationContext;

(2) AnnotationConfigWebApplicationContext。

AnnotationConfigWebApplicationContext 是 AnnotationConfigApplicationContext 的 Web 版本,其用法与后者相比几乎没有什么差别,因此以下针对 AnnotationConfigApplicationContext 进行介绍。

1. 用 Java 类实现 Bean 的配置

在类上加上@Configuration 注解,以明确指出该类是 Bean 配置的信息源。Spring 要求标注 Configuration 的类必须有一个无参构造方法。采用基于注解的配置要用到 AOP,因此,要将 cglib-nodep-2.1_3.jar 加入到应用的 lib 中。

在配置类中标注了@Bean 的方法的返回对象将识别为 Spring Bean,并注册到容器中,受 IoC 容器管理。以下为配置样例。

【程序清单 3-11】文件名为 MyConfig.java

```
package chapter1;
import org.springframework.context.annotation.*;
@Configuration
public class MyConfig {
    @Bean
    public Speak mySpeak() {
        Speak x = new Speak();
        x.setMessage("您好");
        return x;
    }
}
```

【说明】

(1) 默认情况下,用方法名标识 Bean。因此,与以上配置等价的 XML 配置如下:

```
<bean id = "mySpeak" class = "chapter1.Speak">
    <property name = "message"  value = "您好"/>
</bean>
```

(2) 与 XML 配置对应，采用@Bean 注解定义 Bean 时可通过如下属性设置进行配置。

- name：指定一个或者多个 Bean 的名字。例如：
  @Bean(name = "mySpeak")
  @Bean(name = {"mySpeak","speak"})
- initMethod：容器在初始化完 Bean 之后，会调用该属性指定的方法。这等价于 XML 配置中 的 init-method 属性。
- destroyMethod：该属性与 initMethod 功能相似，在容器销毁 Bean 之前，会调用该属性指定的方法。这等价于 XML 配置中 的 destroy-method 属性。
- autowire：指定 Bean 属性的自动装配策略，取值是 Autowire 类型的三个静态属性 Autowire. BY_NAME、Autowire. BY_TYPE、Autowire. NO。

2. 对 Java 类配置 Bean 的测试

AnnotationConfigApplicationContext 提供了三个构造函数用于初始化容器。

- AnnotationConfigApplicationContext()：该构造函数初始化一个空容器，容器不包含任何 Bean 信息，需要在稍后通过调用其 register()方法注册配置类，并调用 refresh()方法刷新容器。
- AnnotationConfigApplicationContext(Class... annotatedClasses)：这是最常用的构造方法，通过将涉及的配置类传递给该构造方法，以实现将相应配置类中的 Bean 自动注册到容器中。
- AnnotationConfigApplicationContext(String... basePackages)：该构造方法会自动扫描给定的包及其子包下的所有类，并自动识别所有的 Spring Bean，将其注册到容器中。它不但识别标注@Configuration 的配置类并正确解析，而且同样能识别使用@Repository、@Service、@Controller、@Component 标注的类。

除了使用上面第三种类型的构造方法让容器自动扫描 Bean 的配置信息以外，AnnotationConfigApplicationContext 还提供了 scan()方法，其功能与上面也类似，该方法主要用在容器初始化之后动态增加 Bean 至容器中。但调用了该方法以后，通常要调用 refresh()刷新容器，以便让变更立即生效。

【程序清单 3-12】文件名为 SpeakTest5. java

```
package chapter1;
import org. springframework. context. annotation. AnnotationConfigApplication-
Context;
public class SpeakTest5 {
    public static void main(String[] args) {
        AnnotationConfigApplicationContext ctx = new
AnnotationConfigApplicationContext(MyConfig.class);
        Speak s1 = (Speak) ctx.getBean("mySpeak");
        System.out.println(s1 + s1.getMessage());
    }
```

```
}
```

【运行结果】

chapter1.Speak@f11404 您好

在一般项目中,为了结构清晰,通常会根据软件的模块或者结构定义多个 XML 配置文件,然后再定义一个入口的配置文件,该文件将其他的配置文件组织起来。最后只需将入口配置文件传给 ClassPathXmlApplicationContext 的构造方法即可。

而对于基于注解的配置,Spring 也提供了类似的功能,只需定义一个入口配置类,并在该类上使用 @Import 注解引入其他的配置类即可,最后只需要将该入口配置类传递给 AnnotationConfigApplicationContext。以下为使用@Import 具体使用示例:

```
@Configuration
@Import({BookServiceConfig.class,BookDaoConfig.class})
public class BookConfig{ … }  //入口配置类
```

3.4.2 混合使用 XML 与注解进行 Bean 的配置

设计@Configuration 是为了在 XML 之外多一种选择。XML 配置的一些高级功能目前还没有相关注解支持。因此,常采用某种配置为中心的混合配置方式。

1. 以 XML 配置为中心

对于已经存在的大型项目,可能初期是以 XML 进行 Bean 的配置,后续逐渐加入了注解的支持,这时只需在 XML 配置文件中声明 annotation-config 以启用针对注解的 Bean 后处理器,并将被 @ Configuration 标注的类定义为普通的 Bean。假设存在如下的@Configuration类:

```
package book.config;
@Configuration
public class MyConfig {
    @Bean
    @Scope("prototype")  //指定 Bean 的作用域
    public UserDao userDao() { return new UserDaoImpl();}
}
```

此时,只需在 XML 中作如下声明即可:

```
<beans … >      …
    <context:annotation-config />
    <bean class = " book.config.MyConfig"/>
</beans>
```

特别地,如果存在多个标注了@Configuration 的类,则需要在 XML 文件中逐一列出。

2. 以注解为中心的配置方式

对于以注解为中心的配置方式,使用@ImportResource 注解引入 XML 配置即可。例如:

```
@Configuration
@ImportResource("classpath:/book/config/spring-beans.xml")
public class MyConfig { … }
```

容器的初始化过程和纯粹的以注解配置方式一致,如下所示:

```java
AnnotationConfigApplicationContext ctx =
    new AnnotationConfigApplicationContext(MyConfig.class);
```

3.5 Spring 的过滤器和监听器

3.5.1 Spring 过滤器

过滤器(Filter)是小型的 Web 组件,在运行时由 Servlet 容器调用,用来拦截和处理请求和响应。Filter 主要用于对用户请求进行预处理,也可对 HttpServletResponse 进行后处理。一个请求和响应可被多个 Filter 拦截。过滤器广泛应用于 Web 处理环境,常见的 Filter 有:

- 用户授权的 Filter:负责检查用户的访问请求,过滤非法的请求。
- 日志 Filter:记录某些特殊的用户请求。
- 负责解码的 Filter:对非标准编码的请求进行解码。
- XSLT Filter:能改变 XML 内容。

编写 Servlet 过滤器类都必须实现 javax.servlet.Filter 接口。接口含有 3 个方法:

- init(FilterConfig cfg):是 Servlet 过滤器的初始化方法。
- doFilter(ServletRequest,ServletResponse,FilterChain):完成实际的过滤操作,FilterChain 参数用于访问后续过滤器。
- destroy():Servlet 容器在销毁过滤器实例前调用该方法,用于释放 Servlet 过滤器占用的资源。

Spring 过滤器通过 Web 部署描述符(web.xml)中的 XML 标签来声明。这样添加和删除过滤器时,无须改动任何应用程序代码。以下介绍一个使用广泛的过滤器。

通过表单和超链向服务器提交数据时,常有中文乱码现象。虽然 JSP 文件和页面编码格式都采用 UTF-8,但仍然不解决问题。通过在 web.xml 中配置一个编码转换过滤器可解决问题。

```xml
<!-- 定义解决汉字编码转换的过滤器 -->
<filter>
    <filter-name>chinacode</filter-name>
    <filter-class>org.springframework.web.filter.CharacterEncodingFilter
    </filter-class>
    <init-param>  <!-- ① 编码方式 -->
      <param-name>encoding</param-name>
      <param-value>UTF-8</param-value>
    </init-param>
</filter>
<!-- 过滤器映射路径 -->
<filter-mapping>  <!-- ② 过滤器的匹配 URL -->
    <filter-name>chinacode</filter-name>
    <url-pattern>/*</url-pattern>
</filter-mapping>
```

如此处理后，对服务器的所有 URL 请求的数据都会被转码为 UTF-8 编码格式。

处理汉字编码问题还有一种办法，在服务器的 server. xml 的 Connector 节点增加如下配置，可控制 tomcat 对 get 方式的汉字编码方式自动编码为 utf-8。

```
<Connector port = "8080"   …
useBodyEncodingForURI = "true"  URIEncoding = "UTF-8"/>
```

3.5.2 Spring 监听器

当 Web 应用在 Web 容器中运行时，Web 应用内部会发生各种事件，如 Web 应用被启动、用户 Session 开始、用户请求到达等。Servlet API 提供了大量监听器来监听 Web 应用的内部事件，允许发生事件时回调事件监听器内的方法，从而对 Servlet 容器中的事件做出反应。

常用监听器接口有：

- ServletRequestListener：监听 http 请求。
- HttpSessionListener：监听 session 请求。
- ServletContextListener：用于 Servlet 应用环境的数据变化的处理。

注册一个监听程序用<listener>元素，在 listener 元素中，只有一个<listener-class>子元素，指明监听器对应的类。在 Servlet 规范中并未限制一个 Web 应用程序只能对应一个监听器类。

Spring 的 ContextLoaderListener 实现了 ServletContextListener 这个接口，用于启动 Web 容器时，自动装配 ApplicationContext 的配置信息。在 ServletContextListener 这个接口中定义了 contextInitialized 和 contextDestroyed 两个方法，分别在 Web 应用程序的“初始阶段”和“结束阶段”由 Web 容器调用，这两个方法均有一个 ServletContextEvent 类型的参数。在 Web 中部署特殊工作任务可用到这两个方法。

在网站中经常需要进行在线人数的统计。过去的一般做法是结合登录和退出功能，即当用户输入用户名密码进行登录的时候计数器加 1，然后当用户单击“退出”按钮退出系统的时候计数器减 1。这种处理方式存在一些缺点，例如：用户正常登录后，可能会忘记单击“退出”按钮，而直接关闭浏览器，导致计数器减 1 的操作没有及时执行。

新的解决办法是利用 Servlet 规范中定义的事件监听器来解决。当浏览器第一次访问网站的时候，Web 服务器会新建一个 HttpSession 对象，并触发 HttpSession 创建事件，如果注册了 HttpSessionListener 事件监听器，则会调用 HttpSessionListener 事件监听器的 sessionCreated 方法。相反，当浏览器超时未联系服务器的时候，Web 服务器会销毁相应的 HttpSession 对象，触发 HttpSession 销毁事件，同时调用 HttpSessionListener 事件监听器的 sessionDestroyed 方法。因此，可在 HttpSessionListener 实现类的 sessionCreated 方法中让计数器加 1，在 sessionDestroyed 方法中让计数器减 1。

【程序清单 3-13】文件名为 OnlineCounterListener. java

```
package chapter3;
import javax.servlet.http. * ;
    public class OnlineCounterListener implements HttpSessionListener {
    public static long online  = 0;
    public void sessionCreated(HttpSessionEvent e) { online++ ; }
    public void sessionDestroyed(HttpSessionEvent e) { online--; }
```

```
}
```

【说明】该程序需要用到 servlet-api.jar。

然后，把这个 HttpSessionListener 实现类注册到网站应用中，也就是在网站应用的 web.xml 中加入如下内容：

```
<listener>
    <listener-class>chapter3.OnlineCounterListener </listener-class>
</listener>
```

【注意】如果使用注解符定义监听器，只要将@WebListener 加在类定义的代码前即可。

以下 JSP 页面将显示在线人数：

```
<%@ page language="java" pageEncoding="GB2312"%>
<%@ page import="chapter3.OnlineCounterListener"%>
<html><body>在线人数：<%= OnlineCounterListener.online%></body>
</html>
```

3.6 Spring 的文件资源访问

文件资源的操作是应用程序中常见的功能，如加载一个配置文件，将上传文件保存在特定目录等。使用 JDK 的 I/O 包中的相关类可完成这些操作，但 Spring 还提供了许多方便易用的资源操作工具类，以下分别进行介绍。

3.6.1 用 Resource 接口访问文件资源

1. 资源加载

Spring 定义了一个 org.springframework.core.io.Resource 接口，并提供了若干 Resource 接口的实现类。这些实现类可以从不同途径加载资源。

- FileSystemResource：以文件系统绝对路径的方式访问资源。

例如：Resource res1 = new FileSystemResource("f://data.mdb")；

- ClassPathResource：以类路径的方式访问资源。

例如：Resource res2 = new ClassPathResource("file1.txt")；

- UrlResource：以 URL 访问网络资源。

例如：Resource res3 = new UrlResource("http://myhost.com/resource/x.txt")；

- ServletContextResource：以相对于 Web 应用根目录的方式访问资源。

默认情况下，JSP 不能直接访问 WEB-INF 路径下的任何资源，需要借助 ServletContextResource。

例如：Resource res4 = new ServletContextResource(application,"/WEB-INF/file1.xml")；
其中，application 为 ServletContext 对象，在 JSP 中可直接使用。

- InputStreamResource：从输入流对象加载资源。
- ByteArrayResource：从字节数组读取资源。

Resource 代表了从不同位置以透明的方式获取的资源，包括从 classpath、文件系统位置、URL 描述的位置等。如果资源位置串是一个没有任何前缀的简单路径，这些资源来自何处取决于实际应用上下文的类型。

2. Resource 接口的常用方法

Resource 接口提供了获取文件名、URL 地址以及资源内容的操作方法。

- getFileName()：获取文件名。
- getFile()：获取资源对应的 File 对象。
- getInputStream()：直接获取文件的输入流。
- exists()：判断资源是否存在。

【应用经验】在第 6 章 MVC 控制逻辑中访问 webapp 路径下的文件，可采用如下方法：

```
ApplicationContext c = RequestContextUtils.getWebApplicationContext(request);
File indexDir = c.getResource("/resources/index").getFile();
```

其中，request 为 HttpServletRequest 对象，RequestContextUtils 为一个工具类。

【程序清单 3-14】ClassPathResourceTest.java

```
import org.springframework.core.io.*;
public class ClassPathResourceTest {
  public static void main(String[] args) throws Exception {
    Resource cpr = new ClassPathResource("test.xml");
    System.out.println(cpr.getFilename());
    System.out.println(cpr.getDescription());
    System.out.println(cpr.exists());
  }
}
```

【运行结果】

```
test.xml
class path resource [test.xml]
true
```

【说明】test.xml 文件要存放在类路径的根目录下。也就是工程环境的 src 目录下。如果资源在类路径根目录中不存在，则 exist()方法返回 false。

3.6.2 用 ApplicationContext 接口访问文件资源

Spring 提供两个标志性接口：

- ResourceLoader：资源加载器接口，其 getResource(String location)方法可获取资源，返回一个 Resource 实例。应用上下文同时也是个资源加载器。
- ResourceLoaderAware：该接口实现类的实例将获得一个 ResourceLoader 的引用，它会在应用初始化时自动回调将应用上下文本身作为资源加载器传入。

ApplicationContext 的实现类都实现 ResourceLoader 接口，因此，当 Spring 应用需要进行资源访问时，并不需要直接使用 Resource 实现类，而是调用 ApplicationContext 实例的 getResource()方法来获得资源。ApplicationContext 将根据其对象定义的资源访问策略来获取资源，从而将应用程序和具体的资源访问策略分离开来。例如：

```
ApplicationContext ctx = new
        ClassPathXmlApplicationContext("beans.xml");
Resource res = ctx.getResource("book.xml");
```

以上代码中,ApplicationContext 对象使用了 ClassPathApplicationContext 来创建,所以,使用该对象获取资源时将会用 ClassPathResource 来加载资源,也就是在应用的类路径下查找 book. xml 文件。

也可以不管上下文环境,在查找资源标识中强制加上路径前缀,例如:

```
Resource template = ctx.getResource("classpath:somepath/my.txt");
```

以下是常见的前缀及对应的访问策略:

- classpath——以 ClassPathResource 实例来访问类加载路径下的资源。
- file——以 FileSystemResource 实例来访问本地文件系统的资源。
- http——以 UrlResource 实例来访问基于 HTTP 协议的网络资源。
- 无前缀——由 ApplicationContext 的实现类来决定访问策略。

【应用经验】Java 桌面应用程序中文件资源的相对路径是相对于工程根目录的位置,但根路径下的文件在进行应用打包为可执行的 JAR 时,将不在包中,因此,经常将图片文件放到工程的 src 目录下。这时,常用如下方法指定图标文件的路径:

```
new ImageIcon(getClass().getResource("table.gif"));
```

也可用 org. springframework. util 包中提供的 ClassUtils 类获取类路径下资源。

```
ClassUtils.getDefaultClassLoader().getResource("table.gif");
```

【注意】资源访问中要访问绝对路径的资源,建议采用"file:"作为前缀,例如:

```
new FileSystemXmlApplicationContext("file:bean.xml"); //相对路径
new FileSystemXmlApplicationContext("file:/bean.xml"); //绝对路径
```

其中,相对路径以当前工作路径为路径起点,绝对路径以文件系统路径为路径起点。如果省去"file:"前缀,则不管是否以斜杠开头,均按相对路径处理。

3.6.3 用 ResourceUtils 类访问文件资源

Spring 提供了一个 ResourceUtils 工具类,支持"classpath:"和"file:"的地址前缀,它能够从指定的地址加载文件资源。例如:

```
File clsFile = ResourceUtils.getFile("classpath: file1.txt");
File myFile = ResourceUtils.getFile("file:f://ecjtu/file1.txt");
```

3.6.4 FileCopyUtils 类的使用

FileCopyUtils 类提供了许多静态方法,能够将输入源的数据复制到输出的目标中。

- static void copy(byte[ ] in, File out):将 byte[ ]复制到文件中。
- static void copy(byte[ ] in, OutputStream out):将 byte[ ]复制到输出流中。
- static int copy(File in, File out):将文件复制到另一个文件中。
- static int copy(InputStream in, OutputStream out):将输入流的数据复制到输出流中。
- static int copy(Reader in, Writer out):从字符输入流读取数据复制到字符输出流中。
- static void copy(String in, Writer out):将字符串复制到字符输出流中。
- static String copyToString(Reader in):返回从字符输入流读取的内容。

以下为应用举例:

```
Resource res = new ClassPathResource("conf/file1.txt");
    //以下将文件内容复制到一个 byte[ ] 中
byte[ ] fileData = FileCopyUtils.copyToByteArray(res.getFile( ));
    //以下将文件内容复制到另一个目标文件
FileCopyUtils.copy(res.getFile(), new File(res.getFile().getParent() + "/file2.txt"));
```

3.6.5 属性文件操作

JDK 中,可以通过 java. util. Properties 的 load(InputStream in) 方法从一个输入流中加载属性资源。

Spring 提供的 org. springframework. core. io. support. PropertiesLoaderUtils 可直接通过基于类路径的地址加载属性文件资源,以下代码假设 jdbc. properties 是位于类路径下的文件:

```
Properties props = PropertiesLoaderUtils.loadAllProperties("jdbc.properties");
System.out.println(props.getProperty("jdbc.driverClassName"));
```

此外,PropertiesLoaderUtils 还可从 Resource 对象中加载属性资源,该工具类含有如下两个实用方法:

- static Properties loadProperties(Resource resource):从 Resource 中加载属性。
- static void fillProperties(Properties props, Resource resource):将 Resource 中的属性数据添加到一个已经存在的 Properties 对象中。

3.7 WebUtils 工具类

Spring 为 Web 应用提供了很多有用的工具类,这些工具类可以给程序开发带来很多便利。位于 org. springframework. web. util 包中的 WebUtils 是一个非常好用的工具类,它针对很多 Servlet API 提供了易用的代理方法,从而方便编程者调用。

利用以下方法可访问 Session 和 Cookie 的属性:

- Cookie getCookie(HttpServletRequest request, String name):获取 HttpServletRequest 中特定名字的 Cookie 对象。例如:

```
String username = WebUtils.getCookie(request,"loginname").getValue();
```

另外,创建 Cookie 可用 CookieGenerator 工具类。

- Object getSessionAttribute(HttpServletRequest request, String name):获取 HttpSession 特定属性名的对象。

该方法等价于 request. getSession(). getAttribute(name)。例如:

```
String username = (String)WebUtils.getSessionAttribute(request, "loginname");
```

- String getSessionId(HttpServletRequest request):获取 Session ID 的值。

此外,WebUtils 还提供了一些和 ServletContext 相关的方便方法:

- String getRealPath(ServletContext servletContext, String path):获取相对路径为 path 的 URL 文件对应服务器文件系统中的物理路径。
- File getTempDir(ServletContext context):获取 ServletContext 对象对应的临时文件

地址，它以 File 对象的形式返回。

3.8 Spring 的 SpEL 语言

Spring 表达式语言(简称 SpEL)是一个类似 EL 的表达式语言，SpEL 支持运行时查询和操作对象。SpEL 可以独立于 Spring 容器进行表达式求解，也可以在注解和 XML 配置中使用，增强表达形式。

3.8.1 使用 Expression 接口进行表达式求值

SpEL 在求表达式值时的过程是：首先构造一个解析器；其次解析器解析字符串表达式，在此构造上下文；最后根据上下文得到表达式运算后的值。

SpEL 主要提供如下两个接口：

(1) ExpressionParser 接口：该接口的实例通过 parseExpression 方法解析一个表达式，返回 Expression 对象。例如：

```
ExpressionParser parser = new SpelExpressionParser(); //创建解析器
Expression exp =  parser.parseExpression("'Hello World!' + 12"); //解析表达式
```

(2) Expression 接口：该接口的实例代表一个表达式。该接口通过 getValue 方法计算表达式的值。

Expression 接口的 getValue 方法有多种形态，常用的几种形态为：

- Object getValue()：计算表达式的值。例如：exp.getValue();。
- <T>T getValue(Class<T>desiredResultType)：计算表达式，结果为 desiredResultType 类型。例如：exp.getValue(String.class);。
- Object getValue(Object rootObject)：以 rootObject 作为表达式的 root 对象来计算表达式的值。
- <T>T getValue(Object rootObject,Class<T>desiredResultType)：以 rootObject 作为表达式的 root 对象来计算表达式的值，且结果为 desiredResultType 类型。
- Object getValue(EvaluationContext context)：使用指定的 EvaluationContext 计算表达式的值。

【说明】在表达式计算中，有时还引入 EvaluationContext 对象，它是表达式的"上下文"，代表表达式对象执行的环境。这个 Context 对象可以包含多个对象，但只能有一个根(root)对象。根对象是默认的活动上下文对象，活动上下文对象表示了当前表达式操作的对象。

常用的 EvaluationContext 对象有 StandardEvaluationContext。它可使用 setRootObject 方法来设置根对象，使用 setVariable 方法来注册自定义变量，使用 registerFunction 来注册自定义函数等，目前只支持将类静态方法注册为自定义函数，实际上该功能作用不大。以下为 StandardEvaluationContext 类的 3 个方法的形态。

- setVaribile(String name,Object value)：向 EvaluationContext 中加入一个名为 name，值为 value 的对象。
- setRootObject(Object rootObject)：设置 root 对象。
- registerFunction(String name,Method m)：将 m 方法注册为自定义函数。

在表达式中使用"#variableName"引用变量。除了引用自定义变量，SpEL 还允许引用根对象及当前上下文对象，使用“#root”引用根对象，使用“#this”引用当前求值对象。

例如：

```
EvaluationContext context = new StandardEvaluationContext();
context.setVariable("x", "你好");
String result1 = parser.parseExpression("#x").getValue(context, String.class);
```

【说明】#x 代表求变量 x 的值。所以，result1 的结果为"你好"。

假设，Person 对象包含属性 name 和 age。则以下程序的 s2 结果为“姓名=张三”。

```
EvaluationContext context = new StandardEvaluationContext();
Person p = new Person("张三", 15);
((StandardEvaluationContext) context).setRootObject(p);
String s2 = parser.parseExpression("'姓名 =' + name").getValue(context, String.class);
```

3.8.2 SpEL 支持的表达式类型

1. 基本表达式

包括字面量表达式、关系，逻辑与算术运算表达式、字符串连接及截取表达式、三目运算及 Elivis 表达式、正则表达式等。在表达式中可使用括号，括号里的具有高优先级。

SpEL 支持的字面量包括：字符串、数字类型（int、long、float、double）、布尔类型、null 类型。SpEL 的基本表达式运算符有如下一些，不区分大小写。

(1) 算术运算：支持加（+）、减（-）、乘（*）、除（/）、求余（%）、幂（^）运算。SpEL 还提供求余（MOD）和除（DIV）两个运算符，与“%”和“/”等价，不区分大小写。

(2) 关系运算：支持等于（==）、不等于（!=）、大于（>）、大于等于（>=）、小于（<）、小于等于（<=），区间（between）运算。SpEL 同样提供了等价的“EQ”、“NE”、“GT”、“GE”、“LT”、“LE”来表示等于、不等于、大于、大于等于、小于、小于等于。

between 运算符的应用举例为："1 between {1, 2}"。

(3) 逻辑运算符有：与（and）、或（or）、非（! 或 NOT）。

(4) 使用“+”进行字符串连接，使用“'String'[index]”来截取一个字符。如"'Hello World!'[0]"将返回“H”。

(5) 三目运算符形式为“表达式 1? 表达式 2:表达式 3”，用于构造三目运算表达式，如"2>1? true:false"将返回 true；Elivis 运算符形式为“表达式 1?:表达式 2”从 Groovy 语言引入，用于简化三目运算符的，当表达式 1 为非 null 时则返回表达式 1，当表达式 1 为 null 时则返回表达式 2。

(6) 正则表达式匹配检查使用 matches 运算符。例如，以下利用正则表达式对邮件地址进行有效性限制：

"youremail matches '[a-zA-Z0-9._%+-]+@[a-zA-Z0-9.-]+\.[a-zA-Z]{2,4}'"

2. 类相关表达式

包括类类型表达式、类实例化、instanceof 表达式、变量定义及引用、赋值表达式、自定义函数、对象属性存取及安全导航表达式、对象方法调用、Bean 引用等。运算符“new”和运算符“instanceof”与 Java 使用一样。

使用时注意以下几点：

1）使用“T(Type)”来表示某类型的类，进而访问类的静态方法及静态属性。如"T(Integer).MAX_VALUE","T(Integer).parseInt('24')"。在标识类时，除了“java.lang”包中的类以外，必须使用全限定名。

2）SpEL 即允许通过"#variableName=value"形式给自定义变量或对象赋值。

3）对象属性和方法调用同 Java 语法，但 SpEL 对于属性名的首字母是不区分大小写的。如"'thank'.substring(2,4)"将返回"an"。

另外，SpEL 还引入了 Groovy 语言中的安全导航运算符“(对象|属性)?.属性”，在连接符“.”之前加上“?”是为了进行空指针处理，如果对象是 null 则计算中止，直接返回 null。

3. 集合相关表达式

内联 List、内联数组、集合，字典访问、列表，字典，数组修改、集合投影、集合选择。从 Spring 3.0.4 开始支持内联 List，使用{表达式，……}定义内联 List。如“{1,2,3}”将返回一个整型的 ArrayList，而“{}”将返回空的 List。内联数组和 Java 数组定义类似，在定义时可进行数组初始化。例如：

```
int[] x = (int[]) parser.parseExpression("new int[]{1,2,3}").getValue(context);
```

在 Bean 配置中可通过 SpEL 给集合和数组注入元素，程序清单 3-8 内可简化如下。

```
<property name="myArray" value="#{{'John','Mary'}}"/>
<property name="myList"  value="#{{'Java','VB'}}"/>
```

SpEL 对集合的访问常用形式有：

(1) 使用“集合[索引]”访问集合元素，使用“map[key]”访问字典元素。例如：

```
<property name="choseCity" value="#{cities[2]}"/>
```

(2) 获取集合中的若干元素(也叫过滤)

从原集合选择出满足条件的元素作为结果集合。“.?”用于求所有符合条件的元素；“.^”用于求第一个符合条件的元素；“.$”用于求最后一个符合条件的元素。例如：选出人口大于 10 000 的 cities 元素作为 bigCitis 的值。

```
<property name="bigCitis" value="#{cities.?[population gt 10000]}"/>
```

以下代码段，将从素数集合中选择“大于 10”的素数。

```
List<Integer> primes = new ArrayList<Integer>();
primes.addAll(Arrays.asList(2,3,5,7,11,13,17));
ExpressionParser parser = new SpelExpressionParser();
StandardEvaluationContext context = new StandardEvaluationContext();
context.setVariable("primes",primes);
List<Integer> primesGreaterThanTen = (List<Integer>)
    parser.parseExpression("#primes.?[#this>10]").getValue(context);
```

特别地，在配置文件中访问属性配置文件中的属性也是一个常见的操作。例如：

```
<util:properties id="settings" location="classpath:mysettings.properties"/>
<property name="title" value="#{settings[' login_title']}"/>
```

这里，Bean 的 title 属性将从属性文件的“login_title”获得数据。

【说明】“util”命名空间被 Spring 2.x 引入，<util:properties/>元素定义一个引用属性

文件的 Bean 实例，其 location 属性中"classpath:"表明，将从类路径上查找并装载属性文件。实际应用中，还常利用 util 名空间中的 list、map、set 等元素定义可供复用的集合，这些集合均是 Bean 实例。例如：

```
<util:list id = "listUtil" list-class = "java.util.ArrayList">
    <value>first</valuse>
    <value>two</valuse>
</util:list>
<util:map id = "mapUtil" map-class = "java.util.HashMap">
    <entry key = "1" value = "first">
    <entry key = "2" value = "two">
</util:map>
<util:set id = "setUtil" set-class = "java.util.HashSet">
    <value>first</value>
    <value>two</value>
</util:set>
```

(3) 用".!"选中已有集合中元素的某一个或几个属性构造新的集合(也叫投影)。

新集合元素可以为原集合元素的属性，也可以为原集合某些元素的运算结果。例如：

```
<property name = "cityNames" value = "#{cities.! [name + ", " + state]}"/>
```

集合过滤和投影可以一起使用，如"#map.? [key ! =John].! [value+3]"将首先选择键值不等于"John"的成员构成新 Map，然后在新 Map 中再进行"value+3"的投影。

4. 表达式模板

模板表达式是对直接量表达式的扩展，它允许在表达式中插入#{expr}，在表达式求值时，#{expr}将会被动态计算。例如，以下程序中，对 p 对象求值时，#{name}代表获取 p 的 name 属性，因此输出结果为"姓名:张三"。

```
ExpressionParser parser = new SpelExpressionParser();
EvaluationContext context  =  new StandardEvaluationContext();
Person p = new Person("张三", 15);
Expression exp = parser.parseExpression("姓名:#{name}",
        new TemplateParserContext());
System.out.println(exp.getValue(p));  //p 作为求值表达式的根对象
```

3.8.3 在 Bean 配置中使用 SpEL

SpEL 的一个重要应用是在 Bean 定义时实现功能扩展。在 XML 和注解 Bean 定义中均可用 SpEL。Bean 定义时注入模板默认应用"#{SpEL 表达式}"表示。

(1) 引用其他 Bean

例如，引用另外一个 id 为 dataSource 的 bean 作为 dataSource 属性的值。

```
<bean id = "jdbcTemplate" class = "org.springframework.jdbc.core.JdbcTemplate">
   <property name = "dataSource" value = "#{dataSource}" />
</bean>
```

其中，value="#{dataSource}"等同于 ref="dataSource"。

通过 SpEL 表达式还可以引用其他 Bean 的属性和方法。例如：

```
<property name="song" value="#{picksong.selectSong()}"/>
```

以上调用 id 为 picksong 的 bean 的 selectSong()方法，用其返回值作为 song 的值。

(2) 引用 Java 类

如果在 Bean 定义中要引用的对象不是 Bean，而是某个 Java 类，可使用表达式 T()来实现，例如，以下给 Bean 的属性注入随机数。

```
<bean id="numberGuess" class="org.spring.samples.NumberGuess">
  <property name="randomNumber" value="#{ T(java.lang.Math).random() * 100.0 }"/>
</bean>
```

(3) 在注解表示中引用 SpEL 表达式

在 Spring 注解应用中也可以使用 SpEL 表达式，例如，以下用@Value 注解注入数据。

```
public class FieldValueTestBean {
    @Value("#{ systemProperties['user.region'] }")
    private String defaultLocale;
    ……
}
```

【说明】这里，变量“systemProperties”是预先定义的一个属性变量。

本章小结

本章首先介绍了 Bean 的注入配置方式(属性注入和构造注入)，并对集合对象注入进行了讨论。在 Bean 的生命周期管理中介绍了 Bean 的作用域、Bean 的 5 种自动装配方式以及 Bean 的 4 种依赖检查方式。本章还讨论了 Bean 的 XML 配置与注解配置的结合问题，讨论了 Spring 的过滤器与监听器的知识以及文件资源访问方式。最后，介绍了 Spring 的 SpEL 的使用。作为练习，读者可对本章例子的内容加以丰富并进行调试。

第4章　用Spring JdbcTemplate访问数据库

Java 对数据库的访问有多种方式。传统的办法是利用 JDBC 访问数据库,传统 JDBC 对数据库的操作需要建立连接、关闭连接、异常处理等。目前比较流行用 Hiberate 技术实现对数据库的操作访问。本章介绍用 Spring 的 JdbcTemplate 实现数据库访问的处理方法。不少例题是结合文件资源共享应用,该应用涉及的对象及关系如图 4-1 所示。

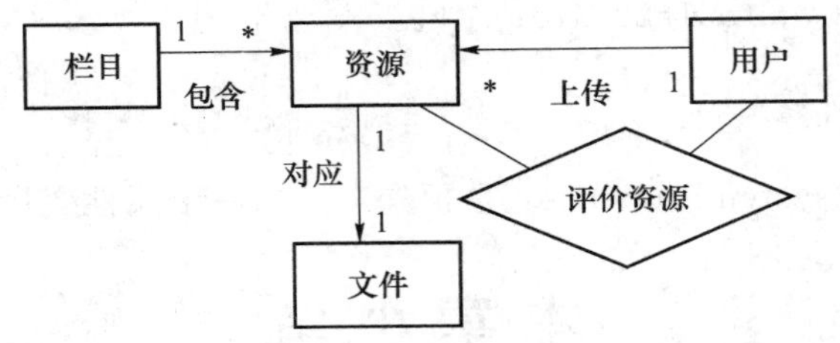

图 4-1　资源管理应用系统的对象关系图

本章针对栏目和用户对象的数据访问操作进行介绍,其他功能在以后章节介绍。

栏目对象的属性比较简单,有栏目编号、栏目标题。而操作只考虑最常用的两个:一个是获取所有栏目列表集合;另一个是添加栏目,以后还将补充删除栏目等。

用户对象的属性有用户登录名、密码、E-mail 地址、用户姓名、积分等。相应的操作包括用户注册、登录检查、增减用户积分、读取用户积分。

4.1　用 JdbcTemplate 访问数据库

JdbcTemplate 是对 JDBC 的一种封装,可简化对 JDBC 的编程访问处理,JdbcTemplate 处理了资源的建立和释放,可避免一些常见的错误,比如忘了关闭连接,因而可提高编程效率。

Spring 提供的 JDBC 抽象框架由 core、datasource、object 和 support 四个不同的包组成。

- core 包中定义了提供核心功能的类。JdbcTemplate 是 JDBC 框架的核心包中最重要的类。JdbcTemplate 可执行 SQL 查询,更新或者调用存储过程,对结果集的迭代处理以及提取返回参数值等。
- datasource 包中含简化 DataSource 访问的工具类及 DataSource 接口的实现。获得 DataSource 对象的方式有 JNDI、DBCP 连接池、DriverManagerDataSource 等。
- object 包由封装了查询、更新以及存储过程的类组成,它们是在 core 包的基础上对 JDBC 更高层次的抽象。
- support 包中含 SQLException 的转换功能和一些工具类。在 JDBC 调用中被抛出的异常会被转换成 org. springframework. dao 包中的异常。

4.1.1 连接数据库

Spring 的 JDBC 抽象框架提供了一系列接口和类实现对数据源的连接。例如：

- DataSourceUtils 类：提供从 JNDI 获取连接，方法 getDataSourceFromJndi 用以针对那些不使用 BeanFactory 或者 ApplicationContext 的应用。

另外，通过 DataSourceUtils. getConnection(DataSource)可取得 JDBC 连接。

- SmartDataSource 接口：提供与关系数据库的连接，它继承 javax. sql. DataSource 接口，它在数据库操作后可智能决定是否需要关闭连接。对于需要重用一个连接的应用可提高效率。
- DriverManagerDataSource 类：实现 SmartDataSource 接口，通过 Bean 的属性配置完成 JDBC 驱动，并每次都返回一个新的连接。

(1) 连接 Access 数据库的配置

以下为连接 Access 数据库的数据源的配置，数据库为 F 盘的 data. mdb 文件。

```
<bean id = "dataSource"
  class = "org.springframework.jdbc.datasource.DriverManagerDataSource">
    <property name = "driverClassName" value = "sun.jdbc.odbc.JdbcOdbcDriver" />
    <property name = "url"
    value = " jdbc:odbc:driver = {Microsoft Access Driver ( * .mdb)};DBQ = f:/data.mdb"/>
</bean>
```

(2) 基于属性文件连接 MySQL 数据库的配置

如果数据库的连接信息存储在一个属性文件中，可以访问属性文件取得配置信息。以下为针对 MySQL 数据库的 jdbc. properties 文件的内容：

```
jdbc.driverClassName = com.mysql.jdbc.Driver
jdbc.url = jdbc:mysql://localhost:3306/mysqldb? useUnicode = true
jdbc.username = root
jdbc.password = xxxxxx
```

以下为相应 XML 配置文件，在程序清单 4-8 中使用该配置连接 MySQL 数据库。

```
<bean class = "org.springframework.beans.factory.config.PropertyPlaceholder-
Configurer">
  <property name = "locations" value = "/WEB-INF/conf/jdbc.properties"/>
</bean>
<bean id = "dataSource" class = "org.apache.commons.dbcp.BasicDataSource" >
  <property name = "driverClassName" value = " ${jdbc.driverClassName}"/>
  <property name = "url" value = " ${jdbc.url}"/>
  <property name = "username" value = " ${jdbc.username}"/>
  <property name = "password" value = " ${jdbc.password}"/>
</bean>
```

【注意】为连接 MySQL，在工程中要引入 mysql-connector-java-5. 1. 15-bin. jar 包。

4.1.2 数据源的注入

以下结合资源共享应用中用户和栏目的操作访问功能设计进行介绍。

在栏目的业务逻辑中要使用栏目对象,其类设计如下:

【程序清单 4-1】文件名为 Column.java

```
package chapter4;
public class Column {
    int number;            // 栏目编号
    String title = "";     // 栏目的标题
    … //两个属性对应的 getter 和 setter 方法略
}
```

1. 业务逻辑接口

通过接口 ColumnDao 定义栏目的操作,这里仅列出了两个方法。

【程序清单 4-2】文件名为 ColumnDao.java

```
package chapter4;
import java.util.List;
public interface ColumnDao {
    public void insert(String title);      // 新增栏目
    public List<Column> getAll( );       // 获取所有栏目列表
}
```

以下为对用户对象进行操作访问的 DAO 接口。其中定义了 4 个操作访问方法,分别实现用户注册、登录检查、增加用户积分、获取用户积分。

【程序清单 4-3】文件名为 UserDao.java

```
package chapter4;
public interface UserDao {
    public boolean register(String loginname,String password,
            String emailAddress,String username); //用户注册
    public boolean logincheck(String loginname,String pass); //登录检查
    public void addScore(String loginname,int score); //增加用户积分
    public int getScore(String loginname); //读取用户积分
}
```

2. 业务逻辑实现

以下为用户对象进行操作访问的具体实现类。这里仅含 jdbcTemplate 属性的注入方法,其他具体业务逻辑方法的实现在后面的讲解中补充。

【程序清单 4-4】文件名为 UserDaoImpl.java

```
package chapter4;
import org.springframework.jdbc.core.JdbcTemplate;
public class UserDaoImpl implements UserDao {
    private JdbcTemplate jdbcTemplate;
    public JdbcTemplate getJdbcTemplate() {
```

```
        return jdbcTemplate;
    }
    public void setJdbcTemplate(JdbcTemplate jdbcTemplate) {
        this.jdbcTemplate = jdbcTemplate;
    }
    … // 具体业务逻辑方法在后补充
}
```

同样，读者可完成栏目的业务逻辑实现 ColumnDaoImpl 的代码。

3. 配置文件(beans.xml)

【程序清单 4-5】文件名为 beans.xml

```
<?xml version="1.0" encoding="UTF-8"?>
<beans xmlns="http://www.springframework.org/schema/beans"
    xmlns:xsi="http://www.w3.org/2001/XMLSchema-instance"
    xsi:schemaLocation="http://www.springframework.org/schema/beans
    http://www.springframework.org/schema/beans/spring-beans-3.0.xsd">
    <bean id="dataSource"
      class="org.springframework.jdbc.datasource.DriverManagerDataSource">
      <property name="driverClassName" value="sun.jdbc.odbc.JdbcOdbcDriver" />
      <property name="url"
    value=" jdbc:odbc:driver={Microsoft Access Driver (*.mdb)};DBQ=f:/data.mdb"/>
    </bean>
    <bean id="jdbcTemplate" class="org.springframework.jdbc.core.JdbcTemplate">
        <property name="dataSource">
            <ref local="dataSource" />
        </property>
    </bean>
    <bean id="userDAO" class="chapter4.UserDaoImpl ">
        <property name="jdbcTemplate">
            <ref local="jdbcTemplate" />
        </property>
    </bean>
    <bean id="columnDao" class="chapter4.ColumnDaoImpl">
        <property name="jdbcTemplate">
            <ref local="jdbcTemplate" />
        </property>
    </bean>
</beans>
```

编程中也可以采用非注入方式来设置数据源管理对象，以下程序中直接通过对象的 setter 方法实现数据源的设置。

```
DriverManagerDataSource dataSource = new DriverManagerDataSource( );
dataSource.setDriverClassName("sun.jdbc.odbc.JdbcOdbcDriver");
dataSource.setUrl("jdbc:odbc:xx");   //假设 xx 为 ODBC 数据源
UserDao userDAO = new UserDao ( );
userDAO.setJdbcTemplate(new JdbcTemplate(dataSource));
```

4.1.3 使用 JdbcTemplate 查询数据库

JdbcTemplate 将 JDBC 的流程封装起来,包括了异常的捕捉、SQL 的执行、查询结果的转换等。Spring 除了大量使用模板方法来封装一些底层的操作细节,也大量使用 callback 方式类来回调 JDBC 相关类别的方法,以提供相关功能。

1. 使用 queryForList 方法将多行记录存储到列表中

对于由多行构成的结果集,JdbcTemplate 的 queryForList 方法方便易用,其返回的是一个由 Map 构成的列表对象,Map 中存放的是一条记录的各字段。例如:

```
String sql = "SELECT * FROM 栏目";
List<Map<String,Object>>  x = jdbcTemplate.queryForList(sql);
```

要访问第 1 行的栏目标题可以用 x.get(0).get("title")。

2. 通过 query 方法执行 SQL 语句,对多行查询结果进行对象封装

对于多行结果,要对查询结果进一步进行处理,可通过 query 方法的回调接口实现。

(1) 使用 RowMapper 数据记录映射接口

通过回调 RowMapper 接口的 mapRow 方法可处理结果集的每行。并且每行处理后可返回一个对象,所有行返回的对象形成对象列表集合。获取所有栏目列表的 getALL 方法用 JDBC 模板实现如下:

```
public List<Column> getAll( ){
    List<Column> rows = jdbcTemplate.query ("SELECT * FROM 栏目",
      new RowMapper< Column >() {
        public Column mapRow(ResultSet rs, int rowNum) throws SQLException {
          Column m = new Column();                //创建栏目对象
          m.setTitle(rs.getString("title"));  //根据获取记录字段值设置栏目
                                              //属性
          m.setNumber(rs.getInt("id"));
          return m;                           //返回一行的处理结果
        }
    );
    return rows;                              //所有行的处理结果
}
```

有时,查询只关注某个字段的所有取值。则可用如下方法:

```
public static List<String> getName(String table) {
    String sql = "select  distinct  name  from " + table;
    List<String> rows = jdbcTemplate.query(sql, new RowMapper<String>() {
```

```
        public String mapRow(ResultSet rs, int rowNum) throws SQLException {
            return rs.getString("name"); // 返回一个字段的结果
        }
    });
    return rows;
}
```

(2) 使用 RowCallbackHandler 数据记录回调管理器接口

RowCallbackHandler 接口定义的 processRow 方法将对结果集的每行分别进行处理，但方法无返回值。上面介绍的 getName 方法也可改用以下方式实现。

```
public static List<String> getName(String table) {
    String sql = "select  distinct  name  from " + table;
    final List<String> result = new List<String>();  //存放结果
    jdbcTemplate.query(sql, new RowCallbackHandler(){
        public void processRow(ResultSet rs)throws SQLException{
            result.add(rs.getString("name"));            //加入结果集
        }
    });
    return result;
}
```

3. 返回单值结果的查询方法

有一些查询方法用来执行返回单个值。例如：queryForInt、queryForLong 或者 queryForObject。用 queryForInt 方法也可查询得到只有单条记录的整数类型的字段值，但如果无数据记录将产生 EmptyResultDataAccessException 异常。另外，Spring 3.2 版本中已不建议使用 queryForInt、queryForLong 方法。

用户业务逻辑中完成登录检查的 logincheck 方法可使用 queryForInt 方法实现。思路是统计是否有数据记录满足用户名和密码的要求。

```
public boolean logincheck(String loginname, String pass) {
    String sql = "Select  count(*) from user where loginname ='" + loginname
            + "' and password ='" + pass + "'";
    return jdbcTemplate.queryForInt(sql) > 0;
}
```

queryForInt 方法也允许 SQL 中有填充参数的情形，以下为用户业务逻辑 UserDaoImpl 中 getScore 的实现代码：

```
public int getScore(String loginname) { // 查询某用户的积分
        return jdbcTemplate.queryForInt(
                "select score from user where loginname = ?", loginname);
}
```

queryForObject 方法将会把返回的 JDBC 类型转换成最后一个参数所指定的 Java 类。如果类型转换无效，那么将会抛出 InvalidDataAccessApiUsageException 异常。如果无查询结果，会抛出 EmptyResultDataAccessException 异常。例如：

```
String name = (String) jdbcTemplate.queryForObject("SELECT name FROM USER WHERE
user_id = ?", new Object[] {"123"}, String.class);  //带填充参数情形
```

如果不含 SQL 填充参数，可以用如下形式：

```
String name = (String) jdbcTemplate.queryForObject("SELECT name FROM USER
WHERE user_id = '123'", String.class);
```

实际上，queryForInt(sql)可用 queryForObject (sql,Integer.class)来代替。

4.1.4 使用 JdbcTemplate 更新数据库

1. 完整 SQL 命令串的执行处理

如果 SQL 拼写完整，则可采用只有一个 SQL 命令串参数的 update 方法或 execute 方法。用户业务逻辑 UserDaoImpl 中 addScore 方法可为如下形式：

```
public void addScore(final String loginname, final int s) { //给某用户增加积分
        String sql = "update user set score = score + " + s + " where loginname ='"
                + loginname + "'";
         jdbcTemplate.update(sql);
}
```

栏目的 insert 方法可实现如下：

```
public void insert(String title1) {
    String sql = "INSERT INTO 栏目(title) " + "VALUES ('" + title1 + "')";
    jdbcTemplate.execute(sql);
}
```

2. 带填充参数的 SQL 语句的执行处理

以下结合 UserDao 业务逻辑中 register 和 addScore 方法的实现进行讨论。

(1) 通过参数数组填充 SQL 语句中的内容

```
/ * 根据给定的信息注册一个账户到系统中，注册成功返回 true，否则返回 false * /
public boolean register(String loginname,String password,
            String emailAddress,String username){
    try {
        String sql = "insert into user values(?,?,?,?,10)";
        Object[ ] params = new Object[ ]{
            loginname,
            password,
            emailAddress,
            username
        };
        jdbcTemplate.update(sql,params);
    }catch(Exception e) {
        return false;
    }
    return true;
```

```
}
```

(2) 利用 PreparedStatementSetter 接口处理预编译 SQL

通过回调 PreparedStatementSetter 接口的 setValues 方法实现参数的绑定。例如，addScore 方法也可采用以下方式实现。

```
public void addScore(final String loginname,final int s){
    String sql = "update user set score = score + ? where loginname = ?";
    jdbcTemplate.update(sql, new PreparedStatementSetter() {
        public void setValues(PreparedStatement ps) throws SQLException{
            ps.setInt(1, s);
            ps.setString(2, loginname);
        }
    });
}
```

4.1.5 对业务逻辑的应用测试

1. 在桌面应用程序中访问业务逻辑

以下在 Java 桌面应用程序中测试对用户对象的业务逻辑的操作访问。

【程序清单 4-6】文件名为 TestJDBCTemplate.java

```
package chapter4;
import org.springframework.context.ApplicationContext;
import org.springframework.context.support.ClassPathXmlApplicationContext;
public class TestJDBCTemplate {
    public static void main(String[] args) {
        ApplicationContext applicationContext = new
            ClassPathXmlApplicationContext("/beans.xml");
        UserDao userDAO = applicationContext.getBean("userDAO",
                UserDaoImpl.class);
        if (userDAO.register("123", "xxxxxx", "mary@sina.com", "mary")) {
            System.out.println("a user registered");
            userDAO.addScore("123", 5);
            System.out.println(userDAO.getScore("123"));
        }
    }
}
```

【说明】首先通过容器获取一个标识为 userDAO 的 Bean 对象，通过该对象的 register 方法注册一个标识为 123 的账户，如果注册成功，再给用户加 5 分，然后输出其积分。

2. 在 JSP 页面中通过 Bean 访问业务逻辑

以下给出了在 JSP 页面中访问 Java Bean 显示资源栏目和用户分值的程序代码。

在 JSP 中是通过 Bean 的构造方法创建 Bean，因此，在 UserDaoImpl 和 ColumnDaoImpl 两个类中分别要提供无参构造方法，在构造方法中完成对数据源的设置。例如：

```
public  ColumnDaoImpl (){
    DriverManagerDataSource dataSource = new DriverManagerDataSource( );
… // 设置数据源驱动类名和 url 属性
jdbcTemplate = new JdbcTemplate(dataSource); //设置 jdbcTemplate 属性
}
```

【程序清单 4-7】文件名为 displayColumn.jsp

```
<%@page contentType="text/html; charset=UTF-8" %>
<%@ taglib uri="http://java.sun.com/jsp/jstl/core" prefix="c" %>
<%@page import="java.util.*" %>
<%@page import="chapter4.Column" %>
<jsp:useBean id="columnDao" class="chapter4.ColumnDaoImpl"/>
<%
  List<Column> columns = columnDao.getAll();
  Iterator<Column> it = columns.iterator();
%>
<html><body>
<table width="100%">
<tr><td  height="28" width="20%" >
<img border="0" src="images/flag.gif" ></td>
<% while (it.hasNext()){  // 循环遍历所有栏目
    Column m = it.next();
%>
<td  height="14"  align=left>
<img border="0" src="images/circle.gif" /> 
<a href="resource/class/<%=m.getNumber()%>" ><%=m.getTitle()%></a>
</td>
<% } %>
</tr>
</table>
</body></html>
```

【注意】该应用要将 Spring 框架的 jar 包、commons-logging-1.1.1.jar 以及 jstl-1.2.jar 复制到应用的 WEB-INF/lib 目录路径下。程序的执行效果如图 4-2 所示。

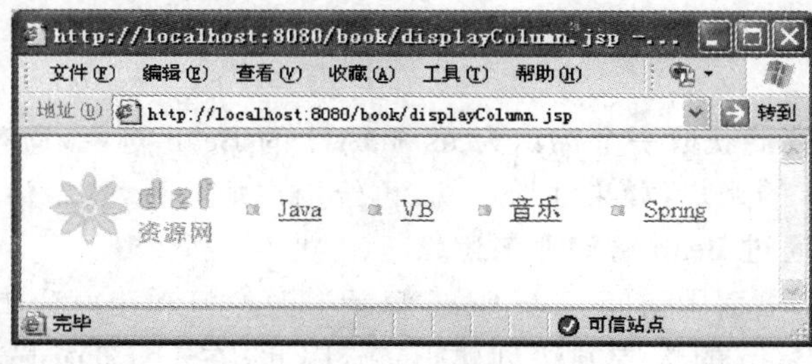

图 4-2 显示栏目分类和用户积分

4.2 数据库中大容量字节数据的读写访问

在实际应用中有时需要图片文件等大容量的数据存储到数据库中，例如：人员信息管理中每个人的照片。这种涉及数据量较大的数据通称为大对象数据(LOB)，它们按数据特征又分为 BLOB 和 CLOB 两种类型，BLOB 用于存储二进制数据，如图片文件等，而 CLOB 用于存储长文本数据，如文章内容等。

在不同的数据库中，对于大对象数据提供的字段类型是不尽相同的，如 DB2 对应 BLOB/CLOB，MySQL 对应 BLOB/LONGTEXT，SqlServer 对应 IMAGE/TEXT。有些数据库的大对象类型可以同简单类型一样访问，如 MySQL 的 LONGTEXT 操作方式和 VARCHAR 类型一样。一般地，对 LOB 类型数据的访问方式不同于其他简单类型的数据，经常以流的方式操作 LOB 类型的数据。

Spring 在 org.springframework.jdbc.support.lob 包中提供的 API 有力支持 LOB 数据的处理。首先，Spring 提供了 NativeJdbcExtractor 接口，可以在不同环境里选择相应的实现类，从数据源中获取本地 JDBC 对象；其次，Spring 通过 LobCreator 接口消除了不同数据厂商操作 LOB 数据的差别，并提供了 LobHandler 接口，只要根据底层数据库类型选择合适的 LobHandler 即可。LobHandler 还充当了 LobCreator 的工厂类。

4.2.1 将大容量数据写入数据库

Spring 定义了 LobCreator 接口，以统一的方式操作各种数据库的 LOB 类型数据。下面对 LobCreator 接口中的方法进行简要说明：

- void setBlobAsBinaryStream(PreparedStatement ps, int paramIndex, InputStream contentStream, int contentLength)：通过流填充 BLOB 数据。
- void setBlobAsBytes(PreparedStatement ps, int paramIndex, byte[] content)：通过二进制数据填充 BLOB 数据。
- void setClobAsAsciiStream(PreparedStatement ps, int paramIndex, InputStream asciiStream, int contentLength)：通过 ASCII 字符流填充 CLOB 数据。
- void setClobAsCharacterStream(PreparedStatement ps, int paramIndex, Reader characterStream, int contentLength)：通过 Unicode 字符流填充 CLOB 数据。
- void setClobAsString(PreparedStatement ps, int paramIndex, String content)：通过字符串填充 CLOB 数据。

为实现大容量数据写入，JdbcTemplate 提供了如下方法：

```
execute(String sql, AbstractLobCreatingPreparedStatementCallback lcpsc)
```

建立 AbstractLobCreatingPreparedStatementCallBack 类型的对象，需要一个 lobHandler 实例，一般数据库采用 DefaultLobHandler。但对于 Oracle 数据库，由于其特殊的 lob 处理，需要使用 OracleLobHandler。

执行时将回调 AbstractLobCreatingPreparedStatementCallback 抽象类的子类的 setValues 方法，并自动注入 PreparedStatement 对象和 LobCreator 对象。在方法内，用 LobCreator 对象提供的各类 set 方法可实现对 PreparedStatement 对象中 SQL 参数的写入。

以下结合 Web 文件安全检测恢复的应用介绍大容量数据的操作处理。该应用可使 Web

服务器文件被黑客破坏时能进行恢复。首先,将文件内容保存到数据库中存储建立备份。当需要恢复时再从数据库中读取相应内容重写文件。

系统利用 MySQL 数据库保存文件信息,每个文件占用数据库的一条记录。

假设在 MySQL 数据库上通过如下语句创建 filesave 表,其中包含 filename、content 两个字段。其中,filename 存储文件名,content 存储文件内容。

```
CREATE TABLE  filesave (filename  varchar(45)  NOT NULL,
       content  blob NOT NULL, PRIMARY KEY  (filename )
```

以下程序可将文件内容写入数据库中保存。参数 filepath 指定具体文件的路径信息。程序中,jdbcTemplate 为 JdbcTemplate 对象,通过配置注入。

【程序清单 4-8】将文件存储到数据库中

```
public void save(String filepath) throws FileNotFoundException{
    final File x = new File(filepath);
    final String filename = x.getName();
    final InputStream is =  new FileInputStream(x);
    final LobHandler lobHandler = new DefaultLobHandler(); //创建 LobHandler
                                                            //对象
    jdbcTemplate.execute("insert into filesave(filename,content) values (?,?)",
        new AbstractLobCreatingPreparedStatementCallback(lobHandler){
            @Override
        protected void setValues(PreparedStatement pstmt,LobCreator lobCreator)
                throws SQLException, DataAccessException{
            pstmt.setString(1, filename);
            lobCreator.setBlobAsBinaryStream(pstmt,2,is,(int)x.length());
    }
  });
}
```

4.2.2 从数据库读取大容量数据

利用 LobHandler 接口提供的方法可获取 LOB 数据。一般地,对于容量大的 LOB 数据,通常使用流的方式进行访问,以便减少内存的占用。LobHandler 接口常用方法如下:

- InputStream getBlobAsBinaryStream(ResultSet rs, int columnIndex):从结果集中返回 InputStream,通过 InputStream 读取 BLOB 数据。
- byte[] getBlobAsBytes(ResultSet rs, int columnIndex):以二进制数据的方式获取结果集中的 BLOB 数据。
- InputStream getClobAsAsciiStream(ResultSet rs, int columnIndex):从结果集中返回 InputStream,通过 InputStreamn 以 ASCII 字符流方式读取 BLOB 数据。
- Reader getClobAsCharacterStream(ResultSet rs, int columnIndex):从结果集中获取 Unicode 字符流 Reader,并通过 Reader 以 Unicode 字符流方式读取 CLOB 数据。
- String getClobAsString(ResultSet rs, int columnIndex):从结果集中以字符串的方式获取 CLOB 数据。

• LobCreator getLobCreator():生成一个用户会话相关的 LobCreator 对象。

JdbcTemplate 提供了如下方法:

```
query(String sql, Object[] args, ResultSetExtractor rse)
```

通过扩展实现 ResultSetExtractor 接口的抽象类 AbstractLobStreamingResultSetExtractor,可以用流的方式读取 LOB 字段的数据。

以下代码将数据库中存储的文件内容信息写入到文件中,从而实现对被破坏文件的恢复。参数 filepath 指定要恢复文件的具体文件标识信息,包括目录路径和文件名。

【程序清单 4-9】将数据库中特定文件内容进行恢复处理

```
public void unsave(String filepath) throws FileNotFoundException{
    File f = new File(filepath);
    final OutputStream os = new FileOutputStream(f);
    final LobHandler lobHandler = new DefaultLobHandler();
                                                    //创建 LobHandler 对象
    jdbcTemplate.query("select  content from filesave where filename ='"
        + f.getName() + "'",
            new AbstractLobStreamingResultSetExtractor(){  //匿名内部类
        protected void streamData(ResultSet rs)  //以流的方式处理 LOB 字段
                throws SQLException,IOException,DataAccessException{
          FileCopyUtils.copy(lobHandler.getBlobAsBinaryStream(rs,1),os);
      }
    });
}
```

【说明】

(1) 执行查询时将回调 AbstractLobStreamingResultSetExtractor 抽象类的子类的 streamData(ResultSet rs) 方法,在该方法内可用 lobHandler 对象的 getBlobAsBinaryStream 方法从结果集对象中读取大容量数据。

(2) 利用第 3 章介绍的 FileCopyUtils 的 copy 方法,将 lobHandler 取得的流数据直接复制给文件输出流 FileOutputStream 对象,从而实现对文件的写入。

本 章 小 结

本章结合资源管理应用介绍了 JdbcTemplate 实现对数据库表格的查询和增、删、改处理访问方法,包括 JdbcTemplate 的注入配置,对各种类型数据的查询处理方法的使用等。对于大容量数据的读写,Spring 在 org.springframework.jdbc.support.lob 包中提供的 API 有力支持 LOB 数据的处理。读者可编写一个试题库管理应用,对于含图片的试题,可将图片文件内容存入数据库的字段,用大容量数据读写方法进行访问。

第5章 使用Maven工程

5.1 Maven 概览

实际应用中，工程常用 Maven 来进行构建和管理项目。例如：在 Cloud Foundry 云环境中，不支持动态 Web 工程，Web 项目要通过 Maven 构建。Maven 是 Java 项目构建、依赖管理和项目信息管理的强大工具。Maven 吸收了其他构建工具和构建脚本的优点，抽象了一个完整的构建生命周期模型。Maven 把项目的构建划分为不同的生命周期(lifecycle)，包括编译、测试、打包、集成测试、验证、部署。Maven 包括项目对象模型(POM)、依赖项管理模型、项目生命周期和阶段。图 5-1 给出了 Maven 操作和交互模型所涉及的主要部件。

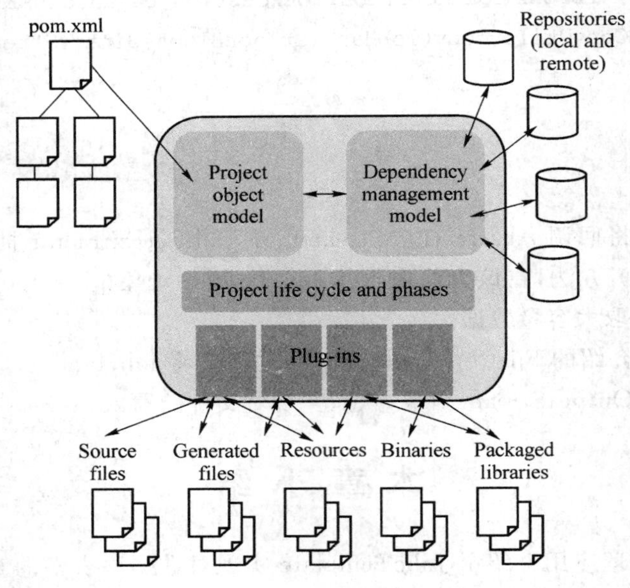

图 5-1 Maven 操作和交互模型

【说明】

(1) POM 由一系列 pom. xml 文件中的声明性描述构成。其中包括依赖项、插件等。这些 pom. xml 文件构成一棵树，每个文件能从其父文件中继承属性。Maven 2 提供一个 Super POM，它包含所有项目的通用属性。

(2) Maven 根据其依赖项管理模型解析项目依赖项。Maven 在本地仓库和全球仓库寻找依赖性组件，称作工件(artifact)。在远程仓库中解析的工件被下载到本地仓库中，以便使接下来的访问可以有效进行。

(3) Maven 引擎通过插件执行文件处理任务，Maven 的每个功能都是由插件提供的。插件被配置和描述在 pom. xml 文件中。依赖项管理系统将插件当作工件来处理，并根据构建任务的需要来下载插件。每个插件都能和生命周期中的不同阶段联系起来。Maven 引擎有一个状态机，它运行在生命周期的各个阶段，在必要的时候调用插件。

(4) 软件项目一般都有相似的开发过程，如准备、编译、测试、打包和部署等，Maven 将这些过程称为"Build Life Cycle"。在 Maven 中，这些生命周期由一系列的短语组成，每个短语对应着一个(或多个)操作。在执行某一个生命周期时，Maven 会首先执行该生命周期之前的其他周期。如要执行 compile，那么将首先执行 validate、generate-source、process-source 和 generate-resources，最后再执行 compile 本身。

5.2 理解 Maven 依赖项管理模型

一个典型的 Java 工程会依赖其他的包。在 Maven 中，这些被依赖的包就被称为 dependency。dependency 一般是其他工程的 artifact。Maven 依赖项管理引擎帮助解析构建过程中的项目依赖项。以下代码给出了一个工程中的依赖定义的元素构成。根元素 project 下的 dependencies 可以包含多个 dependency 元素，以声明项目依赖。项目依赖项存储在 Maven 存储库(简称为仓库)上。要成功地解析依赖项，需要从包含该工件的仓库里找到所需的依赖工件。

```
<project>
  …
  <dependencies>
    <dependency>
      <groupId>…</groupId>
      <artifactId>…</artifactId>
      <version>…</version>
      <type>…</type>
      <scope>…</scope>
      <optional>…</optional>
      <exclusions>
        <exclusion> … </exclusion>
      </exclusions>
    </dependency>
  </dependencies>
</project>
```

每个依赖包含的元素中，groupId、artifactId 和 version 是依赖的基本坐标，Maven 根据坐标找到需要的依赖包；type 是依赖的类型，默认值为 jar；scope 是依赖的范围；optional 定义依赖标记是否可选；exclusions 用来排除传递性依赖。大部分依赖声明只包含基本坐标。

5.2.1 关于依赖范围与 classpath 的关系

Maven 中在编译、测试、运行中使用各自的 classpath。依赖范围就是用来控制依赖与这三种 classpath 的关系。

- compile:编译依赖范围。为默认依赖范围。该依赖范围对于编译、测试、运行三种 classpath 都有效。
- test：测试依赖范围。该依赖范围只对于测试 classpath 有效，典型的例子是 JUnit，它只在编译测试代码及运行测试时需要。
- provided：已提供依赖范围。该依赖范围对于编译和测试 classpath 有效，但在运行时无效。典型的例子是 servlet-api，编译和测试项目的时候需要该依赖，但在运行项目的时候，由于容器已经提供，就不需要 Maven 重复地应用一遍。
- runtime：运行时依赖范围。该依赖范围对于测试和运行 classpath 有效，但在编译主代码时无效。典型的例子是 JDBC 驱动实现，项目编译只需要 JDK 提供的 JDBC 接口，在执行测试或者运行项目时才需要实现接口的具体驱动。
- system：系统依赖范围。该依赖与三种 classpath 的关系和 provided 依赖范围完全一致。但是，使用 system 范围的依赖时必须通过 systemPath 元素显式地指定依赖文件的路径。由于此类依赖不是通过 Maven 仓库解析的，而且往往与本机系统绑定，可能造成构建的不可移植。
- import：导入依赖范围。作用是把目标 POM 中 dependencyManagement 的配置导入到当前 POM 的 dependencyManagement 的元素中。该依赖范围不会对三种 classpath 产生实际的影响。

5.2.2 Maven 仓库

Maven 仓库分本地存储和远程仓库。Maven 本地仓库是磁盘上的一个目录，通常位于 HomeDirectory/. m2/repository。本地库类似本地缓存的角色，存储着在依赖项解析过程中下载的工件。远程仓库要通过网络访问。在 STS 的“Windows”→“Preferences”窗体中可对 Maven 进行各类配置。

依赖项解析器首先检查本地仓库中的依赖项，然后检查远程仓库列表中的依赖项，从远程下载到本地，如果远程列表中没有或下载失败，则报告一个错误。在 STS 环境中要注意更新远程依赖仓库 central 中心的索引信息，从而保证 pom. xml 增加依赖项时能搜索找到需要的依赖项，工程编译时将从远程仓库下载相应的 JAR 包到本地仓库。

Maven 全局配置文件是 MavenInstallationDirectory/conf/settings. xml。该配置对所有使用该 Maven 的用户都起作用，也称为主配置文件。可以在 settings. xml 配置文件中维护一个远程仓库列表以备使用。

用户配置文件放在 UserHomeDirectory/. m2/settings. xml 下，只对当前用户有效，且可以覆盖主配置文件的参数内容。

【应用经验】在默认配置中，依赖包存放位置是 C 盘的某路径下，在 C 盘容量不足时，可以通过改动 localRepository 的值，将依赖包存储在别的路径。例如：

```
<localRepository>F:\maven\repo</localRepository>
```

以后，打开仓库(F:\maven\repo)会发现里面多了一些文件。这些文件就是从 Maven 的中央仓库下载到本地仓库的。

默认的远程仓库是一个能在全球访问的集中式 Maven 仓库。在内部开发中，可以设置额外的远程仓库来包含从内部开发模块中发布的工件。可以使用 settings. xml 中的 <reposi-

tories> 元素来配置这些额外的远程仓库。

第一次构建 Maven 项目，所有依赖的 JAR 包要从 Maven 的中央仓库下载，所以需要时间等待。以后本地仓库中积累了常用的 JAR 包后，开发将变得方便。

在 STS 环境中，要查看 Maven 的仓库信息，可选择"Window"→"Show View"→"Other"菜单路径，在弹出的"Show View"对话框选择视图中，选择"Maven"→"Maven Repositories"的项，单击"OK"按钮，可看到如图 5-2 所示的窗体。其中，包含 STS 中 Maven 项目的所有仓库信息。

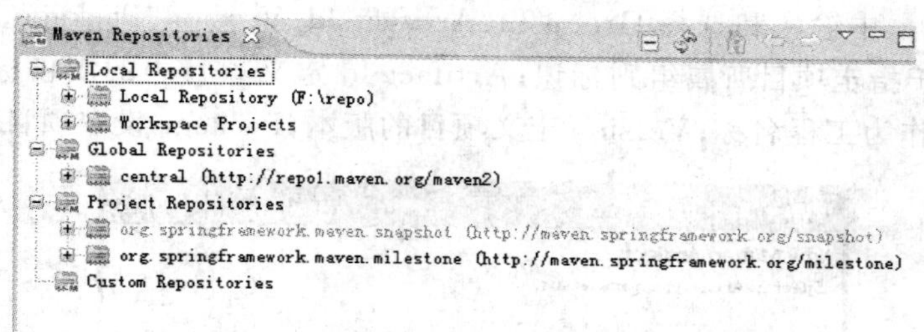

图 5-2　查看 Maven 的存储库

5.2.3　工件和坐标

工件通常被打包成包含二进制库或可执行库的 JAR 文件，工件也可以是 WAR、EAR 或其他代码捆绑类型。Maven 利用操作系统的目录结构对仓库中的工件集进行快速索引，索引系统通过工件的坐标唯一标识工件。

Maven 坐标是一组可以唯一标识工件的三元组值。坐标包含了下列三条信息：

- 组 ID：代表制造该工件的实体或组织。
- 工件 ID：工件的名称。
- 版本：该工件的版本号。

5.3　在 STS 中创建 Maven Web 工程

Maven 内容安排有自己的约定，Maven 提倡"约定优先于配置"的理念，从而可以简化配置。Maven 为工程中的源文件、资源文件、配置文件、生成的输出和文档都制定了一个标准的目录结构。当然，Maven 也允许定制个性的目录布局，这就需要进行更多的配置。

Maven 默认的文件存放结构如下：

```
/项目目录
    |— pom.xml 用于 maven 的配置文件
    |— /src 源代码目录
    |    |— /src/main 工程源代码目录
    |    |    |— /src/main/java 工程 java 源代码目录
    |    |— /src/main/resource 工程的资源目录
    |    |— /src/test 单元测试目录
    |    |    |— /src/test/java
```

```
|— /target 输出目录
|    |— /target/classes 存放编译之后的 class 文件
```

1. 创建 Maven Web 工程

以下为创建 Maven Web 工程的过程。

选择菜单“File”→“New”→“Other”，在弹出的对话框中选择 Maven 下的 Maven Project，然后单击“Next”按钮，在弹出的 New Maven Project 对话框中，将列出可选项目类型，选择 artifactId 为“maven_archetype_web”类型的列表项，单击“Next”按钮。

在弹出的对话框中输入和选择 Group Id、Artifact Id、Version、Package。如图 5-3 所示，其中 Group Id 用于指定项目所属组别标识；Artifact Id 定义项目中的工件标识，在图中输入了 myapp，它也将作为工程名称；Version 定义项目的版本；Package 设定项目的包路径。

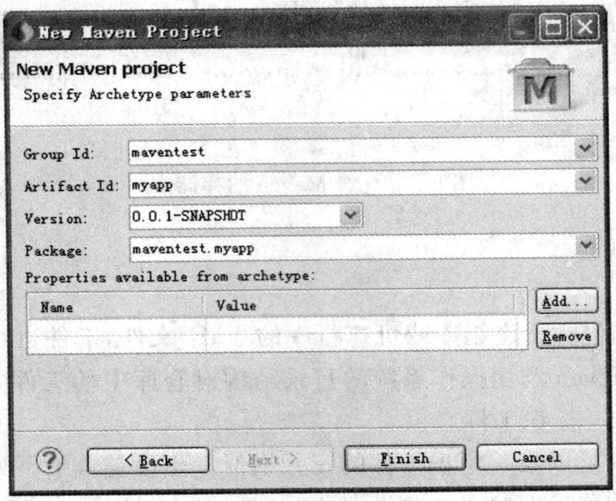

图 5-3　输入和选择工件类型参数

最后，可看到创建的工程目录结构。项目根目录中有 pom. xml，src/main/webapp 为 Web 应用根目录路径。该工程默认不含 src/main/java 文件夹，可在工程的 Explorer 窗体中，选中 main 文件夹并右击，从弹出菜单中选择“New”→“Folder”，将出现如图 5-4 所示对话框，在 Folder Name 文本框中输入 java，单击“Finish”按钮，可以建立 java 子文件夹。

在 POM 配置中常用到属性变量，通过 properties 元素设置，配置中可通过 EL 表达式 ${}来引用属性值。例如：

```
<properties>  <! — 定义属性变量 -->
    <org.cloudfoundry-version>0.6.0</org.cloudfoundry-version>
</properties>
<dependency>
    <groupId>org.cloudfoundry</groupId>
    <artifactId>cloudfoundry-runtime</artifactId>
    <version> ${org.cloudfoundry-version}</version>
</dependency>
```

Maven 提供了三个隐式的变量，env、project、settings 分别用来访问系统环境变量、POM 信息和 maven 的 settings。比如“${project. artifactId}”可得到项目工件标识。

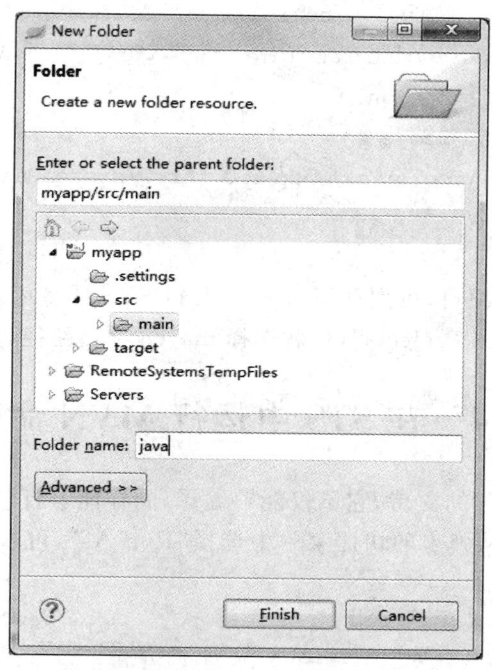

图 5-4　给 Maven 工程添加文件夹

2. 添加依赖关系

根据工程需要，添加依赖关系。对于 Web 工程，如果要支持 JSTL 标签的话，需要添加 JSTL-API 的依赖包。

添加过程是先选中 pom. xml 文件右击，在弹出菜单中选择“Maven”→“Add Dependence”，可看到如图 5-5 所示的对话框；然后，可以在输入框中进行搜索，在列出的搜索结果中选择相应项目。成功添加的依赖应该在工程的 Maven Dependence 路径下看到相应的 JAR 包路径。

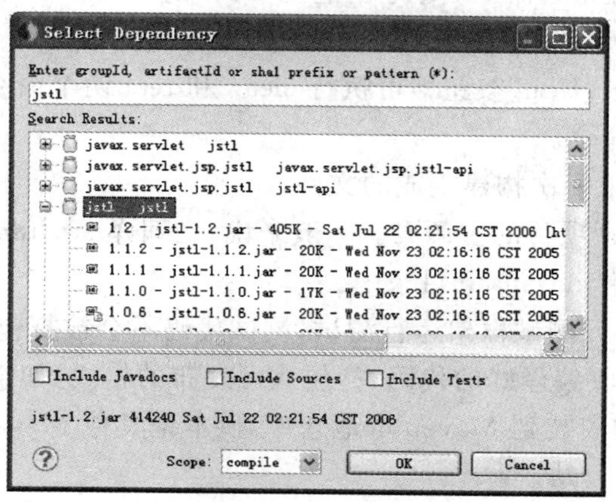

图 5-5　给工程添加依赖

有些 JAR 并不提供 Maven 仓库这种形式，在下载到本地后，可以使用如下方式来引用：

<dependency>

```
    <groupId>apache-tika</groupId>
    <artifactId>tika</artifactId>
    <version>1.0</version>
    <scope>system</scope>
    <systemPath>F:\tools\tika-app-1.0.jar</systemPath>
</dependency>
```

3. Maven 项目的导入

已存在的一个 Maven 项目，可用如下方式导入到 STS 环境中，选择“File”→“Import”→“Maven”→“Existing Maven Projects”，然后选择 maven 项目路径，单击“确定”按钮即可。

5.4 在 STS 中运行 MVN 命令

Maven 内置了开发流程的支持，它不仅能够编译，同样能够打包、发布。在 Maven 项目或者 pom.xml 文件上右击，从弹出的快捷菜单中选择“Run As”，可看到常见的 Maven 命令，如图 5-6 所示。

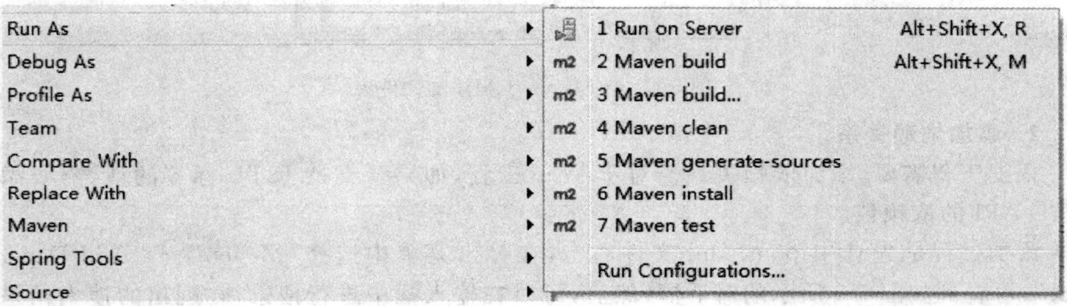

Run As	1 Run on Server	Alt+Shift+X, R
Debug As	m2 2 Maven build	Alt+Shift+X, M
Profile As	m2 3 Maven build...	
Team	m2 4 Maven clean	
Compare With	m2 5 Maven generate-sources	
Replace With	m2 6 Maven install	
Maven	m2 7 Maven test	
Spring Tools	Run Configurations...	
Source		

图 5-6　在 STS 中运行默认 mvn 命令

选择菜单项可执行相应的命令，同时也能在 STS 的 Console 界面中看到构建输出。其中，“Maven build …”可运行自定义的 Maven 命令，在弹出对话框的 Goals 一项中输入要执行的命令，如 clean test，单击“Run”按钮即可执行 clean 和 test 两个命令。

以下为常用 Maven 命令。

- mvn clean：清理上一次构建生成的文件。
- mvn compile：编译项目的主源码。一般来说，是编译 src/main/java 目录下的 Java 文件至项目输出的主 classpath 目录中。
- mvn test：使用单元测试框架运行测试，测试代码不会被打包或部署。
- mvn package：接收编译好的代码，打包成可发布的格式，如 JAR、WAR 格式等。
- mvn install：将包安装到 Maven 本地仓库，供本地其他 Maven 项目使用。
- mvn site：生成项目站点。

实际上，STS 会自动对 Maven 项目进行编译处理。所以，通常情况下不用运行命令。

【应用经验】Maven 工程在添加了依赖后，常使用 STS 中的“Project”菜单的“clean”子菜单来对工程进行清理，从而强制环境更新，反映工程的变化。

5.5 Maven 的多模块管理

大型工程需要将项目划分为多个模块，可用 Maven 来管理项目各模块之间复杂的依赖关系。Maven 项目配置之间的关系有两种：继承关系和引用关系。

1. 继承关系

Maven 默认根据目录结构来设定 pom 的继承关系，即下级目录的 pom 默认继承上级目录的 pom。继承关系通过抽取公共特性，可以大幅度减少子项目的配置工作量。通过关联设置，所有父工程的配置内容都会在子工程中自动生效，除非子工程有相同的配置覆盖。

对于父子项目，配置涉及两方面。

(1) 父项目配置

要求父工程的 packaging 设置必须是 pom 类型，并在父工程设置模块列表，例如：

```
<groupId>ecjtu.search</groupId>
<artifactId>searchWeb</artifactId>
<version>1.0.0-SNAPSHOT</version>
<packaging>pom</packaging>
<modules>
    <module>query</module>
    <module>analyzer</module>
</modules>
```

这里的 module 是目录名，描述的是子项目的相对路径。为了方便快速定位内容，模块的目录名应当与其 artifactId 一致。

(2) 子模块配置

在 STS 中通过建立模块工程来建立子项目，首先要选中父项目，然后按新建菜单选择创建模块工程。在子项目 pom 设置中通过 parent 元素告知所属父项目。假设父工程的工件标识为 SearchWeb，以下为子模块 query 对应的配置。

```
<parent>
    <groupId>ecjtu.search</groupId>
    <artifactId>searchWeb</artifactId>
    <version>1.0.0-SNAPSHOT</version>
</parent>
<groupId>ecjtu.search</groupId>
<artifactId>query</artifactId>
<packaging>jar</packaging>
```

【注意】一个项目的子模块应该具有相同 groupId。在物理存储中，子模块将在父工程下建立一个子目录。采用层层缩进的目录结构较为清晰，也可以在子项目的 parent 元素中加入 <relativePath>.../searchWeb/pom.xml</relativePath> 来指定父项目的路径。

值得一提的是，在复用过程中，父项目的 pom 中可以定义 dependencyManagement 结点，其中存放依赖关系，但是这个依赖关系只是定义，不会真的产生效果，如果子项目想要使用这个依赖关系，可以在本身的 dependency 中添加一个简化的引用。例如：

```
<dependency>
    <groupId>org.springframework</groupId>
    <artifactId>spring</artifactId>
</dependency>
```

【应用经验】如果多个项目的依赖版本一致，则可定义一个 dependencyManagement 专门管理依赖的 POM，然后，在各个子项目中导入这些依赖管理配置。子模块在使用依赖时无须声明版本，如此，可避免多模块使用依赖版本不一致所导致的冲突。

2. 引用关系

另一种实现配置共用的办法是使用引用关系。Maven 中配置引用关系是加入一个 type 为 pom 的依赖。例如，以下将工件 ontology 中的所有依赖加入当前工程。

```
<dependency>
    <groupId>ecjtu.search</groupId>
    <artifactId>ontology</artifactId>
    <version>1.0</version>
    <type>pom</type>
</dependency>
```

无论是父项目还是引用项目，这些工程都必须用 mvn install 安装到本地库，否则编译时会报告有的依赖没有找到。

本章小结

本章介绍了 Maven 工程的创建与依赖关系处理，分析了 Maven 的概念及利用 Maven 进行项目管理的相关问题。讨论了 STS 环境构建 Maven 工程的典型问题处理，如 Maven 仓库的路径配置、Maven 依赖的搜索处理等。Maven 工程在现代软件工程中大量采用，本书 19 章介绍的 Cloud Foundry 云环境下的 Web 工程就要求使用 Maven 创建。

第6章　Spring MVC 编程

MVC(Model-View-Controller)框架将 Web 应用程序开发按照模型层、视图层、控制层进行分解,系统各部分责任明确、接口清晰,能加快设计开发过程。由于视图层和业务层的分离,使得改变应用程序的数据层和业务层规则变得更加容易。便于开发人员进行角色分工,实现分层及并行开发,有利于软件复用和重构,以及系统的维护和扩展。

Spring MVC 的工作过程如图 6-1 所示。①Spring 通过 DispatcherServlet 这个特殊的控制器处理用户的请求;②由该控制器根据配置信息查找对应的控制器,实现控制分派;③通过执行具体控制器的方法设置模型和视图;④控制器将模型和视图传递给视图解析器;⑤通过视图解析器定位到视图文件进行解析处理;⑥将结果通过 HTTP 响应返回给客户浏览器。其中:

- 模型(Model)用来表达应用的业务逻辑,Spring 通常用 HashMap 存储模型的处理结果。
- 视图(View)用来表达应用界面,Spring 整合了多种视图层技术,如 JSP、JSTL、FreeMarker 等。
- 控制器(Controller)主要是接收用户请求,依据不同的请求,执行对应业务逻辑,获取执行结果,选择适合的视图返回给用户。

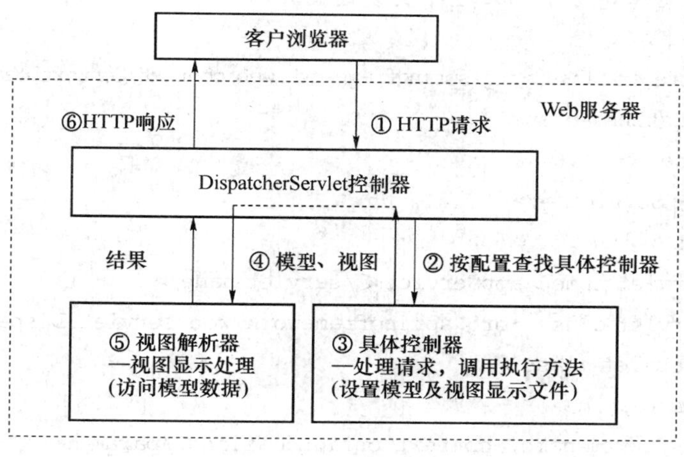

图 6-1　Spring MVC 工作过程

6.1　关于 Spring MVC 配置文件

在 STS 工具中提供了 Spring MVC 模板工程。在新建工程中菜单中选择“Spring Template Project”，进一步选择“Spring MVC Project”，则 Spring 会提示用户输入工程名和顶层包路径(例如 chapter6.jx.cai)。模板工程将自动通过 Maven 配置文件建立所需要的 JAR 包的依赖关系，并自动产生相应配置文件和默认的简易控制器及视图代码。

在自动产生的配置文件中包括 4 个 XML 文件，这些文件均在 Web 应用的/WEB-INF/目录及子目录下。由 Spring MVC 模板工程产生的 WEB-INF 目录在工程的/src/main/webapp 路径下。各文件内容如下。

1. /WEB-INF/web.xml

该文件是整个 Web 应用配置的中心，通过 DispatcherServlet 的 contextConfigLocation 参数所定义的配置文件决定具体控制器的上下文配置，从而实现控制分派。应用的根(root)上下文配置的资源供所有 Servlet 和过滤器共享，由 ContextLoaderListener 装载应用的根上下文配置文件。每个 Servlet 控制器除了有自身的应用上下文，还将继承 Web 应用根上下文中所有 Bean。

【程序清单 6-1】文件名为 web.xml

```
<?xml version="1.0" encoding="UTF-8"?>
<web-app version="2.5" xmlns="http://java.sun.com/xml/ns/javaee"
    xmlns:xsi="http://www.w3.org/2001/XMLSchema-instance"
    xsi:schemaLocation="http://java.sun.com/xml/ns/javaee http://java.sun.com/xml/ns/javaee/web-app_2_5.xsd">
    <!-- 定义 Web 应用 root 上下文配置参数 -->
    <context-param>
        <param-name>contextConfigLocation</param-name>
        <param-value>/WEB-INF/spring/root-context.xml</param-value>
    </context-param>
    <!-- 定义 Web 应用 root 上下文装载监听器 -->
    <listener>
        <listener-class>org.springframework.web.context.ContextLoaderListener
        </listener-class>
    </listener>
    <!-- 配置 Servlet -->
    <servlet>
        <servlet-name>appServlet</servlet-name>
        <servlet-class>org.springframework.web.servlet.DispatcherServlet
        </servlet-class>
        <init-param>
            <param-name>contextConfigLocation</param-name>
            <param-value> /WEB-INF/spring/appServlet/servlet-context.xml
            </param-value>
        </init-param>
        <load-on-startup>1</load-on-startup>
    </servlet>
```

```
    <!-- 映射'/'表示将 DispatcherServlet 定义为应用的默认 Servlet -->
    <servlet-mapping>
        <servlet-name>appServlet</servlet-name>
        <url-pattern>/</url-pattern>
    </servlet-mapping>
</web-app>
```

【说明】

(1) 如果应用配置包含多个 XML 文档,可在 contextConfigLocation 的参数值部分逐个列出,中间用逗号分隔。

(2) 如果不指定 contextConfigLocation 参数,则 Spring 的默认配置文件为 servlet 名+"-servlet. xml",例如:上面配置默认为 WEB-INF 目录下的 appServlet-servlet. xml。

2. /WEB-INF/spring/appServlet/servlet-context. xml

该文件定义与 Servlet 控制器相关的上下文环境配置,具体配置包括三部分内容:

- <annotation-driven/>表示支持注解符定义控制器。
- 设置采用的显示视图解释器。
- 通过 import 元素引入另一个配置文件 controllers. xml。

【程序清单 6-2】文件名为 servlet-context. xml

```
<? xml version="1.0" encoding="UTF-8"? >
<beans:beans xmlns="http://www.springframework.org/schema/mvc"
    xmlns:xsi="http://www.w3.org/2001/XMLSchema-instance"
    xmlns:beans="http://www.springframework.org/schema/beans"
    xsi:schemaLocation="
    http://www.springframework.org/schema/mvc
    http://www.springframework.org/schema/mvc/spring-mvc-3.0.xsd
    http://www.springframework.org/schema/beans
    http://www.springframework.org/schema/beans/spring-beans-3.0.xsd">
    <annotation-driven />
    <beans:bean
    class="org.springframework.web.servlet.view.InternalResourceViewResolver">
        <beans:property name="prefix" value="/WEB-INF/views/" />
        <beans:property name="suffix" value=".jsp" />
    </beans:bean>
    <beans:import resource="controllers.xml" />
</beans:beans>
```

【说明】

(1) 这里,默认的名空间为 mvc,所以,MVC 模式下的标签(如 annotation-driven)定义不需要前缀,而 Bean 定义的标签要加上"beans"前缀。

(2) <annotation-driven/> 会自动注册 DefaultAnnotationHandlerMapping 与 AnnotationMethodHandlerAdapter 两个 Bean,它们分别处理在类级别和方法级别上的@RequestMapping 注解,它们是 spring MVC 为@Controllers 分发请求所必须的。为支持注解和 UR

映射处理，Spring 提供了相应接口和类。

- HandlerMapping 接口实现请求的映射处理，HandlerMapping 接口有两个具体实现类：SimpleUrlHandlerMapping 通过配置文件把一个 URL 映射到 Controller 上；DefaultAnnotationHandlerMapping 通过注解把一个 URL 映射到 Controller 上。
- HandlerAdapter 接口的实现类 AnnotationMethodHandlerAdapter 支持以注解方式来处理请求。

3. /WEB-INF/spring/appServlet/controllers. xml

该文件除名空间信息外只有一行内容，就是定义部件的扫描路径。本例将 chapter6. jx. cai 包作为含控制器代码的 Java 源程序的存储路径。

【程序清单 6-3】文件名为 controllers. xml

```
<? xml version = "1.0" encoding = "UTF-8"? >
<beans xmlns = "http://www.springframework.org/schema/beans"
    xmlns:xsi = "http://www.w3.org/2001/XMLSchema-instance"
    xmlns:mvc = "http://www.springframework.org/schema/mvc"
    xmlns:context = "http://www.springframework.org/schema/context"
    xsi:schemaLocation = "http://www.springframework.org/schema/beans
    http://www.springframework.org/schema/beans/spring-beans-3.0.xsd
    http://www.springframework.org/schema/mvc
    http://www.springframework.org/schema/mvc/spring-mvc-3.0.xsd
    http://www.springframework.org/schema/context
    http://www.springframework.org/schema/context/spring-context-3.0.xsd">
    <context:component-scan base-package = "chapter6.jx.cai" />
</beans>
```

【说明】由 Spring MVC 模板工程产生的 Java 源代码安排在工程的/src/main/java/路径下，因此完整路径是/src/main/java/chapter6/jx/cai，但 Java 源代码中包定义的路径为 chapter6. jx. cai。部件扫描的基本包路径也可以只写 chapter6，它将包括扫描该目录下的所有子包。

4. /WEB-INF/root-context. xml

该文件定义的内容为所有 Servlets 和过滤器共享，在 MVC 模板自动产生的代码中，该文件只含名空间信息。

```
<? xml version = "1.0" encoding = "UTF-8"? >
<beans xmlns = "http://www.springframework.org/schema/beans"
    xmlns:xsi = "http://www.w3.org/2001/XMLSchema-instance"
    xsi:schemaLocation = "http://www.springframework.org/schema/beans http://
www.springframework.org/schema/beans/spring-beans-3.0.xsd">
        <!-- Root Context: 定义 Web 部件共享的资源 -->
</beans>
```

【注意】由于 Spring MVC 模板工程是通过 maven 自动建立 JAR 包依赖关系，所以，无须在工程的类库路径中引入 JAR 包。

6.2 Spring MVC 控制器

Spring 3.0 的 MVC 框架提供了注解符的表示形式，Spring 通过将@Controller 注解符加在类前定义控制器，简化了程序的描述逻辑，Spring 控制器的请求和处理风格符合 REST 架构的设计。具体表现有如下几点：

- 具有 REST 风格的 URI 模板：Spring 的方法前通过注解符@RequestMapping 定义 URI 模板，URI 的标识定义形式符合 REST 路径表示风格。对于路径标识中的变量可在方法的参数定义中通过@PathVariable 进行说明，并在方法中引用。
- 支持内容协商，Spring 提供了丰富的内容表现形式，可采用 HTML、XML、Json 等，符合 REST 风格中由使用者决定表示形式的特征。一般通过 HTTP 请求头的 Accept 标识的应用类型、请求文件标识的类型、URI 参数等内容来识别对资源的表示。在 HTTP 响应消息中通过 Content-Type 给出响应消息的类型。
- 支持 HTTP 方法变换：REST 将 HTTP 请求分为 GET、PUT、POST 和 DELETE 四种情形，而 HTML 仅支持 GET 和 POST 两种方法。为了实现方法请求动作的转换，可将实际请求的动作信息作为附加参数或通过表单的隐含域传递给方法。在处理请求的控制器中可根据其方法参数进行过滤处理。

以下为 Spring MVC 模板工程默认产生的 HomeController 的程序代码，控制器的代码安排在工程的 src/main/java 路径下，本例在该路径下建立有 chapter6.jx.cai 子包。

【程序清单 6-4】文件名为 HomeController.java

```
package chapter6.jx.cai;
import org.slf4j.*;
import org.springframework.stereotype.Controller;
import org.springframework.web.bind.annotation.*;
@Controller
public class HomeController {
    private static final Logger logger = LoggerFactory
            .getLogger(HomeController.class); // 获取日志记录对象
    @RequestMapping(value = "/", method = RequestMethod.GET)
    public String home() {
        logger.info("Welcome home!"); // 记录日志
        return "home";
    }
}
```

【说明】该控制器很简单，当请求访问应用的根路径时执行 home 方法，在 logger 日志文件中记录信息，并将方法返回的字符串作为视图文件名调相应视图显示。根据视图控制器的参数设置，将自动加入前缀和后缀，因此，实际的显示视图文件为/WEB-INF/views/ home.jsp。该视图文件只显示“Hello Worlds!”的信息。

【注意】在动态 Web 工程中，如果要使用 LoggerFactory 对象，需要引入 slf4j-api.jar 到工程的类路径。

6.2.1 Spring MVC 3.0 的 RESTful 特性

Spring MVC 框架本身有一个前置控制器 DispatcherServlet，用于接收所有的 URL 请求，并根据 URL 地址分发到 Web 开发人员编写的 Controller 中。

Spring 控制器直接把一个 URI 映射到一个方法，这样，Web 开发人员就可以将多个功能类似的方法放到一个 Controller 中，一个 Controller 通常拥有多个方法，每个方法负责处理一个 URI。

Spring MVC 3. x 是完全支持 Restful 的，在 REST 风格的资源表示框架中，服务端使用具有层次结构的 URI 来表示资源。在进行访问 Mapping 设计时要对 URI 做好规划，对于以后安全设计中安排 ACL 控制会有很大的帮助。

URI 模板允许在 URI 模式中包含嵌入变量(通过大括号标注)。URI 模板通过把 URI 路径的某一字段设置为路径变量的方式来区别不同的资源，例如：URI 模板 /users/{user}/orders/{order}对应的 URI 为 http://localhost/myapp/users/ding/orders/623835。其中，{user}、{order}代表路径变量，通过给 URI 模板匹配不同路径变量，可以实现用同一模板发布不同资源。

在 URI 设计中，建议的 URI 规则如下。

(1) 用路径变量来表达层次结构，例如：

{Domain}[/{SubDomain}]/{BusinessAction}/{ID}

比如：hotels/bookings/cancel/{id} 表示此 URI 匹配 hotels 域的 bookings 子域，将要进行的是取消某项 booking 的操作。

(2) 用逗号或者分号来表达非层次结构，例如：

/parent/child1;child2

(3) 用查询变量表达算法参数的输入，例如：

http://www.google.cn/search? q = REST&start = 30

6.2.2 与控制器相关的注解符

在 MVC 控制器的代码设计中，Spring 提供了一系列注解符实现相关对象的注入，借助这些注解符可获取与 HTTP 请求和响应相关的信息，见表 6-1。

表 6-1 控制器程序编写中常用注解符

注解符	含义
@Controller	表示该类为一个控制器
@RequestMapping	定义映射方法的访问规则。其所标注方法的参数用来获取请求输入数据，方法的返回产生响应
@RequestParam("name")	作为方法参数，获取 http 请求中请求参数的值
@PathVariable("name")	作为方法参数，获取 URI 路径变量的值
@RequestHeader("name")	作为方法参数，获取 http 请求头的值。如：Accept-Language 得到使用的语言
@CookieValue("name")	作为方法参数，访问 Cookie 变量
@SessionAttributes("name")	作为方法参数，访问 session 变量
@RequestBody	作为方法参数，获取 http 请求体
@ResponseBody	加在方法前，定义方法的返回为 http 响应消息

Spring 实现了方法级别的拦截，一个方法对应一个 URI，并可以有灵活的方法参数和返回值。RequestMapping 也可能用于类前面，用于定义统一的父路径，而在方法前面@RequestMapping 则要给出子路径。例如：

```
@Controller
@RequestMapping("/users/ * ")
public class AccountsController {
    @RequestMapping("active")
    public @ResponseBody List<Account> active( ) { … }
}
```

等价于以下的定义：

```
public class AccountsController {
    @RequestMapping("/users/active")
    public @ResponseBody List<Account> active() { …}
}
```

由于 Spring 在进行 Mapping 匹配检查时候，先检查是否有类 Mapping 匹配，再找方法上的 Mapping，所以，把基本的 mapping 放在类上面，可以加速匹配效率。

其他类型的标准对象，如 HttpServletRequest、HttpServletResponse、HttpSession、Principal、Locale、Model 等也可在控制器的方法参数中声明，然后在方法内通过参数变量访问，这些对象将自动完成依赖注入。在控制器中也可以通过 HttpServletRequest 对象提供的 getParameter 方法去读取来自表单的数据。

以下为实现用户登录检查的控制器的代码，它将根据用户从登录表单输入的用户登录名和密码查询数据库实现用户认证，认证通过后要将用户标识写入 Cookie 中。程序中调用了名称为"user DAOI"的 Bean 提供的 logincheck 方法实现登录检查。

值得注意的是，在 login 方法中通过方法参数注入的对象，借助这些对象实现与 HTTP 的交互，其中，通过@RequestParam 注解符获取请求参数，通过 HttpServletResponse 对象的 addCookie 方法实现 Cookie 的写入。

【程序清单 6-5】文件名为 UserController. java

```
package chapter6. jx. cai;
import javax. servlet. http. * ;
import org. springframework. context. ApplicationContext;
import org. springframework. context. support. ClassPathXmlApplicationContext;
import org. springframework. stereotype. Controller;
import org. springframework. web. bind. annotation. * ;
@Controller
public class UserController {
    @RequestMapping(value = "/logincheck", method = RequestMethod. POST)
    public String login(@RequestParam("username") String username,
            @RequestParam("password") String password,
            HttpServletResponse res) {
        ApplicationContext applicationContext = new
```

```
        ClassPathXmlApplicationContext("beans.xml");   //环境装载
    UserDao dao = applicationContext.getBean("userDAO",
        UserDaoImpl.class);
    if (dao.logincheck(username, password)) {
        Cookie c = new Cookie("loginname", username);
        res.addCookie(c);                //保存 Cookie
        return "redirect:index.jsp";  // 重定向到主界面
    } else
        return "redirect: login.jsp";  // 重定向到登录页面
    }
}
```

【说明】

(1) 程序中通过 ClassPathXmlApplicationContext 装载 Bean 的配置文件 beans.xml,实现 Bean 的注入配置,然后利用其应用上下文的 getBean 方法获得 Bean 对象。显然每次执行方法执行这样的装载操作,不能很好地发挥 Web 应用效率。

较好的办法是通过 Servlet 的配置完成 Bean 的注入。在 MVC 控制器中访问 Web 应用上下文配置中定义的 Bean 通常用如下方法。

首先,利用 RequestContextUtils 工具类的方法得到应用上下文环境,当一个 Request 对象产生时,会把这个 WebApplicationContext 上下文保存在 Request 对象中,可以用如下方法取出应用上下文(ApplicationContext):

```
RequestContextUtils.getWebApplicationContext(request);
```

其中,request 为 HttpServletRequest 对象,可通过控制器的方法参数注入到方法中。

然后,借助 Web 应用的上下文对象,用 getBean 方法可访问应用配置定义的 Bean。

(2) 将用户标识保存到 Cookies 中,以后可通过读取相应 Cookie 得到用户标识。这里是假设采用自设计的用户验证方式。如果用第 9 章介绍的 Spring 的安全验证,则不用做这样的保存,Spring 安全框架会自动替用户保存认证信息,用户登录后,可直接通过 request.getRemoteUser()得到用户标识。

(3) 程序在方法返回的字符串中用 redirect 完成重定向,转向另外的 URL。如果返回结果中不含 redirect 前缀,则 Spring 将返回的字符串作为视图文件名。

【注意】在 Spring3.1 版本中允许方法返回的 redirect 串中放置来自请求的 URI 路径变量(例如:"redirect:/blog/{year}/{month}"),解析时自动替换为路径变量值。

6.2.3 REST 其他类型的请求方法的实现

由于浏览器 form 表单只支持 GET 与 POST 请求,而 DELETE、PUT 等 method 并不支持,spring3.0 添加了一个过滤器,提交处理时可将隐藏的"_method"参数转换为相应的 HTTP 方法请求。使得支持 GET、POST、PUT 与 DELETE 请求。

```
<filter>
    <filter-name>HiddenHttpMethodFilter</filter-name>
    <filter-class>org.springframework.web.filter.HiddenHttpMethodFilter
</filter-class>
```

```
</filter>
<filter-mapping>
    <filter-name>HiddenHttpMethodFilter</filter-name>
    <servlet-name>yourServletName</servlet-name>
</filter-mapping>
```

以下针对删除某个栏目功能给出 Delete 操作的实现方法。控制器设计如下：

```
@RequestMapping(value = "/column", method = RequestMethod.DELETE)
public String deleteColumn (@RequestParam("title") String title ) {
    ColumnDao.delete(title);   //业务逻辑实现指定标题栏目的删除
    return "redirect:columndelete.jsp";   //重定向到继续删除页面
}
```

在调用服务的访问请求中，可通过如下一些方式发送 Delete 请求：

(1) 在页面的输入表单中指定一个名称为"_method"的参数，值为"delete"。

```
<form  action = "column" method = "post">
<input type = "text" name = title />
<input type = "hidden" name = "_method" value = "delete"/>
<input  type = "submit" />
</form >
```

(2) 通过 Spring 表单标签<form:form>中指定一个"method"属性，值为"delete"。

```
<form:form  action = "column" method = "delete">
<input type = "text" name = title />
<input  type = "submit" />
</form:form>
```

(3) 利用 6.5 节将介绍的 Spring 的 RestTemplate 类的 Delete 方法调用服务。

(4) 有的浏览器可用 AJAX 方式来发送 Delete 操作请求。以下为相应 Javascript 代码：

```
xmlhttp = new ActiveXObject("Microsoft.XMLHTTP");
myurl = "column? title = java";
xmlhttp.Open("DELETE", myurl, false);
xmlhttp.send(null);
```

【练习】参照上面代码设计对应 PUT 操作请求的服务，并实现 PUT 方式访问测试。

6.3 关于 MVC 显示视图

所有 Web 应用的 MVC 框架都有它们处理视图的方式。Spring 提供了视图解析器实现对模型数据的显示处理，Spring 内置了对 JSP、Velocity、FreeMarker 和 XSLT 等视图显示模板的支持。显示模板中的变量将被模型的实际数据所替换。

6.3.1 ViewResolver 视图解析器

一般地，Spring Web 框架的控制器返回一个 ModelAndView 实例。Spring 中的视图以名字为标识，ViewResolver 提供了从视图名称到实际视图的映射。Spring 提供了多种视图解析器，各类视图的继承层次如图 6-2 所示。

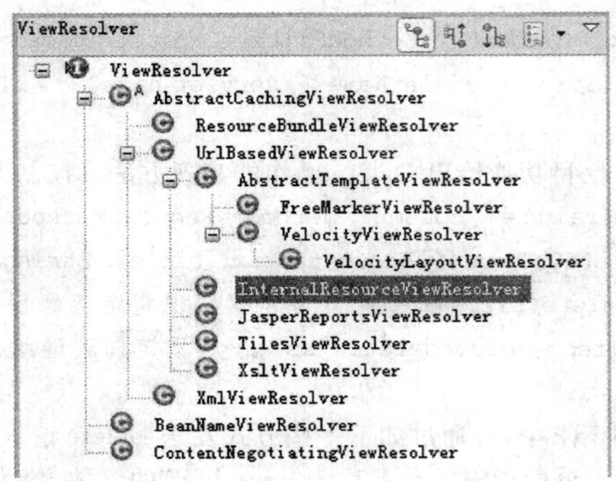

图 6-2　各类视图解析器

其中：

- AbstractCachingViewResolver：抽象视图解析器实现了对视图的缓存。在视图使用前，通常要一些准备工作，从它继承的视图解析器对要解析的视图进行缓存。
- XmlViewResolver：支持 XML 格式的配置文件，默认的配置文件是/WEB-INF/views.xml。
- ResourceBundleViewResolver：实现资源绑定的视图解析，在一个 ResourceBundle 中寻找所需 Bean 的定义，这个绑定通常定义在位于 classpath 路径的一个属性文件中，默认的属性文件是 views. properties。
- UrlBasedViewResolver：UrlBasedViewResolver 实现 ViewResolver，将视图名直接解析成对应的 URL，不需要显式地映射定义。
- InternalResourceViewResolver：支持 InternalResourceView(用于对 Servlet 和 JSP 的包装)以及其子类 JstlView 和 TilesView 等的解析处理。
- VelocityViewResolver：支持对 Velocity 模板的解析处理。
- FreeMarkerViewResolver：支持对 FreeMarker 模板的解析处理。

1. 使用 JSP 作为视图

当使用 JSP 作为视图层技术时，就可以使用 UrlBasedViewResolver 或者 InternalResourceViewResolver。配置如下：

```
<bean id="viewResolver"
class="org.springframework.web.servlet.view.InternalResourceViewResolver">
    <property name="contentType" value="text/html;charset=UTF-8" />
    <property name="prefix" value="/WEB-INF/views/" />
    <property name="suffix" value=".jsp" />
</bean>
```

其中，prefix 属性指定视图文件的存放路径，suffix 指定视图文件的扩展名。也就是实际的视图文件的路径为“prefix 前缀＋视图名称＋suffix 后缀”。

【注意】在程序中标识视图文件名时是否要加斜杠在前面取决于 prefix 前缀结尾是否含

有斜杠，若有的话，就不用加，但加上也不妨。所以，常见在视图名前加一个斜杠。

2. 使用 Freemarker 作为视图

使用 FreeMarker 作为视图，需要用到 freemarker.jar 包。FreeMarker 是一个模板引擎，其编译器速度快，特别适合 MVC 模式的应用程序。FreeMarker 与容器无关，也可以应用于非 Web 应用程序环境。以下为使用 FreeMarker 解析器的 Bean 配置。

```
<!-- 以下配置 freeMarker 视图解析器 -->
<bean id="viewResolver"  class=
  "org.springframework.web.servlet.view.freemarker.FreeMarkerViewResolver">
    <property name="cache" value="true" />
   <property name="suffix" value=".ftl" />
   <property name="viewClass"
       value="org.springframework.web.servlet.view.freemarker.FreeMarker-
View" />
   <property name="contentType" value="text/html;charset=UTF-8" />
      <!--以下配置后，ftl 文件中可用 ${rc.getContextPath()} 来获取文件上下
文，类似 JSP 的 request.getContextPath() -->
   <property name="requestContextAttribute" value="rc"></property>
</bean>
<!-- 以下配置 freeMarker 的模板路径 -->
<bean id="freemarkerConfig"
  class="org.springframework.web.servlet.view.freemarker.FreeMarkerConfigurer">
   <property name="templateLoaderPath" value="/WEB-INF/views/"/>
</bean>
```

【说明】以上配置定义视图文件的路径为“/WEB-INF/views/”，后缀名为“.ftl”。

以下为 Freemarker 视图文件的样例，Freemarker 具体指令说明参见相关文档。

```
<#assign seq = ["winter", "spring", "summer", "autumn"]>
<#list seq as x>
  ${x_index + 1}. ${x}<#if x_has_next>,</#if>
</#list>
```

以上视图的运行结果为：

```
1. winter, 2. spring, 3. summer, 4. autumn
```

6.3.2 栏目显示的 MVC 实现方案

第 4 章程序清单 4-7 介绍的栏目显示是采用纯 JSP 编程实现，采用 JavaBean 获取数据。以下改用 MVC 模式实现同样功能，请读者体会其差异。

1. 控制器设计

以下为显示栏目分类和用户积分的控制器代码，可安排在程序清单 6-5 中。

```
@RequestMapping(value="/topmenu", method=RequestMethod.GET)
public ModelAndView display(HttpServletRequest request){
    ApplicationContext applicationContext =
```

```
        RequestContextUtils.getWebApplicationContext(request);
    UserDao userDao = (UserDao)applicationContext.getBean("userDAO");
    ColumnDao coldao = (ColumnDao)applicationContext.getBean("columnDao");
    List<Column> columns = coldao.getAll();
    String user = request.getRemoteUser();  //假设采用 Spring 安全认证
    int score = userDao.getScore(user);
    ModelMap modelMap = new ModelMap();
    modelMap.put("columns", columns);  //定义若干模型参数
    modelMap.put("user", user);
    modelMap.put("score", score);
    return new ModelAndView("topmenu",modelMap);  // topmenu 为视图文件名
}
```

【说明】

(1) 控制器从 Web 应用环境得到 Bean,利用 Bean 提供的方法取得数据,将数据填入到模型中,以便视图文件读取数据。

(2) ModelAndView 是控制器方法的一种常用返回形式。程序中用到的 ModelAndView 构造方法中,第 1 个参数为视图文件名,第 2 个参数代表模型对象。用 Spring 的 ModelMap 对象存储模型数据,它是 java.util.Map 的一个实现。

(3) 这里,用 request 对象的 getRemoteUser 方法获取通过 Spring 安全验证的用户名。

【应用经验】用 ModelAndView 作为返回是实现模型视图结合的常用方法。另一种方法是给控制器的方法参数注入 Model 类型的模型对象,在方法内可用 addAttribute 方法给模型添加属性,方法返回的串为视图文件名,在视图文件中可处理来自模型的数据。

2. 显示视图设计

以下 JSP 程序的显示内容和效果同图 4-2。第 4 章的方法是在 JSP 文件中调用 Java Bean 对象的方法获取数据。这里,通过 JSTL 从模型读取数据。

【程序清单 6-6】文件为/WEB-INF/views/topmenu.jsp

```
<%@page contentType="text/html; charset=UTF-8" %>
<%@taglib uri="http://java.sun.com/jsp/jstl/core" prefix="c" %>
<html>
<head><link rel="stylesheet" type="text/css" href="css/main.css"></head>
<base target="main" />
<body>
<table width="100%"> <tr>
<td  height="28" width="20%" rowspan="2">
<img border="0" src="images/flag.gif" ></td>
<c:forEach  items="${columns}"  var="item">
<td  height="14" width="10%" align=left>
<img border="0" src="images/circle.gif" /> 
<a href="resource/class/${item.number}" >${item.title}</a> </td>
```

```
</c:forEach>
<td></td>
<td align="right">用户：${user} ,  积分：${score } 
</td> </tr>
<tr><td  height="14" colspan="20" align=right>
 < img border =" 0" src =" images/bottom.gif" />     <a href ="search.jsp">搜索   </a>   <img border="0" src="images/bottom.gif" />  <a href="resource_upload.jsp">上传
</a>  
</td> </tr> </table>
</body></html>
```

6.4 用 Spring MVC 实现文件上传应用

Spring MVC 支持文件上传功能，它是由 Spring 内置的 CommonsMultipartResolver 解析器来实现的。具体编程处理步骤如下：

第一，在服务器的 lib 目录下引入 Apache 的"commons-fileupload-1.2.2.jar"和"commons-io-2.0.1.jar"两个 JAR 文件，这两个包可以从相关网站下载。

第二，在 Web 应用程序上下文配置文件中定义如下解析器：

```
<bean id="multipartResolver"
  class="org.springframework.web.multipart.commons. CommonsMultipartResolver">
  <!-- 以字节为单位的最大上传文件的大小 -->
  <property name="maxUploadSize" value="100000" />
</bean>
```

上传文件解析器被指定后，Spring 会检查每个接收到的请求是否存在上传文件，如果存在，这个请求将被封装成 MultipartHttpServletRequest。

第三，设置页面中请求表单的 enctype 属性为"multipart/form-data"，在表单中通过类型为"file"的输入元素选择上传文件；表单的提交方法为"POST"。

第四，在处理上传请求的控制器中，通过 CommonsMultipartFile 类型的参数对象获取上传文件数据信息。以下为 CommonsMultipartFile 的两个常用方法：

- byte[] getBytes()：获取上传文件的数据内容。
- String getOriginalFilename()：获取上传文件的文件名。

6.4.1 文件上传表单

在用户输入界面中提供了文件上传表单。表单的 action 参数指定相应控制器的 URI。

```
<form method="post" action="upload " enctype="multipart/form-data">
    <input type="file" name="file"/>
    <input type="submit"/>
</form>
```

6.4.2 文件上传处理控制器

假定上传的文件保存到“d:/images”文件夹下，文件保存的名称和原来上传名称相同。注意，控制器的 RequestMapping 映射的 method 参数为 RequestMethod. POST，用通过声明一个 MultipartFile 类型的方法参数绑定到上传的文件。

【程序清单 6-7】文件名为 FileUpoadController. java

```
package chapter6.jx.cai;
@Controller
public class FileUpoadController {
    @RequestMapping(value = "/upload", method = RequestMethod.POST)
    public String handleFormUpload(@RequestParam("file") MultipartFile file) {
        if (! file.isEmpty()) {
            String path = "d:/images/";  // 文件上传的目标位置
            try {
                byte[] bytes = file.getBytes(); // 获取上传数据
                FileOutputStream fos = new FileOutputStream(path
                        + file.getOriginalFilename()); // 获取文件名
                fos.write(bytes); // 将数据写入文件
                fos.close();
            } catch (IOException e) {   }
            return "uploadSuccess";
        } else
            return "uploadFailure";
    }
}
```

【说明】利用 CommonsMultipartFile 对象的 getBytes()方法获取上传数据，文件保存是先针对目标文件建立 FileOutputStream 对象，然后利用其 write 方法写入数据。

6.5 用 Spring 的 RestTemplate 访问 REST 服务

Spring 不仅可实现 REST 风格的 Web 服务，而且对 REST 风格的 Web 服务的访问也提供了很好的支持。Spring 提供了 RestTemplate 类，通过该类的方法可访问 REST 风格的 Web 服务。同时通过给 RestTemplate 注入消息转换，可在客户和服务方之间传递特定格式的消息。通过使用 RestTemplate 访问远程服务，可为分布式应用的整合提供方便。

6.5.1 RestTemplate 方法介绍

RestTemplate 的 getForObject 方法完成 get 请求；postForObject 方法完成 post 请求；put 方法对应的完成 put 请求；delete 方法完成 delete 请求；execute 方法可以执行任何请求。RestTemplate 类中方法名的含义很简单，前面部分对应 HTTP 方法的名字，后面部分表明了方法返回值。例如 getForObject 方法执行 GET 操作并从 HTTP response 中返回一个对象。同样,postForLocation 方法执行 POST 操作并返回一个 HTTP location header,指明新创建对象的位置。传递到这些方法的参数以及方法返回的对象分别通过 HttpMessageConverter 转换成 HTTP 消息。以下为 RestTemplate 的常用方法的格式。

<T>:T getForObject(String url, Class<T> responseType,Object…urlVariables):用 GET 请求访问 URL 资源,服务返回的结果为某类型的对象。

其中:第 1 个参数是 http 请求的地址,第 2 个参数是响应返回的数据的类型,第 3 个参数是 URL 请求中需要设置的参数。

【注意】所有方法的 URL 参数支持两种类型数据,一种是变长的对象数组,另一种是 Map <String,? >类型。

例如,以下为变长字符串数组调用情形,多个数据项可以在一个对象数组中列出,也可以将数据项作为后续参数逐个列出。

```
String myUrl = "http://localhost:8080/show/{person}";
restTemplate.getForObject(myUrl, String.class, new Object[] {"mary"});
```

以上调用也可以直接写成如下形式:

```
restTemplate.getForObject(myUrl, String.class, "mary");
```

以下为使用 Map 类型参数的情形:

```
String myUrl = "http://localhost:8080/show/{person}";
Map<String, String> variables = new HashMap<String, String>();
variables.put("person", "mary");
restTemplate.getForObject(myUrl, String.class, variables);
```

- void delete(String url, String…urlVariables):对资源的删除操作。
- HttpHeaders headForHeaders(String url, Object … urlVariables):获取请求头的信息。
- Set<HttpMethod> optionsForAllow(String url, Object…urlVariables):访问 OPTIONS 信息。
- <T>:T postForLocation(String url, Object request, Object…urlVariables):提交 POST 访问请求。其中,第 2 个参数是提交传递给服务器的请求数据对象。
- void put(String url, Object request, Object…urlVariables):PUT 请求处理,常用于资源的更新操作。
- void setMessageConverters(List<HttpMessageConverter<? >> messageconvert):设置消息转换器。
- List<HttpMessageConverter<? >> getMessageConverters():获取消息转换器列表。
- <T>:T execute(String url, HttpMethod method, RequestCallback requestCallback,ResponseExtractor<T> responseExtractor, Object... urlVariables):在一个方法中包容了对 Http 的各种请求的访问处理。

6.5.2 使用 HttpMessageConverters

通常,浏览器和服务器通过文本消息进行通信。当 HTTP 响应返回结果为对象数据时,应该将对象进行序列化/反序列化处理，借助 HttpMessageConverter 实现消息的转换处理。消息格式有 Json、XML、Atom 等。

常用的 HTTP 消息转换器如下：

- StringHttpMessageConverter：处理文本数据，读取数据时，将"text/＊"格式的消息识别为字符串，按"text/plain"格式输出字符串。
- FormHttpMessageConverter：处理类型为"application/x-www-form-urlencoded"的表单数据，并将数据转换为 MultiValueMap＜String,String＞类型的对象。
- MarshallingHttpMessageConverter：针对媒体类型为"application/xml"的数据，使用"marshaller/un-marshaller"进行数据包装转换。
- MappingJacksonHttpMessageConverter：针对媒体类型为"application/json"的数据，使用 Jackson 的 ObjectMapper 进行数据包装转换。
- AtomFeedHttpMessageConverter：针对媒体类型为"application/atom＋xml"的数据，使用 ROME 的 Feed API 对 ATOM 源进行包装处理。
- RssChannelHttpMessageConverter：针对媒体类型为"application/rss＋xml"的数据，使用 ROME 的 feed API 对 RSS 数据源进行包装处理。

根据需要，用户也可以编写自己的转换器，通过给 RestTemplate 注入具体的 HTTP 消息转换器可获取特定格式的响应数据。以下例子用 Json 进行消息的封装。

6.5.3 用 RestTemplate 实现服务调用的应用举例

该样例除了使用 Spring 框架的 JAR 包外，还要用到 jackson-all-1.8.6.jar。

1. Web 服务的服务端代码

(1) REST 服务样例

【程序清单 6-8】文件名 RESTController.java

```
package chapter6.service;
import org.springframework.stereotype.Controller;
import org.springframework.web.bind.annotation.*;
@RequestMapping("/restful")
@Controller
public class RESTController {
    @RequestMapping(value = "/show/{person}", method = RequestMethod.GET,
headers = "Accept=application/json")
    @ResponseBody
    public String show(@PathVariable("person") String me) {
        return "hello:" + me;
    }
}
```

【说明】通过@ResponseBody 注解定义返回数据为响应消息，该消息将根据配置定义的 Json 转换器进行数据包装。在 Mapping 中通过 headers＝"Accept＝application/json"定义限制请求不能通过 Web 浏览直接访问。当然，去掉该属性，虽可以访问，但浏览器不能直接解析消息。

(2) 工程的配置文件

REST 服务端的 web. xml 文件和 MVC 模板工程的相似，主要定义 DispatcherServlet 控制分派的配置文件位置(/WEB-INF/dispatcher. xml)及 servlet-mapping 映射。

dispatcher. xml 配置文件定义了 MVC 模型的具体 Servlet 配置，其关键是给注解方法调用处理适配器(AnnotationMethodHandlerAdapter)注入 Json 消息转换器。

【程序清单 6-9】文件名 dispatcher. xml

```
<? xml version = "1.0" encoding = "UTF-8"? >
<beans …>
<context:component-scan base-package = "chapter6.service"/>
<bean class =
 "org.springframework.web.servlet.mvc.annotation.AnnotationMethodHandlerAdapter">
  <property name = "messageConverters">
      <list>
          <ref bean = "jsonConverter" />
      </list>
  </property>
</bean>
<bean id = "jsonConverter"   class =
"org.springframework.http.converter.json.MappingJacksonHttpMessageConverter">
  <property name = "supportedMediaTypes" value = "application/json" />
</bean>
</beans>
```

2. 客户端代码

(1) 封装 REST 服务调用的 Bean

以下为客户端使用的 Java Bean，该 Bean 中通过配置注入的 RestTemplate 对象访问服务端的 REST 风格的 Web 服务。

【程序清单 6-10】文件名 RESTClient. java

```
package chapter6.client;
import org.springframework.beans.factory.annotation.Autowired;
import org.springframework.stereotype.Component;
import org.springframework.web.client.RestTemplate;
@Component
public class RESTClient {
    @Autowired
    private RestTemplate template;
    private final static String url = "http://localhost:8080/resttemp/restful";
    public String show() {
        return (String) template.getForObject(url + "/show/{person}",
                String.class, new Object[] { "john" });
    }
```

```
}
```

【注意】该 Java Bean 定义时通过@Autowired 注解让 template 属性自动在容器中查找匹配的对象实现依赖注入。下面配置文件中定义了 RestTemplate 类型的 Bean。

(2) RestTemplate 的注入配置

该配置文件是针对客户端使用,存放在 src 目录下,在配置 RestTemplate 的 Bean 时需要通过 messageConverts 属性列出使用的消息转换器,这里引用"jsonConverter"Bean 定义的转换器,将返回的 Json 消息进行转换,解析成 JavaObject。

【程序清单 6-11】文件名 application-context. xml

```
<? xml version = "1.0" encoding = "UTF-8"? >
<beans …>
<context:component-scan base-package = "chapter6.client"/>
<bean id = "restTemplate" class = "org.springframework.web.client.RestTemplate">
<property name = "messageConverters">
  <list>
     <ref bean = "jsonConverter" />
  </list>
</property>
</bean>
<bean id = "jsonConverter"
class = "org.springframework.http.converter.json.MappingJacksonHttpMessageCon-
verter">
   <property name = "supportedMediaTypes" value = "application/json" />
</bean>
</beans>
```

【说明】这里的配置和 Web 服务端的 dispatcher. xml 配置文件中规定的消息处理格式要一致。那里是用 Jackson 转换器包装 Json 消息,所以这里也需要用它来进行消息解包。

(3) 应用测试程序

该应用程序在客户端运行,通过访问 RESTClient 这个 Bean 调用 REST 服务。

【程序清单 6-12】文件名 RestAppTest. java

```
import org.springframework.context.ApplicationContext;
import org.springframework.context.support.ClassPathXmlApplicationContext;
public class RestAppTest {
    public static void main(String[ ] args) {
        ApplicationContext appContext = new ClassPathXmlApplicationContext(
                "application-context.xml");
        RESTClient s = appContext.getBean("RESTClient");
        System.out.println(s.show());
    }
}
```

【运行结果】

hello:john

【思考】对比本例介绍的基于消息转换的数据传递机制和基于 ViewResolver 的内容协商的处理机制，它们均可实现请求和响应处理的多样化。使用视图解析器可使用多种视图来显示模型，而消息转换器也支持多种转换器。这两种方式各有特点，实际应用中根据需要选择。使用视图是产生供浏览器显示的文档(HTML、PDF 等格式)，而使用@ResponseBody 是与 Web 服务的调用者交换数据(Josn、XML 等格式)。

本章小结

Spring 通过注记形式的控制器定义，简化了配置。通过 REST 风格的访问 Mapping 映射，将用户的 URL 访问映射到具体的方法，并通过方法参数的注入可实现对请求和响应对象的访问处理。还介绍了文件上传应用的实现方法。最后，讨论了 REST 服务设计中通过 Jackson 消息转换器实现对 Json 响应消息的封装以及通过 RestTemplate 访问服务并获取响应消息的处理方法。作为练习，读者可采用 MVC 模式再设计试题库管理应用。

第7章　基于MVC的资源共享网站设计

本章以第 4 章介绍的文件资源共享应用的设计为素材，介绍 MVC 应用设计方法。该系统允许账户上传和下载资源，实现资源的共享，这里限制每个资源只含有一个文件。由于所有资源文件存储在同一目录下，因此，不能用上传前的文件名作为存储的文件名，否则会导致文件重名现象。每个用户有自己的积分，每个资源的下载可由上传者提供积分扣除要求，只有个人积分高于资源要求积分的用户才能下载，资源下载后将给资源提供者增加积分。用户注册、上传资源以及评价资源均可增加自己的积分。系统功能构成如图 7-1 所示。其中，虚线标记的方框的功能本章没有介绍。进一步的扩充还可增加管理员操作部分，管理员可对栏目和资源进行管理。

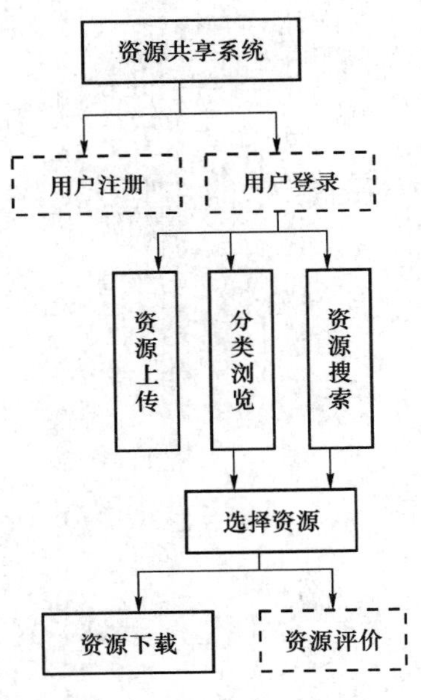

图 7-1　系统功能结构组成

7.1　文档资源对象和资源访问服务设计

7.1.1　数据信息实体——资源对象的类设计

为方便对文档资源的访问，定义资源类封装相关的属性和方法。资源类(MyResource)的属性包括资源 ID、资源标题、资源描述、文件类型、所属用户、资源分值、下载次数、资源类别等字段。其中,资源ID对应数据库的自动增值字段;文件类型由上传时文件的类型决定;资源上传时要选择对应栏目。资源类的代码设计如下。

【程序清单 7-1】文件名为 MyResource.java

```
package chapter7;
public class MyResource {           //数据库表格 resource 的字段与该类属性相同
    int resourceID;                 //资源 ID
    String titleName;               //资源标题
    String description;             //资源描述
    String filetype;                //文件类型
    String userId;                  //所属用户
    int score;                      //资源分值
    int download_times;             //下载次数
    int classfyID;                  //资源类别
    public int getResourceID() {
      return resourceID;
  }
    public void setResourceID(int resourceID) {
        this.resourceID = resourceID;
  }
  …   // 其他 getter 和 setter 为节省篇幅略
}
```

7.1.2 资源访问的业务逻辑设计

对资源的访问操作可封装在业务逻辑服务中,具体提供如下功能。

- 上传资源:资源上传时,除了提供资源文件外,还需要提供上传者、所属栏目、分值、资源标题、资源描述等信息,对上传文件类型要限制。
- 下载资源:需要检查用户积分是否够,可以下载的话,要修改资源下载次数和根据资源的分值扣除用户积分。
- 资源搜索:根据关键词搜索。
- 获取某栏目的资源列表。
- 根据资源 ID 查资源。

以下首先通过接口 resourceService 定义资源服务的行为,然后由 resourceManger 类给出服务的具体实现。

1. 业务逻辑接口

【程序清单 7-2】文件名为 resourceService.java

```
package chapter7;
import java.util.List;
public interface resourceService {
    String upload(String titleName, String description, String filename,
            String userId, int score,int classfyID);    //登记上传的资源
```

```
    String download(int resourceID,String userid);   //下载资源需要登记的工作
    List<MyResource>  list(int classfyID);           //列出某栏目的所有资源
    MyResource getRes(int resourceID);               //根据 resourceID 获取资源
    … // 其他操作略
}
```

【说明】各方法的参数根据具体访问要求进行设计安排,upload 的返回结果为资源的存储文件名,download 的返回结果是下载资源的文件标识。list 的返回结果为资源对象的列表集合,getRes 的返回结果是一个资源对象。

2. 业务逻辑服务

resourceManger 类给出资源访问服务的具体实现。通过注入 JdbcTemplate 对象实现对数据库的访问处理。这里的难点问题是上传和下载的设计。上传的文件由于存储在同一目录下,所以要对文件进行重新命名,这里使用资源 ID 作为文件名,它对应数据库中自动编号字段,而文件类型不做变动。资源下载最核心的操作是得到资源的 URL 路径,另外还包括扣除下载者积分、给资源提供者增加积分、资源下载次数统计增 1 等操作。

【程序清单 7-3】文件名为 resourceManger. java

```
package chapter7;
import java.sql. * ;
import java.util.List;
import org.springframework.jdbc.core. * ;
import org.springframework.jdbc.datasource.DriverManagerDataSource;
public class resourceManger implements resourceService{
    private JdbcTemplate jdbcTemplate;
    public JdbcTemplate getJdbcTemplate() {
        return jdbcTemplate;
    }
    public void setJdbcTemplate(JdbcTemplate jdbcTemplate) {
          this.jdbcTemplate = jdbcTemplate;
    }

    /*  getRes 方法根据资源标识访问资源对象 */
    public MyResource getRes(int id){
        String sql = "SELECT * FROM resource where resourceID = ?";
        MyResource x = jdbcTemplate.queryForObject(sql,new Object[]{id},
            new RowMapper<MyResource>() {
              public MyResource mapRow(ResultSet rs, int rowNum)
                  throws SQLException
              {
                  MyResource r = new MyResource();
                  r.setResourceID(rs.getInt("resourceID"));
                  r.setTitleName(rs.getString("titleName"));
```

```
                r.setDescription(rs.getString("description"));
                r.setScore(rs.getInt("score"));
                r.setFiletype(rs.getString("filetype"));
                return r;  //返回的对象将赋值给 x 变量
            }
        });
        return x;
    }
```

/* upload 方法进行资源上传前的登记处理,返回资源的存储文件名,程序中规定上传文件的类型不允许为 HTML 和 JSP */

```
    public String upload(final String titleName, final String description, final String filename,final String userId, final int score,final int classfyID) {
        int pos = filename.indexOf('.');
        final String filetype = filename.substring(pos + 1);
        String sql ="insert into resource(titleName,description,filetype,userId,score,download_times,classfyID) values(?,?,?,?,?,0,?)";
        jdbcTemplate.update(sql, new PreparedStatementSetter() {
        public void setValues(PreparedStatement ps) throws SQLException {
            ps.setString(1, titleName);
            ps.setString(2, description);
            ps.setString(3, filetype);
            ps.setString(4, userId);
            ps.setInt(5, score);
            ps.setInt(6, classfyID);
        }
    });
    int id = jdbcTemplate.queryForInt("select max(resourceID) from resource");
     if (filetype.equals("html") || filetype.equals("jsp") || filetype.equals("htm"))
            return null;   //不允许上传 HTML 和 JSP 文件
    return id + "." + filetype;
    }
```

/* download 方法获取要下载资源的 URL,资源下载在用户积分满足条件才允许,下载要扣除访问者积分,并统计下载次数 */

```
    public String download(final int resourceID, final String userId) {
        MyResource r =  getRes(resourceID);
        String filetype = r.getFiletype();  // 获取资源的文件类型
        final int resource_score = r.getScore() ; //获取资源的分值
```

```
    String url = null;
    // 以下检查访问者的积分情况,满足扣除积分,否则不允许下载
    int yourscore = jdbcTemplate.queryForInt("select score from user
            where loginname = '" + userId + "'");
    if (yourscore>resource_score) {
        // 以下扣除用户积分
        String sql = "update user set score = score-? where loginname = ?";
        url = resourceID + "." + filetype;
        jdbcTemplate.update(sql, new PreparedStatementSetter() {
          public void setValues(PreparedStatement ps) throws SQLException {
              ps.setInt(1, resource_score);
              ps.setString(2, userId);
          }
        });
    // 以下给资源下载次数增加 1
    String sql2 = "update resource set download_times = download_times +
            1 where resourceID = " + resourceID;
    jdbcTemplate.execute(sql2);
    return url;
}

/* list 方法获取某栏目的资源列表集合,参数为栏目标识 */
  public List<MyResource> list(int classfyID) {
      List<MyResource> m = jdbcTemplate.query(
          "select * from resource where classfyID = ?",
          new Object[]{classfyID},
          new RowMapper<MyResource>() {
              public MyResource mapRow(ResultSet rs, int rowNum)
                throws SQLException {
                MyResource r = new MyResource();
                r.setResourceID(rs.getInt("resourceID"));
                r.setTitleName(rs.getString("titleName"));
                r.setDescription(rs.getString("description"));
                r.setScore(rs.getInt("score"));
                r.setFiletype(rs.getString("filetype"));
                return r;
          }
          });
      return m;
  }
```

```
/* search 方法搜索资源标题中含查询关键词的资源列表集合 */
  public List<MyResource> search(String key) {
      List<MyResource> m = jdbcTemplate.query(
          "select * from resource where titleName like '%" + key + "%'",
          new RowMapper<MyResource>() {
            public MyResource mapRow(ResultSet rs, int rowNum)
                throws SQLException {
                MyResource r = new MyResource();
                r.setResourceID(rs.getInt("resourceID"));
                r.setTitleName(rs.getString("titleName"));
                r.setDescription(rs.getString("description"));
                r.setScore(rs.getInt("score"));
                r.setFiletype(rs.getString("filetype"));
                return r;
            }
          });
      return m;
  }
}
```

【说明】由于上传的资源文件名称可能出现重名，所以，应用中对资源文件在服务器上的存储名称进行统一管理，文件名按编号顺序不断增加，文件类型不变。Upload 方法是返回在服务器上实际存储名称。

7.2 配置文件

7.2.1 web.xml 配置

这里，web.xml 配置文件包含三部分内容：第一是 Servlet 控制器的分派设置；第二是配置了一个字符编码过滤器，以实现中文信息的处理；第三是设置应用的首页(newlogin.jsp)。具体配置与第 6 章样例类似。

【应用经验】Tomcat 默认支持的资源文件类型有限(如 PPT、html 等类型)，为了在浏览器中能访问其他类型的资源文件，需要在 web.xml 配置文件中添加类型映射设置，从而支持该类型资源的浏览访问。以下为 mht、rar、zip 等类型的映射配置：

```
<mime-mapping>
    <extension>zip</extension>
    <mime-type>application/zip</mime-type>
</mime-mapping>
<mime-mapping>
    <extension>rar</extension>
```

```
        <mime-type>application/octet-stream</mime-type>
    </mime-mapping>
    <mime-mapping>
            <extension>mht</extension>
            <mime-type>text/x-mht</mime-type>
    </mime-mapping>
```

7.2.2 Servlet 环境配置

该配置文件为具体的 Servlet 的配置，包括 MVC 控制器、视图解析以及资源映射定义。<annotation-driven />表明控制器采用注解符定义，并在 component-scan 标记中定义了扫描查找控制器的包路径。文件中还定义了两个视图，分别用于普通的资源解析和文件上传资源的解析。

【程序清单 7-4】文件名为 servlet-context. xml

```
<?xml version="1.0" encoding="UTF-8"?>
<beans:beans xmlns="http://www.springframework.org/schema/mvc"  …>
    <annotation-driven />
    <beans:bean class=
      "org.springframework.web.servlet.view.InternalResourceViewResolver">
          <beans:property name="prefix" value="/WEB-INF/views/" />
          <beans:property name="suffix" value=".jsp" />
    </beans:bean>
    <resources mapping="/fileupload/**" location="/fileupload/" />
    <resources mapping="/images/**" location="/images/" />
    <resources mapping="/css/**" location="/css/" />
    <beans:bean id="multipartResolver"  class=
      "org.springframework.web.multipart.commons.CommonsMultipartResolver"/>
    <context:component-scan base-package="chapter7" />
    <beans:import resource="beans.xml" />
</beans:beans>
```

【说明】这里要特别注意静态资源的访问配置，通过使用 mvc 名空间下的<resources>元素，从而把对静态资源的访问转到 ResourceHttpRequestHandler 处理，location 属性指定静态资源的位置。以上配置中，三个资源映射分别对应文件上传路径、图片文件路径和 CSS 文件路径。它们分别为 Web 应用的根目录(在动态 Web 工程中为 WebContent 文件夹)下的 fileupload、images、css 三个子文件夹。

【应用经验】通常情况下，Web 应用的根路径下能访问的文档资源为 JSP 文件，要支持对根路径下别的类型文档资源的访问，可加入如下设置：

```
<resources mapping="/**" location="/" />
```

这样，在根路径下可以访问 html 等类型文件。

当要访问的文件资源不在 Web 工程的目录路径下方时，可以用 file 协议指定绝对路径，例如，以下指定访问 docs 路径的资源位于 F 盘的 cai 文件夹的 java 子文件夹下。

```
<resources mapping="/docs/**" location="file:f://cai/java/" />
```

7.2.3 应用程序 Java Bean 的注入配置

该文件定义了具体应用设计中引入的 Java Bean 的注入。包括数据库源、JDBC 模板以及对用户、栏目和资源管理的业务逻辑 Bean 的定义。

【程序清单 7-5】文件名为 beans. xml

```
<?xml version="1.0" encoding="UTF-8"?>
<beans xmlns="http://www.springframework.org/schema/beans" …>
<bean id="dataSource"
  class="org.springframework.jdbc.datasource.DriverManagerDataSource">
  <property name="driverClassName" value="sun.jdbc.odbc.JdbcOdbcDriver" />
  <property name="url"
    value=" jdbc:odbc:driver={Microsoft Access Driver (*.mdb)};DBQ=f:/data.mdb"/>
</bean>
<bean id="jdbcTemplate" class="org.springframework.jdbc.core.JdbcTemplate">
    <property name="dataSource"  ref="dataSource"/>
</bean>
<bean id="columnDao" class="chapter4.ColumnDaoImpl">
    <property name="jdbcTemplate">
      <ref local="jdbcTemplate"/>
    </property>
</bean>
<bean id="userDAO" class="chapter4.UserDaoImpl">
    <property name="jdbcTemplate">
      <ref local="jdbcTemplate"/>
    </property>
</bean>
<bean id="resourceDAO" class="chapter7.resourceManger">
    <property name="jdbcTemplate">
        <ref local="jdbcTemplate"/>
    </property>
</bean>
</beans>
```

【说明】这里,ColumnDaoImpl 和 UserDaoImpl 为第 4 章介绍的类。

7.3 MVC 控制器设计

本系统根据控制对象的类别对控制器进行划分,包括:用户访问控制器和资源访问控制器。资源访问控制器是整个应用的核心和关键,对资源的各类访问需求及处理均可在该控制器的设计中体现。

7.3.1 控制器 URI 的 Mapping 设计

Spring 的 MVC 请求访问是按 REST 的资源访问风格进行规划。控制器的 Mappping 设计要做到统一规划、简明清晰。其路径参数要结合问题需要并结合业务逻辑的方法参数要求。以下为与资源相关的几个控制请求的 Mapping 设计。

- 列某类栏目的所有资源:/resource/class/{classID}。
- 下载某一资源:/resource/download/{resID}。
- 上传资源:/resource/upload。
- 资源搜索:/resource/search/{key}。
- 显示某资源的详细信息:/resource/detail/{resourceID}。

对这些资源的访问请求,除了上传资源的请求"/resource/upload"为 POST 方式外,其他均为 GET 方式。由于这里是对资源进行的各类操作,所以在路径设计中以"resource"开头,这样便于整个应用中区分对不同对象的访问请求。

7.3.2 控制器实现

以下结合资源访问控制器的设计介绍一些处理技巧。程序清单 7-6 给出了本节 Mapping 设计的前 3 个访问请求的处理方法,它们的映射方法的返回结果形式代表了 3 种不同的风格:

- 用于列某类栏目的资源的 listResource 方法的返回结果为 ModelAndView 类型,实际返回一个 ModelAndView(模型和视图)的映射对象,在方法中要创建 ModelMap 对象,将结果数据映射关系存放到该对象中,在 JSP 视图文件中通过访问该模型获取数据,并完成显示处理。
- 用于处理上传的 handleFormUpload 方法的返回结果为 String 类型,实际传递的返回结果为 JSP 视图文件名称。
- 用于实现资源下载的 handledownload 方法定义的返回结果为 String 类型,实际返回看下载是否允许,正常情况下重定向到资源的 URL 完成资源的下载访问动作,异常情况下显示下载失败的视图。

【程序清单 7-6】文件名为 ResourceController. java

```
package chapter7;
import java.io. * ;
import java.util. * ;
import javax.servlet.http. * ;
import org.springframework.context.ApplicationContext;
import org.springframework.context.support.ClassPathXmlApplicationContext;
import org.springframework.stereotype.Controller;
import org.springframework.ui. * ;
import org.springframework.web.bind.annotation. * ;
import org.springframework.web.multipart.MultipartFile;
import org.springframework.web.servlet.ModelAndView;
```

```
import org.springframework.web.util.WebUtils;
import org.springframework.util.FileCopyUtils;
@Controller
public class ResourceController {
  @Resource(name = "resourceDAO")
  private resourceService  r;  //引用容器中的 Bean

  /*  --------资源上传访问请求处理设计   */
  @RequestMapping(value = "/resource/upload", method = RequestMethod.POST)
  public String handleFormUpload(@RequestParam("titlename") String titlename,
      @RequestParam("description") String description,
      @RequestParam("score") int score,
      HttpServletRequest request,
      @RequestParam("classfyID") int classfyID,
      @RequestParam("file") MultipartFile file)
 {
   if (! file.isEmpty()) {
     String path = request.getSession().getServletContext()
     .getRealPath("/fileupload") + "/"; //文件上传的位置必须是物理路径
     try{
       byte[ ] bytes = file.getBytes();  //获取上传数据
       String username = WebUtils.getCookie(request,"loginname").getValue();
                                                                  //获取用户标识
       String filename = file.getOriginalFilename();  //获取上传的文件名
        String result = r.upload (titlename, description, filename, username,
score, classfyID);  //调业务逻辑方法进行上传登记处理
       if (result == null )
          return  "uploadFailure";
       FileCopyUtils.copy(bytes,new File(path + filename));
                                                              //上传数据写入文件
          // 给上传用户增加积分
       UserDao dao = applicationContext.getBean("userDAO",UserDaoImpl.class);
       dao.addScore(username,10);  //每上传一个增加 10 分
     } catch(IOException e) { }
       return  "uploadsuccess";  // 转向上传成功的显示视图
   }
   else
       return  "uploadFailure";
 }
```

```
/ * -------列出某类栏目的资源,给出了模型和视图结合的另一方式 */
    @RequestMapping(value = "/resource/class/{classID}", method = RequestMethod.GET)
    public String listResource(@PathVariable("classID") int classID,
        HttpServletRequest request,Model model)  //通过参数注入模型
      {
        List<MyResource> a = r.list(classID);
        model.addAttribute("resources", a);  //将资源对象的列表集合存入模型
        return "listres";
      }

      /*  --------资源下载控制的实现 */
      @RequestMapping(value = "/resource/download/{resID}",
              method = RequestMethod.GET)
      public String handledownload(@PathVariable("resID") int resID,
          HttpServletRequest request )
    {    //以下读 Cookie 中保存的 loginname 变量
        String username = WebUtils.getCookie(request,"loginname").getValue();
        String url = r.download(resID, username);  //获取要下载的文件名
        if (url!= null)
          return "redirect:" + request.getContextPath() + "/fileupload/" + url;
              //重定向到文件存放路径完成文件下载
        else
              return "downloadfail";
      }

       /*  --------显示资源的详细信息 */
       @ RequestMapping ( value  =  "/resource/detail/{resourceID}", method  =  RequestMethod.GET)
      public ModelAndView  dispRes(@PathVariable("resourceID") int resID, HttpServletRequest request )
      {
          MyResource a = r.getRes(resID);
          ModelMap modelMap =  new ModelMap();
          modelMap.put("resource", a);
          return new ModelAndView("displayResource", modelMap);
      }
      …//资源搜索请求处理的实现将在第 13 章介绍
    }
```

【说明】

(1) 这里借助类的属性依赖引用容器中定义的 Bean。通过@Resource 注解和定义一个 resourceService 类型的属性 r 引用 Spring 容器中标识为"resourceDAO"的 Bean,在控制器的所有 Mapping 方法中可通过属性 r 访问该 Bean 对象。

(2) 文件上传的目标位置由"/fileupload"虚拟路径映射给出,这里通过 ServletContext 的 getRealPath 方法将其转换为物理路径。通过 HttpServletRequest 对象的 getSession(). getServletContext()方法可得到 ServletContext 对象。

(3) 通过 WebUtils 工具提供的 getCookie 方法读取 Cookie 中存储的用户标识。将来采用 Spring 安全进行用户认证时,将采用另外方式获取用户标识。

【应用经验】由于 MVC 控制器对应 Bean 是在 Web 应用初始化创建,通过@Resource 引用的依赖 Bean 也必须在 Web 环境初始化时创建,且生命周期应该是 singleton 形式。

要在控制器的逻辑中访问其他形式作用域的 Bean,首先用如下办法得到应用环境,进而通过应用环境的 getBean 方法得到 Bean 对象。

```
ApplicationContext ct = RequestContextUtils.getWebApplicationContext(request);
```

7.4 应用界面及表示层设计

以下给出应用系统中部分与资源处理相关的 JSP 页面的设计。使用 JSP 有两种方式,第一种是直接作为页面控制和显示程序,安排在 Web 应用的根路径下;第二种是作为控制器的显示视图,安排在配置视图解析器时指定的文件夹下。

7.4.1 提供资源上传表单的 JSP 页面

图 7-2 为资源上传的应用界面,该 JSP 文件要显示一个上传表单供用户填写上传资源的信息。这里,通过 JSP 标签 useBean 创建"栏目管理"对象,实现资源分类的选择列表。

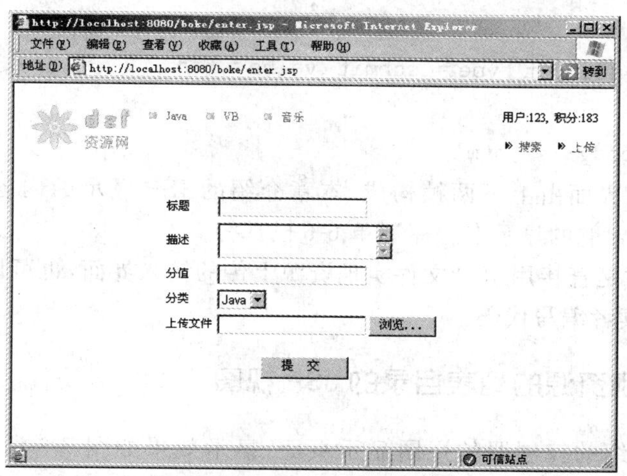

图 7-2 资源上传界面

【程序清单 7-7】文件名为 resource_upload. jsp

```
<%@page contentType="text/html; charset=UTF-8"%>
```

```
<%@page import="java.util.*" %>
<%@page import="chapter4.Column" %>
<jsp:useBean id="columnManager" class="chapter4.ColumnDaoImpl"/>
<html><head>
<link rel="stylesheet" type="text/css" href="css/main.css">
</head> <body><center>
<form method="post" action="resource/upload" enctype="multipart/form-data">
<table width="50%"><tr>
<td>标题</td><td><input type="text" name="titlename"/></td></tr>
<tr><td>描述</td><td>
<TextArea name="description"></TextArea></td></tr>
<tr><td>分值</td><td><input type="text" name="score"/></td></tr>
<% List<Column> x = columnManager.getAll();
  Iterator<Column> k = x.iterator();
%>
<tr><td>分类</td><td>
<select name="classfyID">
<% while (k.hasNext()) {
      Column my = k.next();
%>
<option value=<%=my.getNumber() %>><%=my.getTitle() %></option>
<%} %>
</select>
</td></tr>
<tr><td>上传文件</td><td><input type="file" name="file"/></td>
</tr>
</table><p><input type="submit" value=" 提  交  "/></p>
</form>
</center></body></html>
```

【注意】整个应用界面由上下两帧构成，本章介绍的JSP显示的内容均为下部一帧的内容。上部一帧的内容导航的显示在程序清单6-6已部分介绍。

【思考】上面介绍是直接用JSP文件实现资源上传的输入界面，也可以采用控制器加视图来实现同样功能，请读者编写代码。

7.4.2 显示某类别资源的列表目录的 JSP 视图

该文件为前面介绍的控制器的视图显示页面，显示效果如图7-3所示。程序中用JSTL的forEach标签循环获取来自模型的列表集合中的MyResource对象。

【程序清单7-8】文件名及路径为/WEB-INF/views/listres.jsp

```
<%@page contentType="text/html; charset=UTF-8" %>
<%@ taglib uri="http://java.sun.com/jsp/jstl/core" prefix="c" %>
```

```
<html>
<head><link rel ="stylesheet" type ="text/css" href ="../../css/main.css">
</head>
<body> <table>
<c:forEach  items =" ${resources}"  var ="res">
<tr><td  height ="28" width ="90 %">
<img border ="0" src =" ${pageContext.request.contextPath}/images/circle.gif" />
 <a href =" ${pageContext.request.contextPath}/displayResoure.jsp? id =
        ${res.resourceID}"> ${res.titleName}</a>
</td> </tr>
</c:forEach>
</table> </body> </html>
```

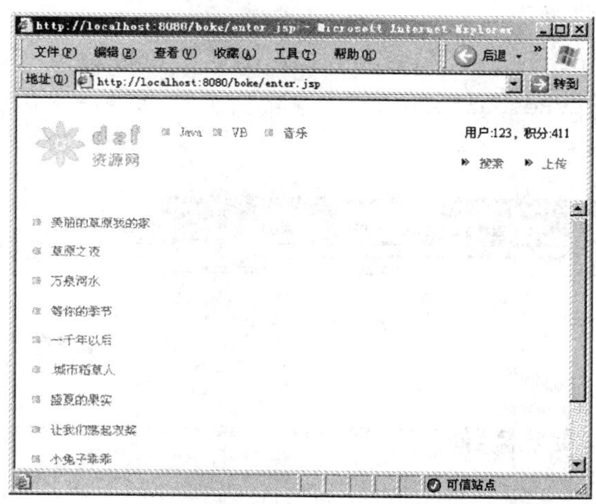

图 7-3　音乐栏目的资源列表

【说明】在资源访问中，使用绝对路径还是相对路径是应用代码中经常面临的选择。这里采用 ${pageContext.request.contextPath}得到应用的根路径，相对根路径访问资源路径容易计算。也可以使用相对路径的办法，相对路径要根据控制器的 Mapping 路径的相对值来进行计算。该视图的控制器的 Mapping 为 resource/detail/{id}，所以要经过两级向上路径才能到达应用根路径，本例 CSS 样式表的链接就是采用相对路径的方式。

【应用经验】一般情况下尽量使用绝对路径，因为一个视图有时要供多个控制器显示调用，而这些控制器的访问路径映射层次可能有差异。

7.4.3　显示要下载资源详细信息的 JSP 视图

该文件对应的控制器 Mapping 为/resource/detail/{resourceID}。它将根据模型中存放的资源对象显示资源的详细信息，图 7-4 为显示结果界面。

【程序清单 7-9】文件名 displayResoure.jsp

```
<%@page contentType ="text/html; charset = UTF-8" %>
<%@ taglib uri ="http://java.sun.com/jsp/jstl/core" prefix ="c" %>
```

```
<%@page import="chapter7.MyResource" %>
<html>
<head><link rel="stylesheet" type="text/css" href="../../css/main.css">
</head>
<body>
<table width="100%"><tr>
<td width=40><font color="green">标题:</font></td>
<td>${resource.getTitleName()}</td></tr>
<tr><td width=40><font color="green">描述:</font></td>
<td>${resource.getDescription()}</td></tr>
<tr><td width=40><font color="green">分值:</font></td>
<td>${resource.getScore()}</td></tr>
</table> <br/>
<img border="0" src="../../images/122.gif" > <a href="../../resource/
download/${resource.getResourceID()}">下载文件</a>
</body></html>
```

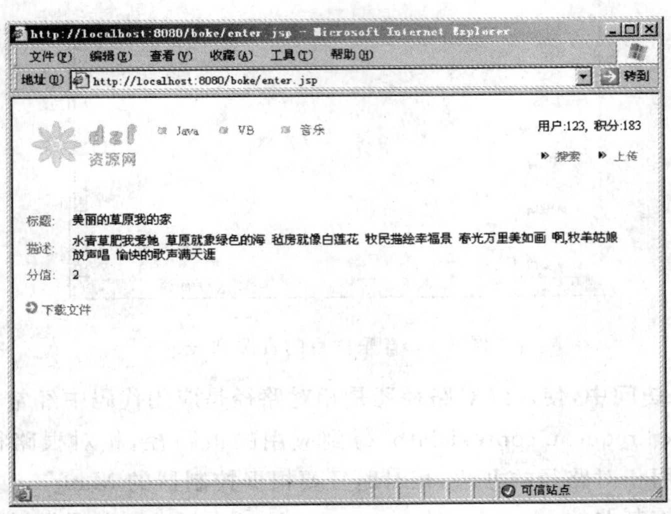

图 7-4 显示资源的详细信息

【说明】文件中图片和超链均用相对路径,读者可根据上一例的方法改为绝对路径。

7.5 数据的分页显示处理

实际应用中当显示数据量多时,经常要进行分页浏览显示。以下仍用 7.4.2 节中介绍的查找显示某类别资源目录列表的应用为例进行分页处理。为了提高效率,我们给业务逻辑增加资源分页提取的功能,这样,控制器只要提供简单的调用即可。实际上,也可以考虑由控制器对查到的结果进行分页过滤,提取指定页的内容,读者可自行设计。

7.5.1 业务逻辑方法的改写

将前面介绍的查询某类资源目录的方法要进行改写，不妨用 list2 表示，该方法要能从某类别资源中过滤出某页要显示的资源，这里假定每页的大小固定为 8 条数据记录。编程时有两种实现提取指定页记录的办法：一种是先查询得到该类别资源的所有记录，然后通过记录指针的定位，提取指定页的那些记录；另一种是直接通过 SQL 语句一次性限制将指定页的记录提取出来。显然，第二种办法更为高效，其中的关键是 SQL 语句的描述，利用 top 关键词可从查询中获取顶部的若干条记录，首先注意限制过滤掉 page 页之前的那些记录，然后，从剩下的记录中取头 8 条记录。

【程序清单 7-10】业务逻辑的添加处理

```
public List<MyResource> list2(int classfyID,int page)  //列某类资源第 page 页
{
    List<MyResource> m = jdbcTemplate.query(
            "select top 8 * from resource where classfyID =" + classfyID +
            " and resourceID not in (select " + " top " + (1 + 8 * (page-1)) +
            "  resourceID from resource where classfyID =" + classfyID + ")",
        new RowMapper<MyResource>() {
            public MyResource mapRow(ResultSet rs, int rowNum)
                throws SQLException {
              MyResource r = new MyResource();
              r.setResourceID(rs.getInt("resourceID"));
              r.setTitleName(rs.getString("titleName"));
              r.setDescription(rs.getString("description"));
              r.setScore(rs.getInt("score"));
              r.setFiletype(rs.getString("filetype"));
              return r;
            }
        });
    return m;
}
```

【应用经验】有的数据库(例如：MySQL)不支持 top 表示形式，可用“limit startpos,pagesize”来限制起始记录和页的大小。注意，第 1 条记录对应的 startpos 值为 0。

这时本例的 sql 串可写成"SELECT * from resource where classfyID="+classfyID+" limit "+(8*(pageNo-1))+",8"。

另外，为了方便计算总页数，再增加一个获取某类资源的总记录条数的方法。

```
public int getAmount(int classfyID){
  return jdbcTemplate.queryForObject ("select count( * ) from resource where
          classfyID = " + classfyID, Integer.class);
}
```

7.5.2 控制器的改写

在 MVC 控制器的路径映射设计中除了要传递资源类别外、还要传递分页信息，这里，出于简单，页的大小固定为 8，总页数可根据资源总数计算得到，所以只需要传递页码。

【程序清单 7-11】控制器的添加处理（文件名为 ResourceController.java）

```
@RequestMapping(value = "/resource/class/{classID}/page/{pageNo}", method =
RequestMethod.GET)
public ModelAndView  pagelist(
    @PathVariable("classID") int classID,  //资源类别
    @PathVariable("pageNo") int pageNo,  //页码
    HttpServletRequest request)
{
    int size = r.getAmount(classID); // 获取该类资源的总数量
    List<MyResource> rlist = rs.list2(classID,pageNo);
                                                //获取某页的资源目录列表
    ModelMap modelMap =  new ModelMap();
    modelMap.put("classID", classID);  //将相关信息保存到模型中
    modelMap.put("totalpage", (int)(Math.ceil(size/8.0)));  //计算总页数
    modelMap.put("page", pageNo);
    modelMap.put("resources", rlist);
    return new ModelAndView("listres2", modelMap);
}
```

7.5.3 分页显示视图设计

视图将根据模型数据显示当前页的资源条目，并显示分页查找的操作超链等信息。

【程序清单 7-12】文件名为 listres2.jsp

```
<%@page contentType="text/html; charset=UTF-8"%>
<%@ taglib uri="http://java.sun.com/jsp/jstl/core" prefix="c" %>
<html><head>
<c:set var="path" value="${pageContext.request.contextPath}"/>
<link rel="stylesheet" type="text/css" href="${path}/css/main.css">
</head> <body> <table>
<c:forEach items="${resources}" var="res">
<tr><td  height="28" width="90%">
<img border=0 src="${path}/images/circle.gif"/> 
<a href="${path}/resource/detail/${res.resourceID}">${res.titleName}</a>
</td> </tr>
</c:forEach>
</table>
```

```
<p align="center">目前是第 ${page}页  
<a href=" ${path}/resource/class/ ${classID}/page/1">第 1 页</a> 
<c:if test=" ${page>1}">
<a href=" ${path}/resource/class/ ${classID}/page/ ${page-1}">
上一页</a> 
</c:if>
<c:if test=" ${page<totalpage}">
<a href=" ${path}/resource/class/ ${classID}/page/ ${page+1}"> 下一页</a> 
</c:if>
  <a href=" ${path}/resource/class/ ${classID}/page/ ${totalpage}">最后页</a> 共有 ${totalpage}页</p>
</body> </html>
```

【说明】这里分页超链显示时使用了<c:if>进行判定，当前页为第 1 页时无“上一页”。当前页为最后页时无“下一页”。

要访问某页资源列表可发送 URL 请求给 MVC 控制器完成资源显示。以下为访问举例：

http://localhost:8080/boke/resource/class/11/page/2

访问结果如图 7-5 所示。

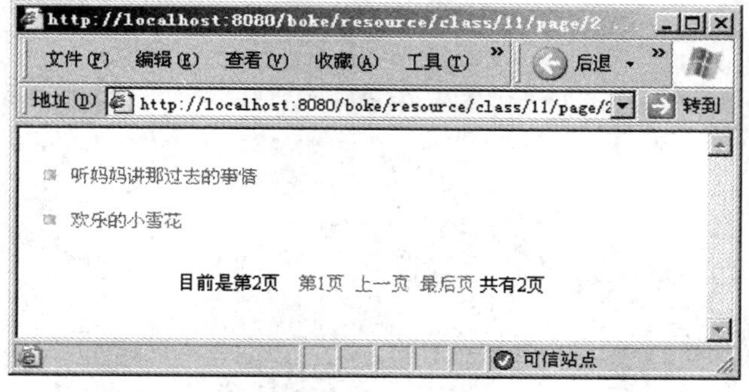

图 7-5 分页查询

实现分页也常通过 URL 参数来传递页码和页的大小信息，例如：

/resource/class/11? page=2&pagesize=10

读者可思考该方案如何编程。

本章小结

本章结合资源管理的应用设计，介绍了用 Spring MVC 进行应用开发的具体设计过程。包括应用配置、业务逻辑的设计、控制器的设计、视图的设计等。最后给出了对查询结果的分页显示处理的技术处理方法。尤其要注意的是对上传资源文件的命名转换处理。读者可在本章内容的基础上增加给资源评星级、写评语等功能。

第 2 篇

Spring 高级编程概念讨论篇

第8章　Spring的AOP编程

传统的面向对象编程技术通过模块化把一系列问题抽象成对象，把一个庞大的系统拆分成各个模块。但是，当需要为分散的、不具有继承层次的对象引入公共行为时，OOP 则陷入了困境，无法避免代码重复。于是，一种新的编程思想 AOP 应运而生。AOP 技术通过方法拦截的方式解决了这个问题，在每个方法调用前后调用公共行为。

AOP(Aspect Oriented Programming)全称为面向切面(Aspect)的编程，是一种设计模式，用于实现一个系统中的某一个方面的应用。

AOP 为开发人员提供了一种描述横切关注点的机制，并能够自动将横切关注点织入到面向对象的软件系统，体现了“分而治之”的思想，实现了横切关注点的模块化，AOP 是 OOP 的强有力的补充，是一种“后面向对象时代”的程序设计技术。

8.1　AOP 概述

用 Java 实现 AOP 成为最佳选择，AspectJ 是一个面向切面的框架，从 Spring 2.0 开始，Spring AOP 已经引入了对 AspectJ 的支持。使用 Spring 3.0 的 AOP 基本功能除了引入 Spring 框架提供的 AOP 包外(aop 包和 aspects 包)，还需要将 aopalliance.jar 和 aspectJ 的 aspectjweaver.jar 和 aspectjrt-1.5.3.jar 引进来。如果采用 CGLIB 做代理需要引入 cglib-nodep-2.2.jar。

除此之外，还需要 Spring3 框架的基础 jar 文件。如 beans 包、context 包、core 包、expression 包。

此外，还需要 log 日志相关的 jar 文件的支持。如 commons-logging-1.1.1.jar 和 log4j-1.2.16.jar。

AOP 将应用系统分为核心业务逻辑及横向的通用逻辑两部分。像日志记录、事务处理、权限控制等“切面”的功能，都可以用 AOP 来实现，使这些额外功能和真正的业务逻辑分离开来。

8.1.1　AOP 的术语

AOP 的术语描述了 AOP 编程的各个方面，其逻辑关系如图 8-1 所示。

- 切面(Aspect)：描述的是一个应用系统的某一个方面或领域，例如日志、事务、权限检查等。切面和类非常相似，对连接点、切入点、通知及类型间声明进行封装。
- 连接点(Joinpoint)：连接点是应用程序执行过程中插入切面的点，这些点可能是方法的调用、异常抛出或字段的修改等。Spring 只支持方法的 Joinpoint，也就是 Advice 将

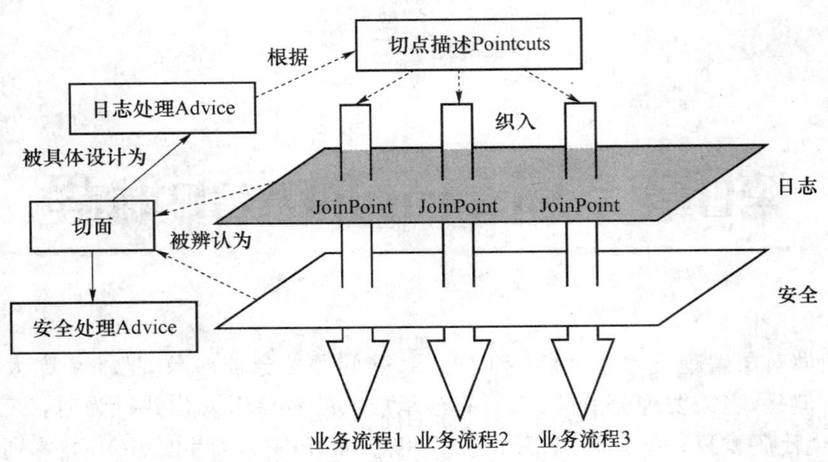

图 8-1 AOP 概念的逻辑关系示意图

在方法执行的前后被应用。

- 通知(Advice):表示切面的行为,具体表现为实现切面逻辑的一个方法。常见通知有 before、after 及 around 等。before 和 after 分别表示通知在连接点的前面或者后面执行,around 则表示通知在连接点的外面执行,并可以决定是否执行此连接点。Throws 通知在方法抛出异常时执行。
- 切入点(Pointcut):切入点指定了通知应当应用在哪些连接点上,Pointcut 切点通过正则表达式定义方法集合。切入点由一系列切入点指示符通过逻辑运算组合得到,AspeetJ 的常用切入点指示符包括 execution、call、initialization、handler、get、set、this、target、args、within 等。
- 目标对象(Target):目标对象是指被通知的对象,它是一个普通的业务对象,如果没有 AOP,那么它其中可能包含大量的非核心业务逻辑代码,例如日志、事务等,而如果使用了 AOP 则其中只有核心的业务逻辑代码。注意,Spring 中 Target 必须实现预先定义好的接口,这样才会使用 Proxy 进行动态代理。
- 代理(Proxy):代理是指将通知应用到目标对象后形成的新的对象。它实现了与目标对象一样的功能,在 Spring 中,AOP 代理可以是 JDK 动态代理或 CGLIB 代理。如果目标对象没有实现任何接口,那么 Spring 将使用 CGLIB 来实现代理。如果目标对象实现了一个以上的接口,那么 Spring 将使用 JDK Proxy 来实现代理,因为 Spring 默认使用的就是 JDK Proxy,这符合 Spring 提倡面向接口编程的思想。
- 织入(Weaving):织入是指将切面应用到目标对象从而建立一个新的代理对象的过程,切面在指定的接入点被织入目标对象中,织入一般可发生在对象的编译期、类装载期或运行期,而 Spring 的 AOP 采用的是运行期织入。

8.1.2 AOP 的优点

AOP 正是通过对传统 OOP 设计方法学的改进,进一步完善了重用性、灵活性和可扩展性的软件工程设计目标,具有广阔的应用前景,其优点归纳为以下几点。

(1) 代码集中。解决了由于 OOP 跨模块造成的代码纠缠和代码分散问题。

(2) 模块化横切关注点。核心业务级关注点与横切关注点分离开,降低横切模块与核心模块的耦合度，实现了软件工程中的高内聚、低耦合的要求。增强了程序的可读性，并且使系统更容易维护。

(3) 系统容易扩展。AOP 的基本业务模块不知道横切关注点的存在，很容易通过建立新的切面加入新的功能。另外，当系统中加入新的模块时，已有的切面自动横切进来，使系统易于扩展。

(4) 提高代码重用性。AOP 把每个 Aspect 实现为独立的模块，模块之间松散耦合，意味着更高的代码重用性。

8.1.3 AspectJ 的切点表达式函数

通过 pointcut 定义横切时会有哪些执行点会被匹配识别到，在这些匹配点执行相应的 Advice。AspectJ 的切点表达式由关键字和操作参数组成，例如，以下切点表达式：

```
execution( * chapter8.moniter.print (..))
```

其中，"execution"为关键字，而"* chapter8. moniter. print(..)"为操作参数，它是一个"正则表达式"，描述目标方法的匹配模式串，指定在哪些方法执行时织入 Advice。这里表示 chapter8 包下，返回值为任意类型，类名为 moniter，方法名为 print，参数不作限制的方法。

为了描述方便，不妨将 execution()称作函数，而将匹配串称作函数的入参。正则表达式中的一些特殊符号见表 8-1。

表 8-1 切入表达式中特殊符号

符号	描述
.	匹配除换行符外的任意单个字符
*	匹配任何类型的参数串
..	匹配任意的参数，0 到多个。

Spring 支持 9 个@AspectJ 切点表达式函数，它们用不同的方式描述目标类的连接点，根据描述对象的不同，可以将它们大致分为 4 种类型，见表 8-2。

(1) 方法切点函数：通过描述目标类方法信息来定义连接点。

(2) 方法入参切点函数：通过描述目标类方法入参的信息来定义连接点。

(3) 目标类切点函数：通过描述目标类类型信息来定义连接点。

(4) 代理类切点函数：通过描述目标类的代理类的信息来定义连接点。

表 8-2 切点函数

类别	函数	入参	说明
方法切点函数	execution()	方法匹配模式串	表示满足某一匹配模式的所有目标类方法连接点
	@annotation()	方法注解类名	表示标注了特定注解的目标方法连接点
方法入参切点函数	args()	类名	通过判别目标类方法运行时入参对象的类型定义指定连接点
	@args()	类型注解类名	通过判别目标方法的运行时入参对象的类是否标注特定注解来指定连接点

续表

类别	函数	入参	说明
目标类切点函数	within()	类名匹配串	限制在特定域下的所有连接点。如 within(ecjtu. service. *)表示 ecjtu. service 包中的所有连接点,即包中所有类的所有方法
	target()	类名	限制匹配的连接点其对应的被代理的目标对象为给定类型的实例
	@within()	类型注解类名	如@within(ecjtu. Monitor)定义的切点,假如 Y 类标注了@Monitor 注解,则 Y 的所有连接点都匹配这个切点
	@target()	类型注解类名	目标类标注了特定注解,则目标类所有连接点匹配该切点
代理类切点函数	this()	类名	限制匹配的连接点其对应的 Spring AOP 代理 Bean 引用为给定类型的实例

例如:

execution(* set * (..)) 表示执行任何以 set 作为前缀的方法。

within(com. service. *) 表示执行 service 包中的任何连接点的方法。

this(com. service. AccountService) 表示以 AccountService 接口对象作为代理的连接点在 Spring AOP 中执行。

另外,Spring AOP 还提供了名为 bean 的切点指示符,用于指定 Bean 实例的连接点。定义表达式时需要传入 Bean 的 id 或 name。表达式参数允许使用“ * ”通配符。

例如,bean(* book)表示匹配所有名字以 book 结尾的 Bean。但该标识只能限制到 Bean 对象,要匹配 Bean 的某个方法可以通过 args 参数进行指定。例如:

```
@Before("bean(sampleBean)&&args()")
```

表示给 sampleBean 所代表对象的所有无参方法执行前加入切面逻辑。

8.1.4 Spring 中用注解方式建立 AOP 应用的基本步骤

(1) 建立目标类及业务接口。

(2) 通过 Bean 的注入配置定义目标类 Bean 实例。

(3) 通过注解定义切面逻辑,配置目标类的代理对象(织入通知形成代理对象)。

(4) 获取代理对象,调用其中的业务方法。

【注意】AOP 代理其实是由 AOP 框架动态生成的一个对象,该对象可作为目标对象使用。AOP 代理包含了目标对象的全部方法,但 AOP 代理的方法与目标对象的方法存在差异,AOP 方法添加了切面逻辑进行额外处理,并回调了目标对象的方法。

8.2 简单 AOP 应用示例

Spring AOP 有三种使用方式,它们分别是:基于@Aspect 注解(Annotation)的方式;基于 XML 模式配置的方式;基于底层的 Spring AOP API 编程的方式。

基于@Aspect 注解的方式是最明了的方式,本书仅介绍该方式, 其实现方便易懂,代码具有较好的弹性。基于 XML 模式来实现 AOP 只是将 AOP 的配置信息移到 XML 配置文件里，具体配置方法见相关 Spring 文档。在 Spring 1.2 中使用底层的 Spring AOP API 来实现 AOP，Spring 3 也完全兼容该方式。

以下通过示例来解释 Spring AOP 的 Advice 。示例含名为“adviceContext. xml”的 Bean 配置文件。

1. 配置文件

【程序清单 8-1】文件名为 adviceContext. xml

```
<? xml version = "1.0" encoding = "UTF-8"? >
<beans xmlns = "http://www.springframework.org/schema/beans"
xmlns:xsi = "http://www.w3.org/2001/XMLSchema-instance"
xmlns:aop = "http://www.springframework.org/schema/aop"
xmlns:context = "http://www.springframework.org/schema/context"
xsi:schemaLocation = "http://www.springframework.org/schema/beans
http://www.springframework.org/schema/beans/spring-beans.xsd
http://www.springframework.org/schema/context
http://www.springframework.org/schema/context/spring-context-3.0.xsd
http://www.springframework.org/schema/aop
http://www.springframework.org/schema/aop/spring-aop.xsd">
    <context:component-scan base-package = "chapter8" />
    <aop:aspectj-autoproxy />
    <bean id = "sampleBean" class = "chapter8.work"/>
</beans>
```

其中，除名空间外的具体三行配置的作用如下：

- 第一行的“component-scan”标签定义部件的扫描目录，目录下可通过注解定义切面逻辑和 Bean 等。
- <aop:aspectj-autoproxy/>用于启用对@AspectJ 注解的支持。自动为 Spring 容器中那些配置@aspectJ 切面的 bean 创建代理，织入切面。其含有 proxy-target-class 属性，默认为 false，表示使用 JDK 动态代理织入切面逻辑，为 true 时，表示使用 CGLib 动态代理技术织入切面逻辑。不过即使 proxy-target-class 设置为 false，如果目标类没有声明接口，则 Spring 将自动使用 CGLib 动态代理。
- <bean id="sampleBean" class="chapter8. work"/>通过 XML 配置方式定义计划加入切面逻辑的 Bean，Spring 将自动为匹配满足 Aspect 切面定义的 Bean 建立代理。

2. 业务逻辑接口

【程序清单 8-2】文件名为 Sample. java

```
package chapter8;
public interface Sample {
    public void some() ;
    public void other(String s) throws Exception ;
}
```

注意，为了让 Spring 自动利用 JDK 的代理功能，定义接口有必要。用接口定义业务规范也是良好的程序设计风格。

3. 业务逻辑实现

【程序清单 8-3】业务逻辑实现(文件名为 work.java)

```
package chapter8;
public class work implements Sample{
    public void some() {
        System.out.println("do something ..");
    }
    public void other(String s) throws Exception {
        System.out.println(s);
        throw new Exception("something is wrong.");
    }
}
```

4. 切面逻辑

【程序清单 8-4】文件名为 Aspectlogic.java

```
package chapter8;
import org.aspectj.lang.JoinPoint;
import org.aspectj.lang.annotation.*
import org.springframework.stereotype.Component;
@Aspect
@Component  //实现切面在 IoC 容器中的注册
public class  Aspectlogic {
    /* 声明 Before Advice ,并直接指定切入点表达式,也就是 chapter8 包下 work 类的
some 方法作为切入点 ,在该方法执行前执行切面逻辑 */
  @Before("execution( * chapter8.work.some(..))")
  public void execute()  { //切面逻辑的方法
    System.out.println("Before Method started excuting..");
  }
}
```

其中：

- @Aspect 用于告诉 Spring 这个是一个需要织入的类,@Component 注解符定义该类为 Spring Bean,并将该 Bean 作为切面处理。
- @ Before 用以声明 Before Advice ,Advice 在其切点表达式中定义的方法之前执行。Pointcut 表达式中的 * 可匹配任何访问修饰和任何返回类型。方法参数列表中的“..”可匹配任何数目的方法参数。

也可以先用@Pointcut 定义切入点表达式,再将其应用到通知定义中,这样的好处是一次定义,以后可多处使用,具体代码如下：

```
public class  Aspectlogic {
    //定义切入点
    @Pointcut("execution( * chapter8.work.some(..))")
    public void mypoint() {  }  //用来标注切入点的方法必须是一个空方法
```

```
    //以下利用切入点定义 Before 通知
    @Before("mypoint()")    //也可写成@Before(pointcut = "mypoint()")
    public void execute()  {  //切面逻辑的方法
      System.out.println("Before Method started excuting...");
    }
}
```

5. 测试调用

以下建立一名为"Tester"的测试类,用于测试 Before 通知的执行。

【程序清单 8-5】测试程序(文件名为 Tester.java)

```
package chapter8;
import org.springframework.context.ApplicationContext;
import org.springframework.context.support.ClassPathXmlApplicationContext;
public class Tester {
    public static void main(String[ ] args) {
        ApplicationContext context  =  new
            ClassPathXmlApplicationContext( "adviceContext.xml");
        Sample sample  =  (Sample) context.getBean("sampleBean");
        sample.some();
        try {
            sample.other("hello");
        } catch (Exception e) {
                System.out.println("have Exception!");
          }
    }
}
```

【输出结果】运行 Tester 应用程序,结果如下:

Before Method started excuting...

do something ..

hello

have Exception!

从结果可以看出,在执行方法 some()前先执行了切面逻辑。Spring 将根据@Aspect 的定义查找满足切点表达式的方法调用,在调用相应方法的前后加入切面逻辑,如图 8-2 所示。

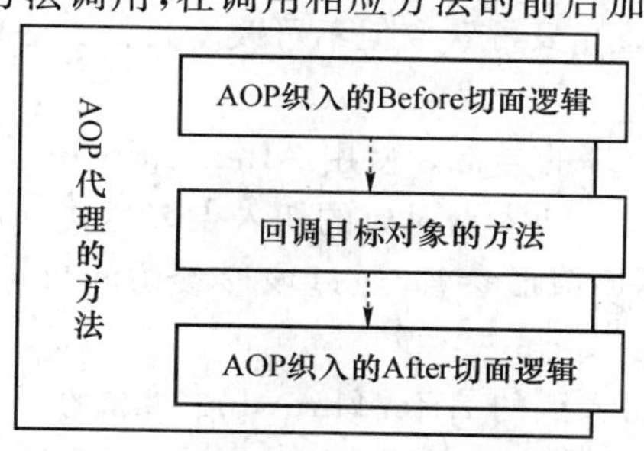

图 8-2　AOP 代理的方法与目标对象的方法的逻辑关系

【应用经验】getBean("sampleBean")不能采用 getBean("sampleBean", work.class)的办法,这里,实际的 sampleBean 的 Bean 被 Spring 产生的代理取代。所以,它的类型不是 work。因此,出于 AOP 的设计考虑,程序中获取 Bean 的方法最好采用本例中的强制转换形式。

8.3 Spring 切面定义说明

8.3.1 Spring 的通知类型

Spring 可定义 5 类通知。它们是:Before 通知,AfterReturning 通知,AfterThrowing 通知,After 通知,Around 通知。在同时定义了多个通知时,通知的执行次序与优先级有关,以下为通知优先级由低到高的顺序:

Before 通知→Around 通知→AfterReturning 通知→After 通知

AfterThrowing 通知和 After 通知为相同优先次序。在进入连接点时,最高优先级的通知先被织入。在退出连接点时,最高优先级的通知最后被织入。同一切面类中两个相同类型的通知在同一个连接点被织入时,Spring 一般按通知定义的先后顺序来决定织入顺序。

1. @Before 通知

该通知在其切点表达式中定义的方法之前执行。Befor 通知处理前,目标方法还未执行,所以使用 Before 通知无法返回目标方法的返回值。

2. @AfterReturning 通知

该通知在切点表达式中定义的方法后执行。使用该通知时可指定如下属性:

- pointcut/value:这两个属性一样,用来指定切入点对应的切入点表达式,可以是已定义的切入点,也可直接定义切入点表达式。
- returning:指定一个返回值形参名,通过该形参可访问目标方法的返回值。

以下为引用前面定义的切入点的 AfterReturning 通知的使用样例:

```
@AfterReturning(pointcut ="mypoint()", returning="r")
public void afterReturningAdvice(String r) {
     if (r != null)
       System.out.println("return result= "+r );
     System.out.print("returning String is : " + r);
}
```

【说明】由于 some 方法的返回为 null,所以最后执行结果输出如下:

returning String is : null

【注意】AfterReturning 通知只可获取但不可改变目标方法的返回值。

3. @AfterThrowing 通知

主要用于处理程序中未处理的异常。使用 AfterThrowing 通知可指定如下属性:

- pointcut/value:用来指定切入点对应的切入点表达式。
- throwing:指定一个返回值形参名,通过该形参访问目标方法中抛出但未处理的异常对象。

以下为引用前面定义的切入点的 AfterThrowing 通知的使用样例:

```
@AfterThrowing(pointcut="mypoint()",throwing="e")
```

```java
public void afterThrowingAdvice(Exception e) {
    System.out.print("exception msg is : " + e.getMessage());
}
```

【说明】该切面逻辑不会被执行,因为切入点是 some 方法,而 some 方法不会产生异常。

【思考】如何修改切点表达式,让 other 方法在抛出异常时执行切面逻辑?

4. @After 通知

与@AfterReturning 通知类似,但也有区别:@AfterReturning 通知只有在目标方法成功执行完毕后才会被织入,而 After 通知不管目标方法是正常结束还是异常中止,均会被织入。所以 After 通知通常用于释放资源。

5. @Around 通知

Around 通知功能比较强大,近似等于 Before 通知和@AfterReturning 通知的总和,但与它们不同的是,Around 通知还可决定目标方法什么时候执行,如何执行,甚至可阻止目标方法的执行。Around 通知可以改变目标方法的参数值,也可以改变目标方法的返回值。

在定义 Around 通知的切面逻辑方法时,必须给方法至少加入 ProceedingJoinPoint 类型的参数,在方法内调用 ProceedingJoinPoint 的 proceed()方法才会执行目标方法。

调用 ProceedingJoinPoint 的 proceed()方法时,还可以传入一个 Object[]对象,该数组中的数据将作为目标方法的实参。

以下为具体举例:

```java
@Around( value = "mypoint()" )
public Object process(ProceedingJoinPoint pj) {
    Object res = null;
    try {
        res = pj.proceed(new String[]{"新参数"});
    } catch (Throwable e) {
        e.printStackTrace();
    }
    System.out.println("结果 =" + res);
    return res + "更改" ;
}
```

【说明】由于切点表达式定义的切入点的 some 中不含参数和返回结果,所以会有异常输出,可修改该方法,让其有参数,再观察输出结果。

8.3.2 访问目标方法的参数

访问目标方法最简单的做法是在定义通知时将第一个参数定义为 JoinPoint 类型的参数,该 JoinPoint 参数就代表了织入通知的连接点,JoinPoint 内包含如下常用方法,通过它们可传递信息:

- Object[] getArgs():返回执行目标方法时的参数。
- Signature getSignature():返回切面逻辑方法的相关信息。
- Object getTarget():返回被织入切面逻辑的目标对象。
- Object getThis():返回 AOP 框架为目标对象生成的代理对象。

例如，在程序清单 8-4 中加入如下通知定义，可获取目标方法的相关信息。

```
@After("mypoint()")
public void execute2(JoinPoint jp)  {
    System.out.println("After 切入点的操作信息:" + jp.getTarget() +
        "\n 方法调用参数:" + jp.getArgs() + "\n 当前代理对象:" + jp.getThis() +
        "\n 方法的签名:" + jp.getSignature().getName());
}
```

【输出结果】

After 切入点的操作信息：chapter8. work@888e6c

方法调用参数：[Ljava. lang. Object;@100363

当前代理对象：chapter8. work@888e6c

方法的签名：some

Spring 还可以通过通知定义中的 args 方法来获取目标方法的参数。如果在一个 args 表达式中指定了一个或多个参数，则该切入点将只匹配具有对应形参的方法。

以下的通知定义中，由于切入点的 some 方法是一个无参方法，和通知的定义不能匹配，所以下面的切面逻辑不会被执行。

```
@After("mypoint() && args(str)")
public void AfterAdviceWithArg(String str) {
    System.out.println("after advice with arg is executed! arg is : " + str);
}
```

【练习】读者可修改 some 方法，给其加入一个参数，观察执行效果。

8.4 利用 AOP 获取用户兴趣

在 Web 智能应用中常常需要关注用户的兴趣，例如，在资源查询应用中，用户输入关键词，则期望将结果按某个顺序排序输出，这时，可以结合用户兴趣来进行排序。

如何获取用户兴趣定位在哪类资源呢？可从用户的下载过程中获取，当用户下载某资源时，说明用户对该资源感兴趣，可以在相应处理方法中加入切面逻辑来记录用户兴趣。

```
@Aspect
@Component
public class interest_log{
    @Before("execution( * .download(..)) && args(resourceID,userid,..)")
    public void  log(int resourceID,String userid)  {
        // 根据资源的 resourceID 查找资源类别 x
        // 记录用户对某类资源感兴趣(userid , x)
    }
}
```

【说明】用@Before 通知定义切面逻辑，在业务逻辑中 download 方法执行前插入执行 log 方法，从而实现用户兴趣的记录。这样，只要有对 download 方法调用的地方将自动插入执行 log 方法。

本章小结

本章介绍了 AOP 的概念，对相关术语进行了详细解释。给出了 AspectJ 的切点表达式的书写形式，重点就 Spring 3 中注解形式的 AOP 编程方法进行了讨论。读者可实现一个简单网络考试系统，并利用 AOP 实现对学生考试过程的监控，可观察到哪些同学正在考试、哪些已交卷。

第9章 Spring的安全访问控制

在 Web 应用开发中，安全一直是非常重要的方面。Spring Security 基于 Spring 框架，提供了一套 Web 应用安全的完整解决方案。一般来说，Web 应用的安全性包括用户认证（Authentication）和用户授权（Authorization）两个部分。用户认证指的是验证某个用户是否为系统中的合法主体，也就是说用户能否访问该系统。用户授权指的是验证某个用户是否有权限执行某个操作。本书重点围绕实际应用中使用广泛的 http 用户安全认证和基于 URL 的授权保护进行介绍。

9.1 Spring Security 简介

9.1.1 Spring Security 整体控制框架

Spring Security 提供了强大而灵活的企业级安全服务，如认证授权机制、Web 资源访问控制、业务方法调用访问控制、领域对象访问控制（ACL）、单点登录、X509 认证、信道安全管理等功能。

Spring Security 支持各种身份验证模式：HTTP BASIC authentication headers ；

HTTP Digest authentication headers；HTTP X. 509 client certificate exchange；LDAP；Form-based authentication；OpenID authentication；Java Authentication and Authorization Service (JAAS)；Kerberos；……

在授权方面主要有三个领域：授权 Web 请求，授权被调用方法，授权访问单个对象的实例。Spring Security 在所有这些领域都提供了完备的能力。

Spring Security 的 Web 架构是完全基于标准的 Servlet 过滤器的。把 Spring Security 引入到 Web 应用中来，是通过在 web. xml 添加一个过滤器代理来实现的。Spring Security 使用的是 Servlet 规范中标准的过滤器机制，实际上是使用多个过滤器形成的链条来工作的。这些过滤器已经被 Spring 容器默认内置注册。对于特定的请求，Spring Security 的过滤器会检查该请求是否通过认证以及当前用户是否有足够的权限来访问此资源。对于非法的请求，过滤器会跳转到指定页面让用户进行认证，或是返回出错信息。

Spring 的安全应用是基于 AOP 实现的。因此，调试应用程序时不妨将 Spring 安全框架的所有包引入，另外还要引入 AOP 的包（cglib-nodep-2. 1_3. jar、aspectjweaver. jar、aspectjrt. jar、aopalliance. jar）。当然 Spring 框架的包也是必须的。

Spring Security 框架的主要组成部分是安全代理、认证管理、访问决策管理、运行身份管理和调用后管理等，Spring Security 对访问对象的整体控制框架如图 9-1 所示。

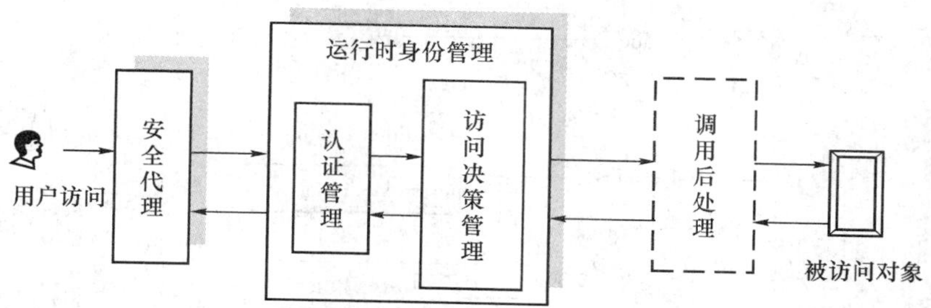

图 9-1 Spring Security 对访问对象的安全控制过程

- 安全代理：拦截用户的请求，并协同调用其他安全管理器实现安全控制。
- 认证管理：确认用户的主体和凭证。
- 访问决策管理：考虑合法的主体和凭证的权限是否和受保护资源定义的权限一致。
- 运行时身份管理：确认当前的主体和凭证的权限在访问保护资源的权限变化适应。
- 调用后管理：确认主体和凭证的权限是否被允许查看保护资源返回的数据。

9.1.2 Spring Security 的过滤器

以下按照安全检查中过滤器的执行次序来介绍 Spring Security 的过滤器。

- HttpSessionContextIntegrationFilter：将安全上下文记录到 Session 中。
- LogoutFilter：处理用户注销请求。
- AuthenticationProcessingFilter：处理来自 form 的登录。
- DefaultLoginPageGeneratingFilter：生成一个默认的登录页面。
- BasicProcessingFilter：用于进行 basic 验证。
- SecurityContextHolderAwareRequestFilter：用来包装客户的请求，为后续程序提供一些额外的数据。例如，getRemoteUser()可获得当前登录的用户名。
- RememberMeProcessingFilter：实现 RememberMe 功能。
- AnonymousProcessingFilter：当用户没有登录时，分配匿名账户的角色。
- ExceptionTranslationFilter：处理 FilterSecurityInterceptor 抛出的异常，然后将请求重定向到对应页面，或返回对应的响应错误代码。
- SessionFixationProtectionFilter：防御会话伪造攻击，解决办法是每次用户登录重新生成一个 session。在 http 元素中添加 session-fixation-protection="none"属性即可。
- FilterSecurityInterceptor：实现用户的权限控制。

Servlet 请求按照一定的顺序穿过整个过滤器链，最终到达目标 Servlet。当 Servelt 处理完请求并返回一个 response 时，过滤器链按照相反的顺序再次穿过所有的过滤器。如图 9-2 所示。

9.2 最简单的 HTTP 安全认证

一般来说，Web 应用的很多功能均需要登录才能进行访问。用户一般都有自己的角色，某些页面只有特定角色的用户可以访问。

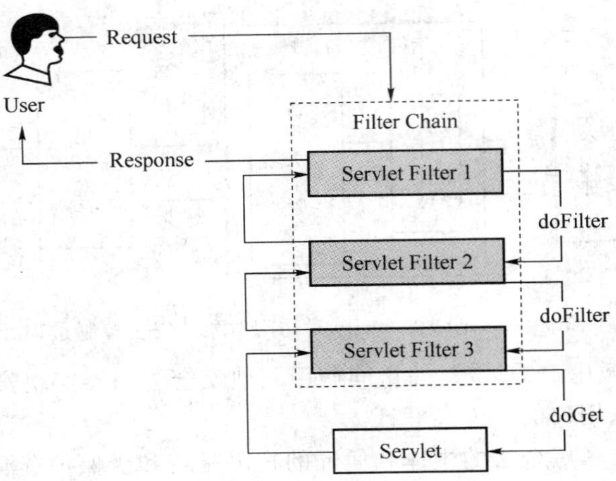

图 9-2 Servlet 过滤链的执行流程

9.2.1 利用 Spring Security 提供的登录页面

要实施 Spring 安全除了引入相关包到应用的 lib 目录外，还有就是要在配置文件中进行相关配置。

1. web. xml 配置文件

为了能实施安全监管，必须通过 ContextLoaderListener 监听器装载 Spring 应用的安全设置，并通过配置安全代理实现安全控制，由安全代理实现应用环境的装载。FilterChainProxy 会按顺序调用一组 filter，既可完成验证授权的工作，又能利用 Spring IoC 得到其他依赖的资源。以下为 web. xml 的具体配置代码。

【程序清单 9-1】文件名为 web. xml

```
<? xml version="1.0" encoding="UTF-8"? >
<web-app version="2.5" xmlns="http://java.sun.com/xml/ns/javaee" xmlns:xsi="
http://www.w3.org/2001/XMLSchema-instance" xsi:schemaLocation="http://java.sun.
com/xml/ns/javaee http://java.sun.com/xml/ns/javaee/web-app_2_5.xsd">
    <!--Spring 的 Application Context 全局配置的载入 -->
<context-param>
    <param-name>contextConfigLocation</param-name>
    <param-value>/WEB-INF/security-context.xml</param-value>
</context-param>
<listener>
    <listener-class>org.springframework.web.context.ContextLoaderListener
    </listener-class>
</listener>
    <!-- servlet 配置,具体配置文件 servlet-context.xml 同前 -->
<servlet>
    <servlet-name>boke</servlet-name>
```

```xml
        <servlet-class>org.springframework.web.servlet.DispatcherServlet
</servlet-class>
        <init-param>
            <param-name>contextConfigLocation</param-name>
            <param-value>/WEB-INF/servlet-context.xml</param-value>
        </init-param>
        <load-on-startup>1</load-on-startup>
    </servlet>
    <servlet-mapping>
        <servlet-name>boke</servlet-name>
        <url-pattern>/</url-pattern>
    </servlet-mapping>
        <!-- Spring Security3 中的安全代理过滤器 -->
    <filter>
        <filter-name>springSecurityFilterChain</filter-name>
            <filter-class>org.springframework.web.filter.DelegatingFilterProxy
        </filter-class>
    </filter>
    <filter-mapping>
    <filter-name>springSecurityFilterChain</filter-name>
    <url-pattern>/*</url-pattern>
    </filter-mapping>
    <welcome-file-list>
      <welcome-file>enter.jsp</welcome-file>
    </welcome-file-list>
    </web-app>
```

2. 配置文件(WEB-INF/security-context.xml)

下一步是配置 Spring Security 来声明系统中的合法用户及其对应的权限。虽然 Spring Security 内部的设计和实现比较复杂,但是一般情况下,开发人员只需要使用它默认提供的实现就可以满足绝大多数情况下的需求,而且只需要简单的配置声明即可。

以下配置为最简单的安全控制,实现基于 URL 的安全防护,用户使用系统时要先访问登录页面,要访问其他 URL 需要合法的角色才行。

【程序清单 9-2】文件名为 security-context.xml

```xml
<?xml version="1.0" encoding="UTF-8"?>
<beans:beans xmlns="http://www.springframework.org/schema/security"
    xmlns:beans="http://www.springframework.org/schema/beans"
    xmlns:xsi="http://www.w3.org/2001/XMLSchema-instance"
    xsi:schemaLocation="http://www.springframework.org/schema/beans
http://www.springframework.org/schema/beans/spring-beans-3.0.xsd
http://www.springframework.org/schema/security
```

```
http://www.springframework.org/schema/security/spring-security-3.1.xsd">
<!-- http 安全配置 -->
<http auto-config="true">
<intercept-url pattern="/newlogin.jsp"
        access="IS_AUTHENTICATED_ANONYMOUSLY"/>
<intercept-url pattern="/images/**" access="IS_AUTHENTICATED_ANONYMOUSLY"/>
<intercept-url pattern="/css/**" access="IS_AUTHENTICATED_ANONYMOUSLY"/>
<intercept-url pattern="/manager/**" access="ROLE_ADMIN" />
<intercept-url pattern="/teacher/**" access="ROLE_Teacher" />
<intercept-url pattern="/**" access="ROLE_Student" />
</http>
<!-- 验证配置 ，认证管理器 -->
<authentication-manager>
    <authentication-provider>
    <user-service>
    <user name="123" password="123" authorities="ROLE_Teacher, ROLE_ADMIN" />
    <user name="abc" password="abc" authorities="ROLE_Student" />
    </user-service>
  </authentication-provider>
</authentication-manager>
</beans:beans>
```

【说明】

(1) <http auto-config="true">将使用基本访问控制方式,也就是<http-basic/>,一般用来处理无状态的客户端,每次请求都附带证书。在没提供<form-login>配置时,将用Spring提供的默认登录页面进行认证,如图9-3所示。

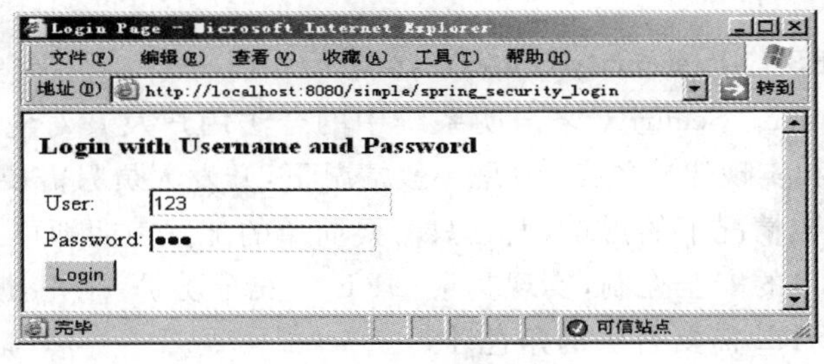

图 9-3 Spring 默认的安全登录页面

(2) 配置程序中通过 <intercept-url> 元素定义了访问不同的 URL 所需要的角色。其属性 pattern 声明了请求 URL 的模式,而属性 access 则声明了访问此 URL 时所需要的用户权限。本文的配置中定义了 3 种角色:学生用户、教师用户、管理员,分别用 ROLE_ Student、ROLE_Teacher、ROLE_ADMIN 表示,匿名账户角色为 ROLE_ANONYMOUS。一个账户也可同时具备多重身份,例如,账户 123 具有 ROLE_ Teacher 和 ROLE_ADMIN 双重身份。

(3) 由于登录页面也要访问图片和样式,所以图片所在目录和样式允许不需要登录就可访问。配置中采用 IS_AUTHENTICATED_ANONYMOUSLY 的授权。当然，登录的账户也可访问该权限限制的资源。注意，登录的账户是没有 ROLE_ANONYMOUS 身份的，所以，不能将配置中 IS_AUTHENTICATED_ANONYMOUSLY 改为 ROLE_ANONYMOUS，否则，登录账户看不到图片。

【应用经验】在定义访问授权时，需要按照 URL 模式从精确到模糊的顺序来进行声明。Spring Security 按照声明的顺序逐个进行比对，只要用户当前访问的 URL 符合某个 URL 模式，就按该模式要求的角色检查用户访问是否允许。把 URL 模式 /** 声明放在最后，可保证学生用户可访问所有其他 URL。

【思考】如果将/** 声明放在最前面，也就是在/newlogin.jsp 之前，会导致什么现象？

有时候，可使用 filters="none"设置某个资源访问不需要过滤器保护。例如：

```
<intercept-url pattern="/" filters="none" />
```

表示访问"/"时，不用任何一个过滤器去处理该请求，无须登录即可访问资源。

3. 首页(enter.jsp)和管理员操作页(manager/man.jsp)

用户登录后，根据 web.xml 配置文件中的欢迎页面(welcome-file)的设置，将导向到 enter.jsp 页面。从访问权限设置可看出具有"ROLE_USER"角色的用户均可访问 enter.jsp。本例，123 和 abc 账户均具有该身份。而 manager/man.jsp 页面必须是具有角色"ROLE_ADMIN"才能访问。因此，账户 123 可以访问，但对于账户 abc，则不能访问，页面中将显示"HTTP Status 403-Access is denied"的错误指示信息。这是一个默认的访问禁止的显示，如果应用中设置一个错误页 URL，它会把请求跳转到错误页。

4. 登录完成后，获取用户登录名

在安全认证过程中，用户相关的信息是通过 UserDetailsService 接口来加载的。该接口的唯一方法是 loadUserByUsername(String username)，用来根据用户名加载相关的信息。这个方法的返回值是 UserDetails 接口，其中包含了用户的信息，包括用户名、密码、权限、是否启用、是否被锁定、是否过期等。

典型的认证过程就是当用户输入了用户名和密码之后，UserDetailsService 通过用户名找到对应的 UserDetails 对象，接着比较密码是否匹配。如果不匹配，则返回出错信息；如果匹配，则说明用户认证成功，就创建一个实现了 Authentication 接口的对象。再通过 SecurityContext 的 setAuthentication() 方法来设置此认证对象。

要获得认证对象，首先需要获取到 SecurityContext 对象，其表示的是当前应用的安全上下文。通过 SecurityContextHolder 类提供的静态方法 getContext() 就可以获取。再通过 SecurityContext 对象的 getAuthentication()就可以得到认证对象。通过认证对象的 getPrincipal()方法就可以获得当前的认证主体，它通常是 UserDetails 接口的实现。

因此，在程序中也可通过如下代码获取用户信息。

```
UserDetails ud = (UserDetails) SecurityContextHolder.getContext()
            .getAuthentication().getPrincipal();
String name = ud.getUsername();  //用户名
String pwd = ud.getPassword();   //密码
Collection<? extends GrantedAuthority> ga = ud.getAuthorities();
for(GrantedAuthority g : ga){
    System.out.println(g.getAuthority()); //输出用户的角色
```

```
}
```

【应用经验】用户认证后，在 MVC 控制器的代码中，获取用户登录名的最简单方法有两种：

(1) 通过 MVC 方法参数注入的 Principal 对象的 getName()方法。

(2) 通过 MVC 方法参数注入的 HttpServletRequest 对象的 getRemoteUser()方法。

9.2.2 使用自制的登录页面

大多数应用需要设计自己的个性化登录页面，在 http 配置中通过<form-login>子元素可指定自己的登录页面。开发人员也可以对登录页面进行定制。通过 <form-login> 的属性 login-page、login-processing-url 、authentication-failure-url 和 default-target-url 就可以定制登录页面的 URL、登录请求处理 URL、登录失败时的处理 URL 和登录成功后跳转到目标页面。

1. security-context 的修改

对 security-context. xml 中 HTTP 的安全设置做如下修改：

```
<http>
<form-login login-page = "/newlogin. jsp"
   authentication-failure-url = "/newlogin. jsp"
   default-target-url = "/index. jsp" />
<logout logout-success-url = "/newlogin. jsp" />
</http>
```

【说明】这里自定义的登录页为 newlogin. jsp，该页面 URL 必须保证匿名用户能访问。

<logout logout-success-url="/newlogin. jsp" />设置用户退出后进入的页面。在网页中安排用户退出处理，只要插入如下超链即可：

```
<a href = "j_spring_security_logout">Logout</a>
```

在 http 元素中还可包含如下一些特殊的子元素。

- 默认配置实际是支持匿名访问，匿名设置默认名称 roleAnonymous，可以通过 anonymous 子元素定义匿名账户名和角色名。例如，以下规定匿名账户名为 Guest。
  ```
  <anonymous username = "Guest"/>
  ```
- <remember-me/> 用来在一段时期内通过 cookie 记住登录用户，避免重复登录。但在登录表单中要加入<input type="checkbox" id="_spring_security_remember_me" />复选框来选择是否记住用户，默认两周内可记住用户。
- <concurrent-session-control/>用来避免同一账户并发登录。默认后登录的同名账户将前面登录的用户踢出系统。

2. 自制的登录页面 newlogin. jsp

自制的登录页面仍然是利用 Spring 的默认安全认证功能，因此，页面表单和输入域的名称要符合 Spring 的规定。表单的 action 为“j_spring_security_check”，其中的用户和密码输入域的标识分别为 j_username 和 j_password。程序清单 9-3 给出了一个自编的认证页面，页面的执行效果如图 9-4 所示。

【程序清单 9-3】文件名为 newlogin. jsp

```
< % @page contentType = "text/html; charset = UTF-8" % >
```

```
<html>
<head><link rel="stylesheet" type="text/css" href="css/main.css">
</head>
<body>
<table width="100%"><tr><td height="28" width="20%">
<img border="0" src="images/flag.gif"></td>
<td align=right> <img border="0" src="images/bottom.gif" />
  <a href="register.jsp">注册用户  </a>
</td></tr></table><br><br><center>
<form action="j_spring_security_check" method="post">
<DIV style="FILTER: dropshadow(color=#888888,offx=10,offy=10,positive=
1); WIDTH:215px; HEIGHT: 102px">
<TABLE height="96%" cellPadding=3 width="97%"
   bgcolor="#F1FAFE" border=0 style="border-collapse: collapse">
<TR> <TD align=center width="100%" colspan="2" bgcolor="#DDF0FF">
  <p align="center"><font color="#0000FF">用户登录</font></TD>
</TR> <TR> <TD align=right width="40%">登录名</TD>
<TD align=center width="60%"> <INPUT type="text" size="12" name="j_user-
name">
</TD> </TR> <TR>
<TD align=right width="40%">口   令</TD>
<TD align=center width="60%">
<INPUT type="password" size="12" name="j_password"> </TD> </TR>
</TABLE></DIV>
<p align="center"><INPUT type=submit name="log" value="登录"></p>
</form>
</center> </body></html>
```

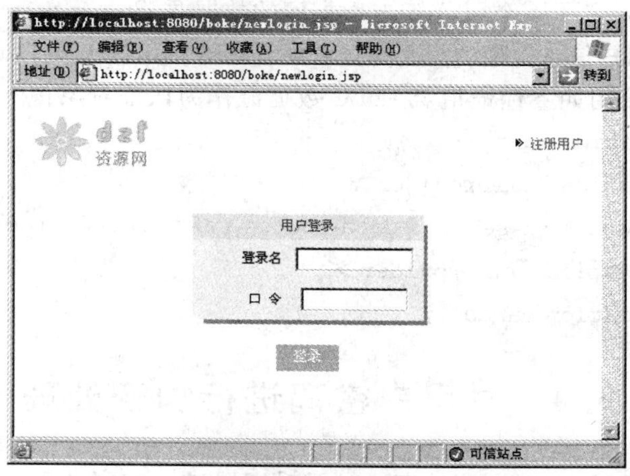

图 9-4 使用自制的登录页面

9.3 使用数据库用户进行认证

实际应用中，一般将用户信息保存在数据库中。通过 Spring 安全框架提供的 JdbcDaoImpl 类可从数据库中加载用户信息，但要注意使用与该类兼容的数据库表结构。

数据库中含有两个表格，users 表至少含有 username、password、enabled 三个字段；authorities 表至少含有 username、authority、id 三个字段。其中，enabled 为整数，1 代表用户有效，0 代表禁用，id 采用自动编号。两个表通过 username 建立关联。一个用户有多个角色时，在 authority 表中要占多条记录。

以下代码给出了授权管理 Bean 的配置。

【程序清单 9-4】文件名为 security-context. xml

```
<bean id = "dataSource"
    class = "org.springframework.jdbc.datasource.DriverManagerDataSource">
  <property name = "driverClassName" value = "sun.jdbc.odbc.JdbcOdbcDriver" />
  <property name = "url"
    value = " jdbc:odbc:driver = {Microsoft Access Driver ( * . mdb)};DBQ = f:/data.mdb"/>
</bean>
<bean id = "userDetailsService"
    class = "org.springframework.security.core.userdetails.jdbc.JdbcDaoImpl">
    <property name = "dataSource" ref = "dataSource" />
</bean>
<sec:authentication-manager>
    <sec:authentication-provider user-service-ref = "userDetailsService" />
</sec:authentication-manager>
```

其中，sec 是 Spring Security 的配置元素所在的名称空间的前缀：

```
xmlns:sec = "http://www.springframework.org/schema/security"
```

以上配置中，首先定义了一个用 Access 数据库的数据源，Spring Security 的 JdbcDaoImpl 类使用该数据源来加载用户信息。最后需要配置认证管理器使用该 UserDetailsService。

另一种办法是直接用如下标记指定 JDBC 数据源作为认证对象：

```
<sec:authentication-manager>
    <sec:authentication-provider>
        <sec:jdbc-user-service data-source-ref = "dataSource" />
    <sec:/authentication-provider>
<sec:/authentication-manager>
```

9.4 对用户密码进行加密处理

出于密码安全的考虑，一般在存储密码时要对密码进行加密处理。Spring 安全架构为密码的加密与验证处理提供了统一的抽象框架和各类具体实现。

9.4.1 Spring Security 早期版本的 PasswordEncoder

在 Spring Security 3.1.0 之前版本中，为加密和密码验证定义了 PasswordEncoder 接口。该接口安排在 org.springframework.security.authentication.encoding 包中。

```
public interface PasswordEncoder{
    String encodePassword(String rawPass,Object salt);
    boolean isPasswordValid(String encPass,String rawPass,Object salt);
}
```

其中，encodePassword()方法是对原始密码进行加密，采用 hash＋salt 方式，通过"盐值"(salt)避免字典攻击。加密后的密码是将原始用户密码和盐值合并后的内容进行加密后的结果。isPasswordValid 方法是用来验证密码是否正确的，需要提供 3 个参数：加密后的密码、原始密码以及盐值。

Spring 为该接口提供了一系列的实现类，每个实现类使用了不同的加密方法。表 9-1 列出了几个实现类的使用描述。

表 9-1　PasswordEncoder 接口的几个实现类

实现类	描述	hash 值
PlaintextPasswordEncoder	以明文的形式编码	plaintext
Md5PasswordEncoder	使用 MD5 的单向编码算法	md5
ShaPasswordEncoder	使用 SHA 单向加密算法。该编码器支持配置密码的强度级别	sha sha-256

实际应用中，可通过 XML 配置指定密码验证方式。在授权提供者的配置定义中，通过<password-encoder>元素指定使用 SHA 加密算法。理想情况下，可为每个用户随机生成一个盐值。实际应用上，盐值可以来自 UserDetails 对象的某个属性，例如，以下配置选用 username 属性作为盐值源。这样，不同用户的盐值将不一样。

```
<authentication-manager>
  <authentication-provider>
    <password-encoder hash="sha">
      <salt-source user-property="username"/>
    </password-encoder>
    <user-service>
      <user name="jimi" password="d7e6351eaa13189a5a3641bab846c8e8c69ba39f"
            authorities="ROLE_USER, ROLE_ADMIN" />
      <user name="bob" password="4e7421b1b8765d8f9406d87e7cc6aa784c4ab97f"
            authorities="ROLE_USER" />
    </user-service>
</authentication-provider>
```

采用如下代码可得到对某个用户进行盐值加密后的密码。

```
ShaPasswordEncoder encoder = new ShaPasswordEncoder();
```

```
String encode = encoder.encodePassword("密码串","盐值");
System.out.println(encode);
```

这里,"盐值"应为登录名(username)的内容,"密码串"指用户的原始密码。

如果用数据库存储账户且采用盐值加密,需要将上面方法得到加密后的密码写入到 users 表的 password 字段。

9.4.2 Spring Security 3.1.0 后新增的 PasswordEncoder

Spring Security 3.1.0 中推出了新的 PasswordEncoder。为了向前兼容,旧接口仍然保留,新接口安排在 org.springframework.security.crypto 包中。与前面的 PasswordEncoder 比较,好处是盐值不用用户提供,每次随机生成。随机盐确保相同的密码使用多次时,产生的哈希值不同,从而增加了密码破解难度。新接口定义如下:

```
public interface PasswordEncoder{
    String encode(String rawPassword);
    boolean matches(String rawPassword,String encodedPassword);
}
```

其中,encode 方法是对方法加密,而 match 方法是用来验证密码和加密后密码是否一致的,如果一致则返回 true。

在 org.springframework.security.crypto.password 包中的 StandardPasswordEncoder 类,是新的 PasswordEncoder 接口的实现类,它采用 SHA-256 算法,迭代 1024 次,使用一个密钥以及 8 位随机盐对原密码进行加密。以下代码演示了 StandardPasswordEncoder 的使用。

```
StandardPasswordEncoder encoder = new StandardPasswordEncoder();
String s = encoder.encode("123");
boolean b = encoder.matches("123",s);
System.out.println(s + " , " + b);
```

不难发现,变量 b 的结果为 true,而变量 s 的结果每次运行不同。如果将上一次的 s 拿来作为匹配比较值,b 也为 true。因此,应用中可将任何一次的加密密码存储在数据库中。

在 XML 配置中可用如下方式设置加密认证,先将 StandardPasswordEncoder 定义为一个 bean,然后在 password-encoder 标记中引用这个 bean。

```
<beans:bean
  class = "org.springframework.security.crypto.password.StandardPasswordEncoder"
  id = "passwordEncoder" />
<authentication-manager>
    <authentication-provider>
        <password-encoder ref = "passwordEncoder" />
        <jdbc-user-service data-source-ref = "dataSource" />
    </authentication-provider>
</authentication-manager>
```

9.5 关于访问授权表达式

在授权配置 intercept-url 的书写中，对于访问授权的设置还可以使用表达式的写法。表达式中符号的具体含义如表 9-2 所示。以下为使用安全表达式的配置举例：

```
<http use-expressions = "true">
<intercept-url  pattern = "/admin * "
    access = "hasRole('admin') and hasIpAddress('192.168.1.0/24')"/>
…
</http>
```

【说明】注意把<http>的 use-expressions 属性设置为 true，才能使用安全表达式。这里设置了访问以 admin 作为前缀的 URL 需要是本地子网的 IP 地址且拥有"admin"权限的用户。

表 9-2 常用内建表达式

表达式	描述
hasRole(role)	如果角色拥有指定的权限(role)则返回 true
hasAnyRole([role1,role2])	如果角色拥有列表中任意一个权限则返回 true
principal	允许直接访问角色对象代表当前用户
authentication	允许直接访问 Security 上下文中的认证对象
permitAll	总是返回 true
denyAll	总是返回 false
isAnonymous()	如果角色是一个 anonymous 用户则返回 true
isRememberMe()	如果角色是一个 remember-me 用户则返回 true
isAuthenticated()	如果角色不是 anonymous 则返回 true
isFullyAuthenticated()	如果角色既不是 anonymous，也不是 remember-me 用户则返回 true

另外，可以使用 Web 特有的表达式 hasIpAddress 将 IP 限制在一定范围。

表 9-3 为授权访问配置中的传统标识方式与等价表达式的对比。

表 9-3 授权访问的传统配置与表达式的等价

传统配置	表达式
ROLE_ADMIN	hasRole('ROLE_ ADMIN ')
ROLE_USER,ROLE_ADMIN	hasAnyRole('ROLE_USER,ROLE_ADMIN')
ROLE_ADMIN,IS_AUTHENTICATED_FULLY	hasRole('ROLE_ADMIN') and isFullyAuthenticated()
IS_AUTHENTICATED_ANONYMOUSLY	permitAll
IS_AUTHENTICATED_REMEMBERED	isAnonymous() or isRememberMe()
IS_AUTHENTICATED_FULLY	isFullyAuthenticated()

9.6 基于注解的方法访问的保护

前面介绍的对资源访问的保护是在 URL 这个粒度上的安全保护。这种粒度的保护在很多情况下是不够的。有时还涉及对服务层方法的保护。通过 Spring 框架提供的 AOP 支持，可以很容易地对方法调用进行拦截。

Spring Security 允许以声明的方式来定义调用方法所需的权限,最简单的方法保护是采用注解符形式。为了支持方法级的安全访问注解符,在安全配置文件中要加上如下代码：

```
<global-method-security pre-post-annotations="enabled"/>
```

1. 使用@Secured 和@PreAuthorize 注解符

在要保护的方法前加上@Secured 注解符即可。例如,以下对 resourceManger 类的 getRes 方法进行保护。

```
@Secured("ROLE_USER")
public MyResource getRes(int id){
        ...
}
```

【说明】@Secured("ROLE_USER")定义了只有具备角色 ROLE_USER 的用户才能执行该方法。也可用@PreAuthorize("hasRole('ROLE_USER')") 代替。

以下比较复杂,用方法参数作为表达式的内容。

```
@PreAuthorize("hasPermission(#contact, 'admin')")
public void deletePermission(Contact contact, Permission permission);
```

【说明】表示只有对合同(contact)具有管理员权限的用户才能访问该方法。

2. 使用 @PreFilter and @PostFilter 过滤器

Spring 安全支持一组过滤器,用来实现对集合和数组等对象的过滤。@PreFilter 用来对方法调用时的参数进行过滤。@PostFilter 用来对方法的返回结果进行过滤。

```
@PreAuthorize("hasRole('ROLE_USER')")
@PostFilter("hasPermission(filterObject, 'read') or hasPermission(filterObject, 'admin')")
public List<Contact> getAll();
```

【说明】表示执行方法要求用户具有“ROLE_USER”身份,方法返回的结果中只保留当前用户具有读(read)或管理(admin)权限的对象。

9.7 Spring 提供的 JSP 安全标签库

有些情况下,用户可能有权限访问某个 JSP 页面,但却不能使用页面上的某些功能。例如:教学系统中,基于小组协作的文档管理页面,只有小组长才能对文档进行删除操作。Spring Security 提供了一个 JSP 标签库,可根据用户的权限来控制页面某些部分的显示和隐藏。

9.7.1 JSP 安全标签简介

使用 JSP 标签库，首先要把 spring-security-taglibs-3.1.0.RC2.jar 放到项目的 classpath 下。在 JSP 页面上添加以下声明：

```
<%@ taglib prefix="sec" uri="http://www.springframework.org/security/tags" %>
```

这个标签库包含 3 个标签，分别是 authorize、authentication 和 accesscontrollist。

要使用 JSP 安全标签，在配置文件将 http 标记的 use-expressions 属性设置为 true：

```
<sec:http use-expressions="true">
```

1. authorize 标签

该标签用来判断其中包含的内容是否应该被显示出来。判断的条件可以是某个授权表达式的求值结果，或是以能访问某个 URL 为前提，分别通过属性 access 和 url 来指定。例如：

```
<sec:authorize access="hasRole('ROLE_MANAGER')">
```

【说明】限定内容只有具有经理角色的用户才可见。

```
<sec:authorize url="/manger/first">
```

【说明】限定内容只有能访问"/ manger/first"这个 URL 的用户才可见。

以下代码限制只有用户拥有 ROLE_ADMIN 和 ROLE_USER 两个角色时，才能显示标签内部内容。

```
<sec:authorize ifAllGranted="ROLE_ADMIN,ROLE_USER">
  …
</sec:authorize>
```

而将"ifAllGranted"改为"ifAnyGranted"，则表示拥有 ROLE_ADMIN，ROLE_USER 权限之一时满足条件。ifNotGranted 则表示不具所指权限满足条件。

2. authentication 标签

该标签用来获取当前认证对象中的内容。如获取当前认证用户的用户名。

```
<security:authentication property="principal.username" />
```

也可用<security:authentication property="name" />得到用户名。

以下通过对 authentication 标签的访问可列出用户所拥有的角色。

```
<security:authentication property="authorities" var="authorities" />
<ul>
<c:forEach items="${authorities}" var="authority">
<li>${authority.authority}</li>
</c:forEach>
</ul>
```

3. accesscontrollist 标签

该标签的作用与 authorize 标签类似，也是判断其中包含的内容是否应该被显示出来。所不同的是它是基于访问控制列表来做判断的。该标签的属性 domainObject 表示的是领域对象，而属性 hasPermission 表示的是要检查的权限。例如：

```
<sec:accesscontrollist hasPermission="READ" domainObject="myReport">
```

【说明】限定了其中包含的内容只在对领域对象 myReport 有读权限的时候才可见。

9.7.2 JSP 安全标签的应用举例

以下结合资源的列表显示应用介绍 JSP 安全标签的使用。

1. 显示资源列表的视图文件

【程序清单 9-5】文件名为 listresource.jsp

```
<%@page contentType="text/html; charset=UTF-8" %>
<%@taglib prefix="c" uri="http://java.sun.com/jsp/jstl/core" %>
<%@taglib prefix="security" uri="http://www.springframework.org/security/
tags" %>
<html> <body>
<h2>Welcome! <security:authentication property="name" /></h2> <hr />
<c:forEach items="${resource}" var="resource">
<table>
<tr> <td>Author</td>
<td>${resource.userId}</td>
</tr> <tr><td>Title</td>
<td>${resource.titleName}</td>
</tr> <tr> <td>Body</td>
<td>${resource.description}</td> </tr>
<security:authorize ifAllGranted="ROLE_ADMIN,ROLE_USER">
<tr> <td colspan="2">
<a  href="../resource/delete/${resource.resourceID}">Delete</a></td>
</tr>
</security:authorize>
</table> <hr/>
</c:forEach>
<a href="<c:url value="/j_spring_security_logout" />">Logout</a>
</body> </html>
```

【说明】通过 authorize 标签控制只有符合 ROLE_ADMIN 和 ROLE_USER 双重身份的用户才会显示资源的删除超链。

2. 资源访问控制器的部分代码

以下为相应控制器的 Mapping 方法的代码。

【程序清单 9-6】文件名为 ResourceController.java

```
@RequestMapping(value = "/resource/list", method = RequestMethod.GET)
public String list(Model model,HttpServletRequest request) {
    ApplicationContext applicationContext =
        RequestContextUtils.getWebApplicationContext(request);
    resourceService r =
        (resourceService)applicationContext.getBean("resourceService");
    List<MyResource> allresource = r.listall();
```

```
        model.addAttribute("resource", allresource);
        return "listresource";  //资源列表显示视图
    }
    @RequestMapping(value = "/resource/delete/{id}", method = RequestMethod.GET)
    public String delete(@PathVariable("id") int id,Model model,
            HttpServletRequest request){
        ApplicationContext applicationContext =
                RequestContextUtils.getWebApplicationContext(request);
        resourceService r = (resourceService)
          applicationContext.getBean("resourceService");
        r.delete(id);                    // 删除指定 id 的栏目
        return "redirect:/resource/list";  //重定向到资源列表显示页面
    }
```

【运行结果】访问/resource/list 的 URL 可得到如图 9-5 所示的结果。由于用户 123 拥有 ROLE_ADMIN 和 ROLE_USER 双重角色,所以可看到 Delete 删除超链。

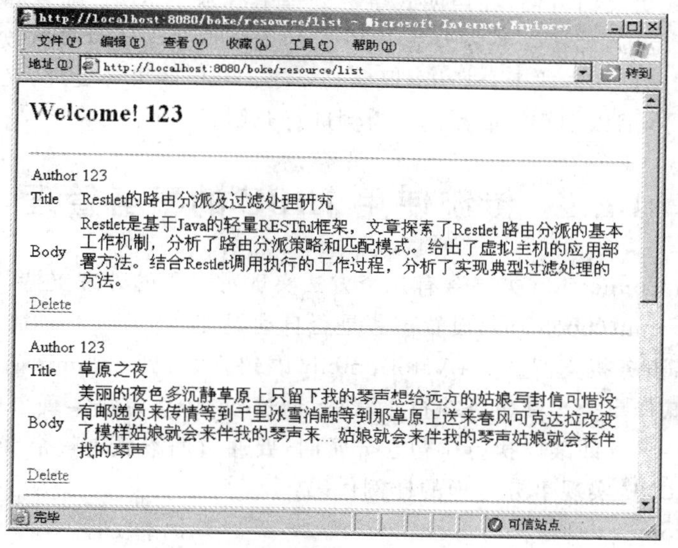

图 9-5　JSP 安全标签的应用

本章小结

本章对 Spring 基本安全的用户认证和访问授权的设置方法进行了讨论。Spring 安全通过配置和注解提供了强大的安全保护功能,这种安全保护不限于对 URL 的访问权限控制,还包括方法级的安全保护及 JSP 页面中某些内容的安全保护。Spring 安全体系所涉及内容很丰富,其支持的认证方式也不仅是 HTTP 基本认证,更多内容可参考 Spring Security 的帮助文档。本章的重点是基于数据库账户的基本安全认证与 URL 授权访问配置处理,从而为应用系统建立基本的安全访问控制机制。读者可对自己的应用系统增加安全控制功能,例如,对试题库的增、删、改功能只能由管理员操作。

第10章 Spring的事务管理

事务是访问数据库的一个基本单位，通常用一个操作序列表示。事务具有原子性、一致性、独立性和持久性。一个事务的执行必须保持其原子性，即它所包含的所有更新操作要么全部都做，要么都不做。

例如，网络教学系统用户管理中的批量增加账户，学生账户登录名采用统一前缀、后缀按班内序号递增，实际上，有可能出现同名账户，如果出现同名，则整个批量操作撤销。

Spring 提供的事务管理可以分为编程式的和声明式两类。编程式代码量大，存在重复的代码比较多；声明式更灵活方便，在声明式事务处理中有基于 XML 配置和基于注解的实现方式。根据事务涉及范围，可将事务分为基于 JTA 的全局事务和针对具体数据库操作的局部事务。而在具体数据库操作方式上，Spring 既实现基于 JDBC 的事务处理，又实现了基于 Hibernate 的事务处理。本书以 JDBC 事务处理为例进行介绍。

10.1 传统使用 JDBC 的事务管理

传统 JDBC 的 Connection 类中含有几个方法实现对事务的处理支持，它们是：

- setAutoCommit(boolean)：设置事务是否自动提交。
- commit()：事务提交。从 setAutoCommit 语句开始，到 commit 前执行的内容算作一个数据库操作事务。在事务执行正常后，通过 commit 方法实现事务提交。
- rollback()：事务回滚。执行中包含异常时，要通过回滚撤销整个事务的执行。

以下为使用 JDBC 实现事务处理的样例代码：

```
Connection conn = null;
Statement statement = null;
try {
    Class.forName("org.gjt.mm.mysql.Driver");  //假设连接 mysql 数据库
    conn = DriverManager.getConnection("jdbc:mysql://127.0.0.1/data", "root",
        "123");
    statement = conn.createStatement();
    conn.setAutoCommit(false);
      //具体数据访问操作略
    conn.commit();
}
catch(SQLException se){
```

```
    conn.rollback();
}
```

传统的 JDBC 事务编程，程序代码和事务操作代码耦合在一起。而 Spring 面向的是各种数据访问方式，包括 JDBC、Hibernate、JTA 等。因此，需要一个统一的策略。

10.2 Spring 提供的编程式事务处理

Spring 提供了几个关于事务处理的接口，在编程时常用。

(1) TransactionDefinition：定义事务属性的接口。其中定义了一系列方法可分别获取事务的名称、传播行为、隔离层次、超时等属性。具体方法有：

- int getIsolationLevel()：获取事务隔离级别。
- int getPropagationBehavior()：获取事务传播策略。
- int getTimeout()：获取事务超时时间。
- boolean isReadOnly()：获取事务的只读属性。
- String getName()：返回事务的名称。

(2) TransactionStatus：定义事务管理状态的接口。其主要方法有：

- boolean isNewTransaction()：返回当前事务是不是新创建的。
- void setRollbackOnly()：设置事务执行回滚操作。
- boolean isRollbackOnly()：返回当前事务是否已被标记为回滚。
- boolean isCompleted()：返回该事务是否已经完成(提交或回滚)。

(3) PlatformTransactionManager：用于管理事务的基础接口，随着底层不同事务策略有不同的实现类。例如：DataSourceTransactionManager 用于使用 JDBC 或 iBatis 进行数据持久化操作的情况；HibernateTransactionManager 用于使用 Hibernate 进行数据持久化操作的情况；JpaTransactionManager 用于使用 JPA 进行数据持久化操作的情况。PlatformTransactionManager 的常用方法有：

- TransactionStatus getTransaction(TransactionDefinition definition)：返回所定义事务的状态。
- void commit(TransactionStatus status)：根据事务状态，提交指定的事务。
- void rollback(TransactionStatus status)：对指定事务执行回滚操作。

Spring 的事务管理是一种典型的策略模式，PlatformTransactionManager 代表事务管理接口，但它不知道底层如何管理事务，它只要求管理者提供 getTransaction、commit 和 rollback 三个方法，具体实现交给实现类完成。

10.2.1 使用 TransactionTemplate 进行事务处理

Spring 的 TransactionTemplate 在编程中可省去事务提交、回滚代码。但要将数据库的操作代码安排在 Spring 的事务模板的处理框架内，Spring 将自动进行 commit 和 rollback 处理。TransactionTemplate 是采用回调机制实现方法调用，Spring 为 TransactionTemplate 准备了两个回调接口：TransactionCallback 和 TransactionCallbackWithoutResult。它们分别用于有返回结果和无返回结果两种操作情形。实际上是分别回调执行接口中定义的 doInTransaction 和 doInTransactionWithoutResult 方法。具体程序实现代码如下：

(1) 使用事务处理的类的程序编写

【程序清单 10-1】文件名为 userDAO. java

```
package chapter10;
import javax.sql.DataSource;
import org.springframework.jdbc.core.*;
import org.springframework.transaction.*;
import org.springframework.dao.*;
public class userDAO{
    private DataSource dataSource;
    private PlatformTransationManager transactionManager;

    public void setDataSource(DataSource dataSource){
        this.dataSource = dataSource;  //注入 dataSource,管理数据库
    }

    public void setTransactionManager(
            PlatformTransactionManager  transactionManager) {
        this. transactionManager = transactionManager;  //注入事务管理器
    }

    // 以下方法批量增加账户,prefix 为账户名前缀,usernames 为账户名单
    public  void insertUsers(final String prefix, final String[ ] usernames){
        // 以下在定义事务模板时,需注入事务管理器
        TransactionTemplate transactionTemplate =
            new TransactionTemplate(transactionManager);
            // 以下调用 transactionTemplate 的 execute 方法进行事务管理
        transactionTemplate.execute(
          new TransactionCallbackWithoutResult() {
            public void doInTransactionWithoutResult
            (TransactionStatus status) {
              for ( int k = 0;k<usernames.length;k++ ) {  //循环注册一批账户
                register(prefix+k, "111111", usernames[k],10);  //注册一个账户
              } //register 具体实现略
            }
          }
        );
    }
}
```

【说明】本例使用的 TransactionCallbackWithoutResult 类适用于在数据库操作后没有结果对象返回的情形。如果想返回一个结果对象,并将结果传导到外部,作为事务模板的 execute 方法的返回结果，则可以用 TransactionCallback 实现。代码如下：

```
Object result = transactionTemplate.execute (
    new TransactionCallback () {
      public Object doInTransaction (TransactionStatus status){
          // 省略数据库操作代码
          return resultObject;
      }
    )
}
```

(2) 相应配置文件

【程序清单 10-2】文件名为 beans.xml

```
<? xml version = "1.0" encoding = "UTF-8"? >
<! DOCTYPE beans PUBLIC "-//SPRING//DTD BEAN//EN"
"http://www.springframework.org/dtd/spring-beans.dtd">
<beans>
    <!-- 设 定 dataSource  略 -->
    <! 一以下设定事务管理器 -->
<bean id = "myTransactionManager"
    class = "org.springframework.jdbc.datasource.
            DataSourceTransactionManager">
      <property name = "dataSource">
          <ref bean = "dataSource"/>
      </property>
</bean>
<!-- 示例中 DAO  -->
<bean id = "userDAO" class = "chapter10.userDAO">
    <property name = "dataSource">
        <ref bean = "dataSource"/>
    </property>
    <property name = "transactionManager">
        <ref bean = "myTransactionManager">  <! — 注入事务管理器-->
    </property>
</bean>
</beans>
```

10.2.2 程序根据 JdbcTemplate 处理结果进行提交和回滚

在编程时，根据 JdbcTemplate 执行时是否发生异常决定事务的提交与回滚。具体实现框架如下。

【程序清单 10-3】文件名为 userDAO.java

```
package chapter10;
```

```java
import javax.sql.DataSource;
import org.springframework.jdbc.core.*;
import org.springframework.transaction.*;
import org.springframework.dao.*;
public class userDAO{
    private DataSource dataSource;
    private PlatformTransationManager  transactionManager;

    public void setDataSource(DataSource dataSource){
        this.dataSource = dataSource;  // 注入 dataSource,访问数据库
    }

    public void setTransactionManager(PlatformTransationManager  tm){
        transactionManager = tm;    // 注入事务管理器
    }

    public void insertUsers(String prefix, String[] userNames) {
        DefaultTransactionDefinition def = new DefaultTransactionDefinition();
        TransactionStatus status = transactionManager.getTransaction(def);
        try {
              JdbcTemplate jdbcTemplate = new JdbcTemplate(dataSource);
               for ( int k = 0;k<usernames.length;k++ ) {
                 String sql ="insert into user values('" + prefix + k + "','" +
                      "111111','" + usernames[k] + "',10) ";
                 jdbcTemplate.execute(sql) ;
            }
            transactionManager.commit(status);  // 事务提交
        }
        catch( DataAccessException ex)  { // 出现数据访问异常
            transactionManager.rollback(status);   // 事务回滚
        }
    }
}
```

【说明】相关的配置文件同上。基于 JdbcTemplate 的事务处理与传统的 JDBC 事务非常类似,要在程序中根据执行 SQL 是否出现异常决定事务是提交还是回滚。

10.3 Spring 声明式事务处理

Spring 声明式事务处理使用了 IOC 和 AOP 的思想,因此,需要将 aopalliance.jar 和 cglib-nodep-2.1_3.jar 加入到类路径中。Spring 提供了 TransactionInterceptor 拦截器和常用

的代理类 TransactionProxyFactoryBean，可以直接对组件进行事务代理。在配置文件中通过属性设置声明应用中的哪些操作需要进行事务处理即可。

使用声明式事务可降低开发者的代码书写量，应用程序无须任何事务处理代码，可更专注业务逻辑。以下配置中数据源、事务管理、userDAO 的定义和前面的相同，为节省篇幅加以省略。

10.3.1 用 TransactionInterceptor 拦截器进行事务管理

TransactionInterceptor 类有两个主要的属性：一个是 transactionManager，用来指定一个事务管理器，并将具体事务相关的操作委托给它；另一个是 Properties 类型的 transactionAttributes 属性，它主要用来定义事务规则，该属性的每一个键值对中，键指定的是方法名，方法名可以使用通配符，而值就表示相应方法所应用的事务属性。以下为 beans. xml 中配置样例：

【程序清单 10-4】文件名为 beans. xml

```
<bean id = "transactionInterceptor" class =
    "org.springframework.transaction.interceptor.TransactionInterceptor">
<property name = "transactionManager">
    <ref bean = "myTransactionManager"/>
</property>
<property name = "transactionAttributeSource">
<value> chapter10.UserDao.insertUsers * = PROPAGATION_REQUIRED</value>
</property>
</bean>
```

【说明】上面配置通过 TransactionInterceptor 的 transactionAttributeSource 属性指明对于 chapter10. UserDao 类的 insertUsers 方法使用 PROPAGATION_REQUIRED 的事务传播规则。相应的 insertUsers 代码中不用含任何事务代码。

```
public void insertUsers(String prefix, String[] usernames) {
    JdbcTemplate jdbcTemplate = getJdbcTemplate();
    for ( int k = 0;k<usernames.length;k++ ) {
        String sql = "insert into user values('" + prefix + k + "'," + "'111111','" +
                usernames[k] + "',10)";
        jdbcTemplate.execute(sql);
    }
}
```

【注意】设置事务的拦截目标要注意指定带限制的路径，避免将不该拦截的对象进行处理，从而导致系统不能正常工作。

事务属性中，propagation 属性代表事务的传播方式，它有如下取值。

- PROPAGATION_REQUIRED：业务方法需要在一个事务中运行，如果方法运行时，已处在一个事务中，则直接调用，否则创建一个新事务后执行该方法。这是 Spring 默认的传播行为。
- PROPAGATION_SUPPORTS：如果业务方法在某个事务范围内被调用，则方法成为该事务的一部分，如果业务方法在事务范围外被调用，则方法在没有事务的环境下执行。

- PROPAGATION_MANDATORY：只能在一个已存在事务中执行，业务方法不能发起自己的事务，如果业务方法在没有事务的环境下调用，就抛出异常。
- PROPAGATION_REQUIRES_NEW：业务方法要求在新的事务环境中，如果方法已运行在一个事务中，则原有事务被挂起，新的事务被创建，直到方法结束，原先的事务才会恢复执行。
- PROPAGATION_NOT_SUPPORTED：如果方法在一个事务中被调用，该事务会被挂起，在方法调用结束后，原先的事务便会恢复执行。
- PROPAGATION_NEVER：声明方法绝对不能在事务范围内执行，否则将抛出异常。
- PROPAGATION_NESTED：如果一个活动的事务存在，则运行在一个嵌套的事务中。如果没有活动的事务，则按 REQUIRED 属性执行。

10.3.2 用 TransactionProxyFactoryBean 进行事务管理

TransactionProxyFactoryBean 创建了一个 JDK 代理，该代理会拦截目标对象的所有方法的调用。对于名字出现在 transactionAttributes 属性的 key 中的任何方法，代理会使用指定的传播方式开启一个事务。beans.xml 中配置修改见程序清单 10-5 所示。

【程序清单 10-5】文件名为 beans.xml

```
<bean id="myTransactionManager"
  class="org.springframework.jdbc.datasource.DataSourceTransactionManager ">
        <property name="dataSource" ref="dataSource" />
</bean>
<bean id="userDAOProxy"
class=" org.springframework.transaction.interceptor.TransactionProxyFactory-
Bean">
    <property name="transactionManager">
        <ref bean="myTransactionManager "/>
    </property>
    <property name="target">
        <ref bean="userDAO"/>
    </property>
    <property name="transactionAttributes">
        <props>
        <!-- 表示对所有以 insert 和 save 开头的方法进行事务处理 -->
            <prop key="insert * ">PROPAGATION_REQUIRED</prop>
            <prop key="save * ">PROPAGATION_REQUIRED</prop>
        </props>
    </property>
</bean>
```

【说明】上面配置通过 TransactionProxyFactoryBean 的 transactionAttributes 属性指明对于 userDAO 中所有以 insert 和 save 开头的方法使用 PROPAGATION_REQUIRED 的传

播规则进行事务处理。

采用这种方式配置的一个明显的缺点是，配置文件的内容增加非常快，要为每个有事务处理要求的 bean(本例是 userDAO)用 TransactionProxyFactoryBean 配置一个代理 bean（本例是 userDAOProxy)。

10.4 使用@Transactional 注解

Spring 还提供了全注解的事务配置，需要借助@Transactional 注解，它具有功能强大、简单明了的特点。注解既可修饰类也可修饰方法。用@Transactional 修饰类表示对整个 Java Bean 类起作用；修饰方法则仅对方法起作用。

@Transactional 注解提供了一系列属性修饰，以给出事务处理的明确信息。

- isolation：事务隔离级别，默认为 Default，表示底层事务的隔离级别。
- propagation：事务传播属性 ，默认值为 REQUIRED。
- readOnly：是否事务是否只读。
- timeout：指定事务超时(秒)时间。
- rollbackFor：指定遇到指定异常需要回滚事务。
- rollbackForClassName：指定遇到指定异常类名需要回滚事务，该属性可指定多个异常类名。
- noRollbackFor：指定遇到指定异常不需要回滚事务。
- noRollbackForClassName：指定遇到指定异常类名不需要回滚事务。

例如，以下代码在 insertUsers 方法上加上@Transactional 注解，则该方法在执行过程中将自动进行事务处理。

【程序清单 10-6】文件名为 UserDaoImpl. java

```
package chapter10;
import org.springframework.transaction.annotation.Propagation;
import org.springframework.transaction.annotation.Transactional;
public class UserDaoImpl   implements UserDao {
    @Transactional (propagation = Propagation.REQUIRED)
    public void  insertUsers(String prefix , String [] usernames) {
        for ( int k = 0;k<usernames.length;k ++ )
            register(prefix + k, "111111", usenames[k],10);
    }
}
```

【说明】以上定义的方法要在一个事务中执行。根据传播特性设置，如果执行方法前已在事务中，则利用该事务，否则创建一个新事务来执行方法。

10.4.1 相关的 XML 配置

要让 Spring 启用对 annotation 的支持，在 beans. xml 配置文件中要有如下行：

<context:annotation-config />

为了让 Spring 根据 Annotation 来配置事务代理，还加入需要如下行：

```
<tx:annotation-driven transaction-manager="transactionManager"/>
```

以下为具体配置内容,前面部分是关于 tx 和 context 的名空间定义信息。

【程序清单 10-7】文件名为 beans. xml

```
<beans…
xmlns:tx="http://www.springframework.org/schema/tx"
xmlns:context="http://www.springframework.org/schema/context"
xsi:schemaLocation="  …
http://www.springframework.org/schema/context http://www.springframework.org/
schema/context/spring-context-3.0.xsd
http://www.springframework.org/schema/tx
http://www.springframework.org/schema/tx/spring-tx-2.5.xsd">
<context:annotation-config />
<context:component-scan base-package="chapter10" />
<!-- 用@Transactional 注解来实现事务管理 -->
<tx:annotation-driven transaction-manager="myTransactionManager"/>
<!-- 配置事务管理-->
<bean id="myTransactionManager"
    class="org.springframework.jdbc.datasource.DataSourceTransactionManager">
    <property name="dataSource" ref="dataSource" />
</bean>
</beans>
```

10.4.2 使用@Transactional 注解几点注意

(1) @Transactional 注解只能被应用到 public 方法上，对于其他非 public 的方法,如果标记了@Transactional 也不会报错,但方法没有事务功能.

(2) 默认情况下,一个有事务的方法，遇到 RuntiomeException 时会回滚,遇到受检查的异常是不会回滚的。要想所有异常都回滚,要加上 rollbackFor 属性。

例如,以下代码指定回滚,遇到异常 Exception 时回滚。

```
@Transactional(rollbackFor = Exception.class)
public void methodName() {
    throw new Exception("注释");
}
```

(3) 声明式事务配置后,所有 Bean 将建立事务代理。所以编程时从系统环境获取 Bean 不能指明实现接口的类。而是直接通过 Bean 标识获取 Bean,再强制转换为相应接口类型,通过接口进行对象访问处理。

对几种事务处理方法进行测试对比。可以发现,使用 Spring 的事务注解是值得推荐的方式,无须编程、配置简单,且执行效率高。基于 JDBC 模板的执行结果在程序中用事务管理器的 commit 和 rollback 实现提交和回滚的编程式事务处理,效率也还是比较高,但给系统的编程增加复杂性。

另外,采用 XML 配置的方式实现,要注意几个 Bean 之间配置参照性,耦合性较高,实现比较烦琐，容易出错。而使用注解方式只需将涉及事务处理的业务类前添加@Transactional注解，配置文件只用定义事务管理器一个Bean，实现方便易懂，简化了开发，代码具有较好的可拆装性，相应地，实现事务具有良好的可扩展性。

本章小结

Spring提供了多样化的事务编程支持，包括编程式事务和声明式事务。Spring的编程式事务适合对局部操作进行事务处理。如果应用系统中有大量的事务处理需要，则应该使用声明式事务处理。声明式事务处理实现了事务处理与业务逻辑的分离，声明式事务处理依赖Spring AOP的功能。在3种声明式处理中，用TransactionProxyFactoryBean实现的事务处理，需要为涉及事务处理的每个Bean设置一个代理，配置量大。用事务拦截器方式执行效率不够理想。而基于@Transactional注解的事务定义方法具有配置简单、编程和执行效率高的特点，是值得推荐的方式。在网络考试系统中，学生交卷处理涉及保存试卷、试题解答登记、分数登记等，读者可采用事务处理来保证数据保存操作的完整性和一致性。

第11章 Spring的任务执行与调度

为了提高整个应用的效率，有一些工作需要安排特定的时机进行。以论坛为例，每隔半个小时生成精华文章的RSS文件，每天凌晨统计论坛用户的积分排名等。在Spring的应用开发中可以充分发挥其形式多样的任务定时调度功能。

11.1 基于JDK Timer的Spring任务调度

Spring支持的最基本的任务调度是基于JDK java.util.Timer类的。用Timer进行任务调度只能用简单的基于时间间隔的触发器定义，因此，基于Timer的任务调度只适合以固定周期运行的任务。

11.1.1 制作一个定时器任务类

创建使用Timer类的任务可通过继承TimerTask类，并实现run()方法执行任务逻辑。

【程序清单11-1】文件名为MyTimeTask.java

```
package chapter11;
import java.util.TimerTask;
public class MyTimeTask extends TimerTask {
    private String message;
    public void setMessage(String mess) {
        message = mess;
    }
    public void run() {
        System.out.println(message);
    }
}
```

调度该任务可直接通过JDK Timer类的schedule方法来执行，该方法的3个参数分别为任务对象、启动时间、间隔时间。以下为具体代码：

```
public static void main(String a[ ]){
    java.util.Timer   timer = new   java.util.Timer();
    MyTimeTask task = new MyTimeTask();
    task.setMessage("hello");
    timer.schedule(task,0,1 * 1000);
```

```
}
```

运行程序，将看到每隔 1 000 毫秒输出一行“hello”。

11.1.2 通过 Bean 的注入配置实现任务调度

Spring 对 Timer 支持的核心是由 ScheduledTimerTask 和 TimerFactoryBean 类组成的。ScheduledTimerTask 类可以为 TimerTask 任务定义触发器，而 TimerFactoryBean 类则可为 scheduledTimerTasks 提供相应的 Timer 实例。以下通过 Bean 的注入配置实现任务调度的具体配置。运行的目标对象是程序清单 11-1 的 MyTimeTask 对象。

【程序清单 11-2】文件名为 task1. xml

```
<? xml version = "1.0" encoding = "UTF-8"? >
<beans xmlns = "http://www.springframework.org/schema/beans"
    xmlns:xsi = "http://www.w3.org/2001/XMLSchema-instance"
    xsi:schemaLocation = "http://www.springframework.org/schema/beans
    http://www.springframework.org/schema/beans/spring-beans-2.5.xsd">
    <bean id = "timeTask"
class = " chapter11.MyTimeTask">
        <property name = "message" value = "hello" />
    </bean>
    <bean id = "myTimeTask" class = "org.springframework.scheduling.timer.Sched-
uledTimerTask">
        <property name = "timerTask" ref = "timeTask"></property>
        <!--以下指定任务运行周期，单位毫秒，也就是两次执行之间的间隔 -->
        <property name = "period" value = "1000"></property>
        <!--以下指定任务延时时间，即第一次运行之前等待时间，单位毫秒 -->
        <property name = "delay" value = "2000"></property>
    </bean>
    <bean class = "org.springframework.scheduling.timer.TimerFactoryBean">
        <property name = "scheduledTimerTasks">
            <list>
                <ref bean = "myTimeTask" />
            </list>
        </property>
    </bean>
</beans>
```

【注意】这里要将 XML 配置文件放在 Spring 应用的根目录下。后面的测试程序未指定路径加载该 XML 文件，因此，默认在应用的根目录查找。

11.1.3 测试主程序

【程序清单 11-3】文件名为 Test. java

```
package chapter11;
import org.springframework.context.support.FileSystemXmlApplicationContext;
public class Test {
    public static void main(String[] args) {
        new FileSystemXmlApplicationContext("task1.xml");
    }
}
```

运行程序可以发现,MyTimeTask 任务每隔一段时间间隙被调度执行,在控制台输出 1 行 hello。使用 Java Timer 实现任务定时调度,在执行简单重复任务时比较方便,其局限性是无法精确指定何时运行。而实际应用中经常需要将一些特定任务安排在特定时间去做。

11.2 使用 Spring 的 SchedulingTaskExecutor

Spring 定义了 TaskExecutor 为任务执行接口,通过其 execute 方法可将任务放到调度队列中。该接口拥有一个 SchedulingTaskExecutor 子接口,其中新增了定制任务调度规则的功能。下面是 SchedulingTaskExecutor 的实现类,它们分别位于 org.springframework.scheduling 的一些子包中。

- SimpleAsyncTaskExecutor:该类在每次执行任务时创建一个新线程。它支持对并发线程的总数设置限制,当线程数量超过并发总数限制时,将阻塞新的任务。
- ConcurrentTaskExecutor:该类是 JDK 5.0 的 Executor 的适配器,以便将 JDK 5.0 的 Executor 当成 Spring 的 TaskExecutor 使用。
- ThreadPoolTaskExecutor:该类在 JDK 5.0 以上才支持。对于大量并发的短小型任务,使用线程池进行任务的调度,响应速度更快。
- TimerTaskExecutor:该类使用一个 Timer 作为其后台的实现。

如果将 ExecutorExample 配置成一个 Bean,通过注入的方式提供 executor 属性,就可以方便地选用不同的实现版本。如在 JDK 5.0 上,可以选用 ThreadPoolTaskExecutor,而在 JDK 低版本中则可以使用 SimpleAsyncTaskExecutor。以下为简单的应用举例。

11.2.1 任务程序

【程序清单 11-4】文件名为 TaskExecutorSample.java

```
package chapter11;
import org.springframework.core.task.TaskExecutor;
public class TaskExecutorSample {
    private class MessagePrinterTask implements Runnable {
        private String message;
        private TaskExecutor taskExecutor;
        public MessagePrinterTask(String message) {
            this.message = message;
        }
        public void run() {
```

```
            System.out.println(message);
        }
    }

    public TaskExecutorSample(TaskExecutor taskExecutor) {
        this.taskExecutor = taskExecutor;
    }

    public void printMessages() {
        for (int i = 0; i <5; i++) { // 循环将 5 个任务放入调度队列
            taskExecutor.execute(new MessagePrinterTask("Message" + i));
        }
    }
}
```

【说明】该程序中含有具体的任务线程以及调度任务执行的代码。通过以下配置注入具体的任务调度程序,通过调度程序的 execute 方法将任务放入调度队列。

11.2.2 Bean 的注入配置

【程序清单 11-5】文件名为 task2.xml

```
<?xml version="1.0" encoding="UTF-8"?>
<beans xmlns="http://www.springframework.org/schema/beans"
    xmlns:xsi="http://www.w3.org/2001/XMLSchema-instance"
    xsi:schemaLocation="http://www.springframework.org/schema/beans
http://www.springframework.org/schema/beans/spring-beans-3.0.xsd">
    <bean id="taskExecutor"
    class="org.springframework.scheduling.concurrent.ThreadPoolTaskExecutor">
        <property name="corePoolSize" value="5" />
        <property name="maxPoolSize" value="10" />
        <property name="queueCapacity" value="25" />
    </bean>
    <bean id="taskExecutorSample" class="chapter11.TaskExecutorSample">
        <constructor-arg ref="taskExecutor" />
    </bean>
</beans>
```

【说明】

① 这里指定 ThreadPoolTaskExecutor 为任务执行调度程序,其中,含有 3 个属性参数的设置。具体调度时,如果池中的实际线程数小于 corePoolSize,无论是否其中有空闲的线程,都会给新的任务产生新的线程;如果池中的线程数大于 corePoolSize 且小于 maxPoolSize,而又有空闲线程,就给新任务使用空闲线程,如没有空闲线程,则产生新线程;如果池中的线程数等于 maxPoolSize,则有空闲线程使用空闲线程,否则新任务放入等待队列中。

② 该 XML 文件要放在应用的根目录下，因为以下测试程序默认将在应用根目录下查找 task2. xml。

11.2.3 测试程序

【程序清单 11-6】文件名为 Test2. java

```
package chapter11;
import org.springframework.context.ApplicationContext;
import org.springframework.context.support.FileSystemXmlApplicationContext;
public class Test2 {
    public static void main(String[] args) {
        ApplicationContext x = new FileSystemXmlApplicationContext ("task2.xml");
        TaskExecutorSample y = (TaskExecutorSample) x
                .getBean("taskExecutorSample");
        y.printMessages();
    }
}
```

【运行结果】因为任务的调度顺序的随机性，该程序的运行结果是动态变化的。

```
Message0
Message1
Message3
Message2
Message4
```

使用 TaskExecutor 实现的任务调度只是多线程的应用延伸，局限性也是无法指定在一个特定的时间点运行。

11.3 在 Spring 中使用 Quartz

Quartz 是一个强大的企业级任务调度框架，Quartz 允许开发人员灵活地定义触发器的调度时间表，并可以对触发器和任务进行关联映射。Spring 中继承并简化了 Quartz，以便能够享受 Spring 容器依赖注入的好处。Spring 为 Quartz 的重要组件类提供更具 Bean 风格的扩展类，Spring 为创建 Quartz 的 Scheduler、Trigger 和 JobDetail 提供了便利的 FactoryBean 类，方便在 Spring 环境下创建对应的组件对象，并结合 Spring 容器生命周期进行启动和停止的动作。以下结合简单样例介绍相关编程配置要点。

11.3.1 首先编写一个被调度的类

【程序清单 11-7】文件名为 QuartzJob. java

```
package chapter11;
public class QuartzJob {
    public void printMe()    {
```

```
        System.out.println("Quartz 的任务调度!!!");
    }
}
```

11.3.2 Spring 的配置文件

通过 Bean 的注入配置注册定时任务类,并配置任务计划和任务调度器。该配置文件放置在工程的 src 目录路径下。

【程序清单 11-8】文件名为 quartz-config.xml

```
<?xml version="1.0" encoding="UTF-8"?>
<beans xmlns="http://www.springframework.org/schema/beans" ...>
    <!-- 要调用的工作类 -->
    <bean id="quartzJob" class="chapter11.QuartzJob"></bean>
    <!-- 定义调用对象和调用对象的方法 -->
    <bean id="jobtask" class=
    "org.springframework.scheduling.quartz.MethodInvokingJobDetailFactoryBean">
        <!-- 调用的类 -->
        <property name="targetObject" ref="quartzJob" />
        <!-- 调用类中的方法 -->
        <property name="targetMethod" value="printMe" />
    </bean>
    <!-- 定义任务触发执行时间 -->
    <bean id="doTime"
  class="org.springframework.scheduling.quartz.CronTriggerBean">
        <property name="jobDetail">
            <ref bean="jobtask" />
        </property>
        <!-- cron 表达式 -->
        <property name="cronExpression">
            <value>10,15,20,25,30,35,40,45,50,55 * * * * ? </value>
        </property>
    </bean>
    <!-- 总管理类 如果将 lazy-init='false' 那么容器启动时就会执行调度程序 -->
    <bean id="startQuertz" lazy-init="true" autowire="no"
        class="org.springframework.scheduling.quartz.SchedulerFactoryBean">
        <property name="triggers">
            <list>
                <ref bean="doTime" />
            </list>
        </property>
    </bean>
```

```
</beans>
```

11.3.3 测试程序

【程序清单 11-9】文件名为 quartzTest.java

```
package chapter11;
import org.springframework.context.ApplicationContext;
import org.springframework.context.support.ClassPathXmlApplicationContext;
public class quartzTest {
    public static void main(String[] args) {
        System.out.println("Test start.");
        ApplicationContext context = new ClassPathXmlApplicationContext("quartz-config.xml");
        //如果配置文件中将 startQuertz bean 的 lazy-init 设置为 false,则不用实例化
        context.getBean("startQuertz");
    }
}
```

【注意】该应用的 quartz 对应的 jar 包为 quartz-all-1.6.0.jar。此外,还需要 commons-collections.jar、jta.jar、commons-logging.jar 以及 Spring 框架的支持。Spring 框架使用 spring-2.0.6.jar 包即可。另外,最好添加上 log4j-1.2.14.jar。由于 Spring 3 框架引入了 TaskScheduler,因此,建议读者尽量使用下节介绍的方法。

11.4 使用 Spring 的 TaskScheduler

在 Spring 3 之前,要实现任务在某个特定时间点的定时调度需要借助 Quartz。Spring 3.0 开始引入了 TaskScheduler 以及各种形式的任务调度执行方法。最简单的方法是根据给定日期和任务只执行一次。其他方法可按某个时间间隔重复执行任务,而通过触发器的方式定义执行时间更为灵活。例如:

```
scheduler.schedule(task, new CronTrigger("* 15 9-17 * * MON-FRI"));
```

任务的具体配置可用 XML 方式,也可通过@Scheduled 注记符。

11.4.1 使用 XML 进行配置

【程序清单 11-10】文件名为 TaskTestOne.java

```
package chapter11;
import org.springframework.stereotype.Service;
@Service
public class TaskTestOne {
    public void testOnePrint() {
        System.out.println("TestOne 测试打印");
    }
```

```
}
```

如果通过 XML 配置方法，配置文件代码如下：

【程序清单 11-11】文件名为 task3. xml

```
<? xml version = "1.0" encoding = "UTF-8"? >
<beans xmlns = "http://www.springframework.org/schema/beans"
xmlns:xsi = "http://www.w3.org/2001/XMLSchema-instance"
xmlns:context = "http://www.springframework.org/schema/context"
xmlns:task = "http://www.springframework.org/schema/task"
xsi:schemaLocation = "http://www.springframework.org/schema/beans
http://www.springframework.org/schema/beans/spring-beans-3.0.xsd
http://www.springframework.org/schema/context http://www.springframework.org/schema/context/spring-context-3.0.xsd
http://www.springframework.org/schema/task http://www.springframework.org/schema/task/spring-task-3.0.xsd">
<context:component-scan base-package = "chapter11" />
<task:scheduled-tasks>
    <task:scheduled ref = "taskTestOne" method = "testOnePrint" cron = "1/3 * * * * ?"/>
</task:scheduled-tasks>
</beans>
```

【说明】cron 表达式将在后面介绍。表示 1 秒后开始执行，每隔 3 秒执行一次。配置文件中引用的"taskTestOne"这个 Bean 是通过部件扫描路径的@Service 注记定义。

11.4.2 通过@Scheduled 注解方式进行配置

在 Spring 3.0 中还提供注记形式支持任务调度执行，将注记符@Scheduled 增加在方法前，@Scheduled 将新建 TaskScheduler 实例，并使用 TaskScheduler 实例将该方法注册为一个任务。Spring 注解的任务调度需要 AOP 支持。因此，应用调试时需要引入与 AOP 相关的 JAR 包，这里只用到 aopalliance. jar。

为支持注解方式的任务调度，在配置文件中要含有如下一行设置：

```
<task:annotation-driven />
```

这样，Spring 将自动根据配置文件中部件扫描的目录路径去查找任务调度配置。

以下为采用@Scheduled 注解方式进行任务调度配置的具体举例。

【程序清单 11-12】文件名为 TaskTestTwo. java

```
package chapter11;
import org.springframework.scheduling.annotation.Scheduled;
import org.springframework.stereotype.Service;
@Service
public class TaskTestTwo {
    @Scheduled(fixedDelay = 30000)
    public void testTwoPrint() {
```

```
        System.out.println("TestTwo 测试打印");
    }
}
```

【说明】这里通过 fixedDelay 属性指定每隔 30 秒执行一次。

下面通过一个应用来测试查看任务调度情况。

【程序清单 11-13】文件名为 TestSchedu.java

```
package chapter11;
import org.springframework.context.support.FileSystemXmlApplicationContext;
public class TestSchedu {
    public static void main(String[] args) {
        new FileSystemXmlApplicationContext("task3.xml");
    }
}
```

【运行结果】

TestTwo 测试打印
TestOne 测试打印
TestOne 测试打印
TestOne 测试打印
……

【说明】这里,task3.xml 文件要放在工程的根目录下。从结果可发现"TestOne"的输出消息数量是"TestTwo"的 10 倍,前者 3 秒调度执行 1 次,而后者 30 秒调度执行 1 次。

11.5 关于 Cron 表达式

Cron 触发器可以接受一个表达式来指定执行任务。一个 Cron 表达式是一个由 6～7 个字段组成由空格分隔的字符串,其中 6 个字段是必需的,只有最后一个代表年的字段是可选的,各字段的允许值如下:

字段名	允许的值	允许的特殊字符
秒	0～59	, — * /
分	0～59	, — * /
小时	0～23	, — * /
日	1～31	, — * ? / L W C
月	1～12 or JAN～DEC	, — * /
星期	1～7 or SUN～SAT	, — * ? / L C ＃
年(可选字段)	empty, 1970～2099	, — * /

其中:

- '*'字符可以用于所有字段,在"分"字段中设为"*"表示"每一分钟"的含义。

- '?' 字符可以用在“日”和“周几”字段，它用来指定“不明确的值”。
- '-' 字符指定一个值的范围，比如“小时”字段中"10-12"表示“10 点到 12 点”。
- ',' 字符指定列出多个值。比如在“周几”字段中设为"MON，WED，FRI"。
- '/' 字符用来指定一个值的增加幅度。比如"5/15"则表示“第 5，20，35 和 50”。在'/'前加" * "字符相当于指定从 0 秒开始。
- 'L'字符可用在“日”和“周几”这两个字段。它是"last"的缩写。例如，“日”字段中的"L"表示“一个月中的最后一天”。
- 'W' 可用于“日”字段。用来指定离给定日期最近的工作日(只能是周一到周五)。
- '#' 字符可用于“周几”字段。该字符表示“该月第几个周×”，比如"6 # 3"表示该月第三个周五(6 表示周五而" # 3"表示该月第三个)。
- 'C' 字符可用于“日”和“周几”字段，它是"calendar"的缩写。它表示为基于相关的日历所计算出的值。如果没有关联的日历，那它等同于包含全部日历。“日”字段值为"5C"表示“日历中 5 号以后的第一天”。

下面给出 Cron 表达式的示例。

"0 0 12 * * ?" 表示每天中午十二点触发。

"0 15 10 ? * MON-FRI" 表示每个周一、周二、周三、周四、周五的 10：15 触发。

"0 15 10 L * ?" 表示每月的最后一天的 10：15 触发。

11.6 文件安全检测应用案例

由于黑客攻击，网站文件被改动的情况常有发生。因此，本应用案例编写了一个检测程序，将某目录下的文件安全检查的功能封装在一个 Java 类中。它根据服务器文件的原始状况与当前状况的比对来检测服务器上文件的变化，并通过任务定时来启动监测工作。

11.6.1 安全检测程序

detectfile 类包含两个方法，logToXML 中将指定目录下文件的信息记录到 XML 文件中，每个文件含文件名和最后修改日期两个数据项。findDetect 方法将检查指定目录下的文件是否修改过，该方法是将当前文件的信息与 XML 文件中记录的信息进行比对，从而确定是否有文件发生修改、删除或新增。

【程序清单 11-14】文件名为 Test. java

```
package chapter11;
import java.io. * ;
import java.util.List;
import javax.xml.parsers. * ;
import javax.xml.transform. * ;
import javax.xml.transform.dom.DOMSource;
import javax.xml.transform.stream.StreamResult;
import org.w3c.dom. * ;
import org.xml.sax.SAXException;
public class detectfile {
```

```
String dir; // 被检测的服务器的目录路径
public detectfile(String dir1) {
    dir = dir1;
}

/* 将 dir 目录下文件记录到 XML 文件中,每个文件含文件名和最后修改日期 */
public int logToXML() {
    int k = 0;
    File f = new File(dir);
    String[] files = f.list(); // 列出当前目录下文件
    String xmlfile = "d:\\root_files.xml"; // 进行文件登记的 XML 文件
    DocumentBuilderFactory dbf = DocumentBuilderFactory.newInstance();
    DocumentBuilder builder;
    try {
        builder = dbf.newDocumentBuilder();
        Document doc = builder.newDocument();
        Element root = doc.createElement("directory");
        doc.appendChild(root); // 将根元素添加到文档上
        k = files.length;
        for (int m = 0; m < k; m++) { // 循环将文件信息写入 XML 文档对象
            String tf = files[m];
            File x = new File(dir + "\\" + tf);
            Element tmpNode = doc.createElement("file");
            root.appendChild(tmpNode);
            tmpNode.setAttribute("filename", tf);
            tmpNode.setAttribute("moditime",String.valueOf(x.lastModified()));
        }
        FileOutputStream fos;
        fos = new FileOutputStream(xmlfile); // 创建文件输出流
        OutputStreamWriter outwriter = new OutputStreamWriter(fos);
        Source source = new DOMSource(doc);
        Result result = new StreamResult(outwriter);
        Transformer xformer = TransformerFactory.newInstance()
                .newTransformer();
        xformer.setOutputProperty(OutputKeys.ENCODING, "gb2312");
        xformer.transform(source, result); // 将 XML 文档写入目标文件
    } catch (Exception e1) {
        e1.printStackTrace();
    }
    return k; // 返回登记的文件总个数
```

```
    }

    /* 检测文件是否发生变化,返回变化信息 */
    public List<MyResult> findDetect() {
        List<MyResult> resultList = new ArrayList<MyResult>();
                                                        // 存放检测结果
        try {
            String xmlfile = "d:\\root_files.xml";
            DocumentBuilderFactory dbf = DocumentBuilderFactory.newInstance();
            DocumentBuilder builder;
            builder = dbf.newDocumentBuilder();
            Document doc = builder.parse(xmlfile); // 获取到 xml 文件
            Element root = doc.getDocumentElement(); // 获取根元素
            NodeList files = root.getElementsByTagName("file");
            File f = new File(dir);
            String[] n_fs = f.list(); // 现在目录下的文件列表
            List<String> list1 = new ArrayList<String>();
            for (int k = 0; k < n_fs.length; k++)
                // 将所有文件名放入列表 list1 中
                list1.add(n_fs[k]);
            for (int i = 0; i < files.getLength(); i++) {
                Element fe = (Element) files.item(i);
                String filename = fe.getAttribute("filename");
                if (list1.contains(filename) == false) { // 是否为被删文件
                    resultList.add(new MyResult(filename, "delete"));
                } else {
                    String modi = fe.getAttribute("moditime");
                    File x = new File(dir + "\\" + filename);
                    // 是否为被修改的文件
                    if (x.lastModified() != Long.parseLong(modi))
                        resultList.add(new MyResult(filename, "modified"));
                }
            }
             …// 为节省篇幅,检查新增文件的代码略
        } catch( Exception e) {  }
        return resultList;
    }
}
```

【说明】

MyResult 类封装有检测结果的数据项,包括 filename(文件名)和 operate(操作)属性。

类中还包含针对这两个属性的 setter 和 getter 方法以及构造方法。

【思考】

(1) 如果检测结果返回信息为一个 JSON 串,每条信息包括文件名和文件变更类型。如何修改程序?

(2) 程序清单 11-14 中省略了部分代码,检查列出新增文件如何实现?

11.6.2 任务调度配置

安全检测任务的安排可以每隔 1 小时检测 1 次,但这样可能影响应用效率。以下设定每天晚上 11 点半启动检测任务,这样可充分利用服务器的闲暇时间完成工作。

【程序清单 11-15】文件名为 TaskCheck.java

```
package chapter11;
import org.springframework.scheduling.annotation.Scheduled;
import org.springframework.stereotype.Service;
@Service
public class TaskCheck {
    @Scheduled(cron = "0 30 23 *  * ?")
    public void check() {
        detectfile x = new detectfile("d:\\cai"); // 指定检查的目录
        List<MyResult> m = x.findDetect(); // 调用安全检查程序进行检查
        System.out.println(m.size()); // 输出检测结果
    }
}
```

【说明】这里仅将列表找到的项目数输出,实际可通过邮件或短信等消息发送给管理者。或者登记在应用系统的某个检查日志文件中,管理员登录应用时将信息显示给管理者。

本章小结

Spring 的任务调度为应用系统中特定任务的执行安排提供了有效的支持。最简单的任务执行是利用 JDK 的 Timer 类,它可以规定某个任务在隔多久的时间点启动,并按一定的时间间隔重复执行。Spring 的 TaskExecutor 定义了任务执行接口,通过其 execute 方法可将任务放到调度队列中,借助 TaskExecutor 的具体实现类可实现多任务的并发调度。在 Spring 3 之前,要实现任务在某个特定时间点的定时调度需要借助 Quartz。Spring 3 以后引入了 TaskScheduler 类,通过使用 Cron 表达式指定任务的具体执行时间点以及间隔安排,并提供了@Scheduled 注解符配置任务定时调度,从而可满足各类应用的定时执行要求。读者可完善本章的网站文件安全监测应用,将发现的问题登记或通过某种方式通知管理者。

第12章 Spring Web应用的国际化支持

随着软件国际化的需求越来越大，成功的应用软件都具有中、英、日等多个语种的版本。对于基于 J2EE 的系统而言，实现系统的多语言版本已成为很多 Web 应用不得不解决的问题。

软件国际化是指在软件设计和开发过程中，创建不同语言版本时，不需重新设计源程序代码的软件工程方法。简单地说，国际化意味着同一个软件可以面向使用各种不同语言的客户，满足不同地区语言、文化、生活习惯要求。

Spring 的国际化首先是应用界面中显示的静态页面部分的信息的国际化，其次是保存在数据库中的动态显示信息的国际化。在国际化视图显示处理中最终要根据用户环境显示出本地化页面内容。如图 12-1 所示为基于 Spring 的三层架构（应用界面层、业务逻辑层和数据访问层）的国际化总体框架，可将其分解为应用界面国际化框架和业务逻辑国际化框架两个部分。

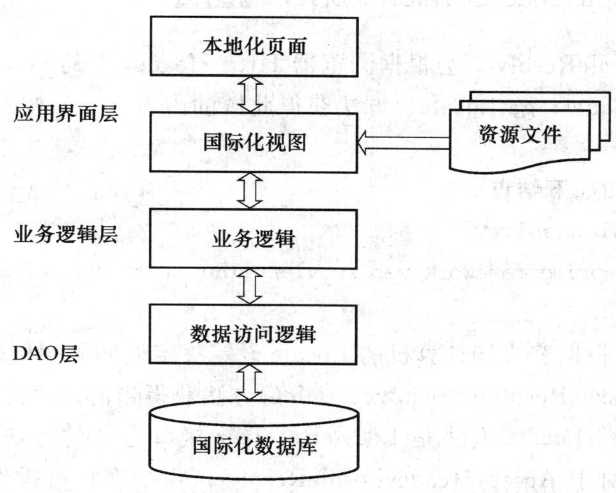

图 12-1 Spring 的 Web 应用国际化的逻辑框架

12.1 JDK 核心包中对国际化的支持

Java 程序的国际化主要通过如下三个类完成。

① java.util.Locale 类：对应一个特定的国家/区域及语言环境。用于表征语言和地区，为其他类提供包含用户本地化的信息，如语言和国家。

Locale 的命名规则：＜语言＞_＜地区名＞.＜字符编码名称＞

例如："zh_CN. GB2312"中，zh 表示中文，CN 表示中华人民共和国，GB2312 表示使用的字符集为 GB2312。

② java. util. ResourceBundle 类：用于加载一个资源包。一个应用系统可以包含多个消息资源文件，每个消息资源文件存放和一种 Locale 相对应的本地化消息文本。这些资源包括文本域或按钮的 Label、状态信息、图片名、错误信息和网页标题等。

例如：指定资源文件名称为 message，而指定的 Locale 是 zh_CH，最佳匹配资源文件名称为 message_zh_CN. properties。如果该资源文件没有找到，系统会查找近似匹配的属性文件。

③ java. text. MessageFormat 类：用于将消息格式化。可以定义一个模式，允许在运行时用指定的参数来替换掉消息字符串中的占位符部分。例如，定义了一个占位符来代替信息可变部分，得到模式：

```
Error. requiredfield = the{0}field is required to save{1}.
```

在运行时，{0}占位符被第一个参数替换，{1}占位符被第二个参数替换，依此类推。

12.2 服务端对 Locale 的解析配置

在 Web 应用中，由于应用界面是在客户方，因此，应该根据客户方操作系统的语言环境来自动识别选择的语种，Spring 中目前提供了以下几种解析程序来识别所采用的语言，它们均实现了 LocaleResolver 接口。

12.2.1 使用 AcceptHeaderLocaleResolver 的配置

AcceptHeaderLocaleResolver 会根据浏览器 Http Header 中的 accept-language 域判定，可通过 HttpServletRequest. getLocale()方法获得此域的内容，例如：中文为"zh_CN"，美国英语为"en_US"。

在配置文件中增加如下结点：

```
<bean id = "localeResolver"
    class = "org. springframework. web. servlet. i18n. AcceptHeaderLocaleResolver">
</bean>
```

之后，Spring 就会根据客户端计算机的 Locale 设定决定返回界面所采用的语言种类。可通过 AcceptHeaderLocaleResolver. resolveLocale()方法获得当前语言设定。

resolveLocale 和 setLocale 方法是 LocaleResolver 接口定义的方法，用于提供对 Locale 信息的存取功能。而对于 AcceptHeaderLocaleResolver，由于客户机操作系统的 Locale 为只读，所以仅提供了 resolveLocale 方法。

12.2.2 使用 SessionLocaleResolver 的配置

根据用户会话过程中的语言设定决定语言种类(如用户登录时选择语言种类，则此次登录周期内统一使用此语言设定)。具体配置为：

```
<bean id = "localeResolver"
    class = "org. springframework. web. servlet. i18n. SessionLocaleResolver">
</bean>
```

SessionLocaleResolver 会自动在 Session 中维护一个名为“org. springframework. web. servlet. i18n. SessionLocaleResolver. LOCALE”的属性，其中保存了当前会话所用的语言设定信息，同时对外提供了 resolveLocale 和 setLocale 两个方法用于当前 Locale 信息的存取操作。

12.2.3 使用 CookieLocaleResolver 配置

根据 Cookie 中记录的用户环境信息来判定显示语言，具体配置为：

```
<bean id = "localeResolver"
    class = "org.springframework.web.servlet.i18n.CookieLocaleResolver">
    <property name = "cookieName">
        <value>browserLocale</value>
    </property>
    <property name = "cookiePath">
        <value> mypath </value>
    </property>
    <property name = "cookieMaxAge">
        <value>999999</value>
    </property>
</bean>
```

其中，包含了三个属性，cookieName、cookiePath 和 cookieMaxAge，分别指定了用于保存 Locale 设定的 Cookie 的名称、路径和最大保存时间。这几个属性也有默认值，它们分别为：cookieName 为 CookieLocaleResolver 类定义的 LOCALE 变量，cookiePath 为“/”，cookieMaxAge 为 Integer. MAX_VALUE。

在应用中，可通过 CookieLocaleResolver. setLocale(HttpServletRequest request，HttpServletResponse response，Locale locale)方法保存 Locale 设定，setLocale 方法会自动根据设定在客户端浏览器创建 Cookie 并保存 Locale 信息。这样，下次客户机浏览器登录的时候，系统就可以自动利用 Cookie 中保存的 Locale 信息为用户提供特定语种的操作界面。

12.3 Web 页静态显示的国际化处理

通过将显示消息定义在资源文件中是实现消息显示动态化的核心。Spring 通过 ResourceBundleMessageSource 类实现资源查找的动态匹配。以下为具体实施步骤。

12.3.1 在应用的配置文件中定义消息源

在应用的配置文件中定义消息源，并指定资源文件基名为“messages”。也就是资源文件的文件名前缀为“messages”，后面跟语言标识部分。

```
<bean id = "messageSource"
    class = "org.springframework.context.support. ResourceBundleMessageSource">
    <property name = "basename"><value>messages</value></property>
</bean>
```

12.3.2 建立针对语种的 properties 文件

多国语言资源文件(properties 文件)存放在应用的 src 目录下。部署后,它将自动放到应用的 WEB-INF/classes/目录下。以下分别建立中文和英文两个 properties 文件。

(1)中文:messages_zh_CN. properties

login_title=用户登录

username_label=用户名

password_label=密码

button_label =登录

【注意】messages_zh_CN. properties 文件在部署时需使用 JDK 工具 native2ascii 进行转码,也可利用在线 native2ascii 网站(http://www.00bug.com/native2ascii.html)。

上述文件内容经 native2ascii 编码转换后如下:

login_title=\u7528\u6237\u767b\u5f55

username_label=\u7528\u6237\u540d

password_label=\u5bc6\u7801

button_label=\u767b\u5f55

(2) 英文:messages_en_US. properties

login_title=User login

username_label=Username

password_label=Password

button_label=login on

12.3.3 使用国际化数据

为了在 JSP 页面中显示的提示信息实现国际化,可采用 Spring 的标签变量替换原来针对某个具体语言的文字显示。使用 Spring 标签实现动态提示的编程步骤如下:

(1) 将 spring. tld 文件复制到/WEB-INF/目录;

(2) 在 JSP 文件中通过 taglib 指令引入 Spring 的表单标签,通过<spring:message>标记将其中硬编码的提示信息替换为动态 Tag。例如,以下为使用 Spring 标签进行替换后的登录页面。

【程序清单 12-1】文件名为 login. jsp

```
<%@page contentType="text/html; charset=UTF-8"%>
<%@ taglib prefix="spring" uri="/WEB-INF/spring.tld" %>
<html><body><center>
<form action="j_spring_security_check"  method="post">
<DIV  style="FILTER: dropshadow(color=#888888,offx=10,offy=10,positive
=1); WIDTH:215px; HEIGHT: 102px">
<TABLE height="96%" cellPadding=3 width="97%"
    bgcolor="#F1FAFE" border=0 style="border-collapse: collapse">
<TR>
```

```
<TD align = center width = "100 %" colspan = "2" bgcolor = " #DDF0FF" >
   <p align = "center"><font color = " #0000FF"><spring:message code = "login_title"/> </font></TD>
</TR> <TR>
<TD align = right width = "40 %" ><spring:message code = "username_label"/></TD>
<TD align = center width = "60 %"> <INPUT type = "text" size = "12" name = "j_username">
</TD>
</TR><TR>
<TD align = right width = "40 %" ><spring:message code = "password_label"/></TD>
<TD align = center width = "60 %">
<INPUT type = "password" size = "12" name = "j_password"> </TD> </TR>
</TABLE></DIV>
<p align = "center"><INPUT type = submit  name = "log"  value = "<spring:message code = "button_label"/>"></p>
</form>
</center> </body></html>
```

【说明】

(1) <spring:message>对应 org. springframework. web. servlet. tags. MessageTag 标记库处理类。这个标记用来帮助 springframework 支持国际化。该标记的属性如下：

- code:用来查找 message,如果没有被使用的话,text 将被使用。
- text:假如 code 不存在的话,默认是 text 输出。当 code 和 text 都没有设置的话,标记将输出为 null。
- var:用来定义变量名,以便在代码其他处引用输出消息内容。

(2) <spring:message>标记会自动从当前 messageSource 中根据 code 读取符合目前 Locale 设置的配置数据。如果当前 Locale 为“zh_CN”,则显示结果如图 12-2 所示。如果当前 Locale 为“en_US”,则显示结果如图 12-3 所示。

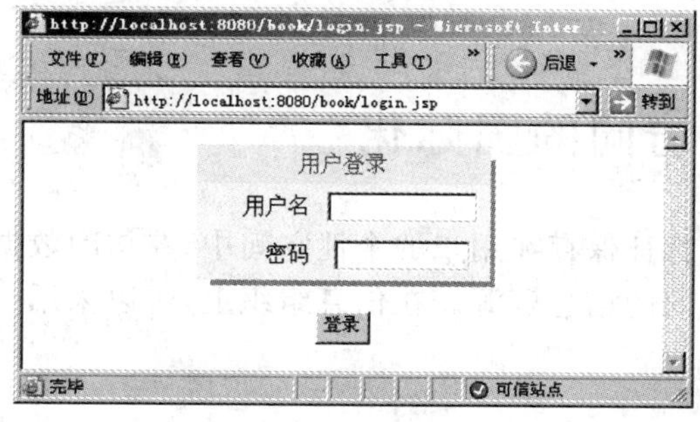

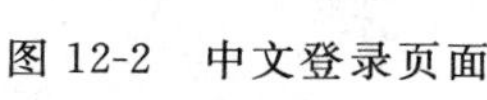

图 12-2　中文登录页面

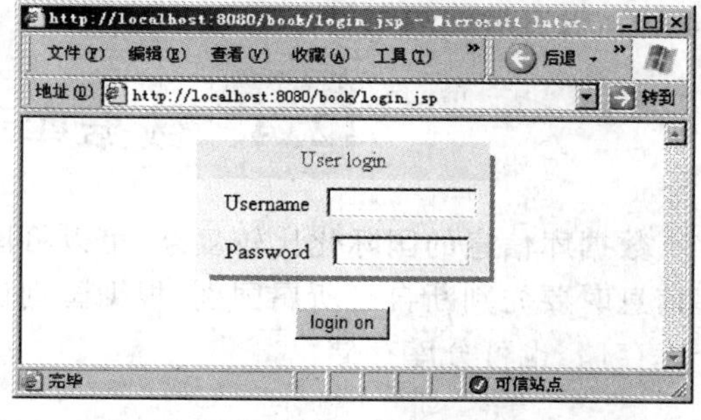

图 12-3　英文登录页面

【说明】更改用户使用的语言环境,可从“控制面板”→“区域和语言选项”,可通过弹出对话框的“标准和格式”下拉框中选择“英文(美国)”。

【注意】

(1) 在 web. xml 文件中要通过 ContextLoaderListener 监听器装载应用环境。否则，执行含 Spring 标签的 JSP 文件时会显示“找不到 Web 应用”的错误。

```
<context-param>
    <param-name>contextConfigLocation</param-name>
    <param-value>/WEB-INF/root-context.xml</param-value>
</context-param>
<listener>
    <listener-class>org.springframework.web.context.ContextLoaderListener
    </listener-class>
</listener>
```

在配置文件 root-context. xml 文件中可安排 localeResolver 和 messageSource 两个 Bean 的配置信息。

```
<?xml version="1.0" encoding="UTF-8"?>
<beans xmlns="http://www.springframework.org/schema/beans"
    xmlns:xsi="http://www.w3.org/2001/XMLSchema-instance"
    xsi:schemaLocation="http://www.springframework.org/schema/beans http://
www.springframework.org/schema/beans/spring-beans-3.0.xsd">
<bean id="localeResolver"
  class="org.springframework.web.servlet.i18n.AcceptHeaderLocaleResolver">
</bean>
<bean id="messageSource"
  class="org.springframework.context.support.ResourceBundleMessageSource">
<property name="basename"><value>messages</value></property>
</bean>
</beans>
```

(2) 为了避免在<spring:message>标记的输出字符串中因含有空格带来的页面显示问题，可以外加引号将标签的输出内容括住。例如，程序中的 button_label 的输出。也可以在标签定义时加引号，例如 button_label="login on"。否则，由于中间的空格，得到的显示结果为“login”，没有后面的“on”。

12.4 数据库动态访问的国际化

数据库信息的国际化比较复杂，可以将国际化特征保存在用户的个性空间中，在访问数据库信息时要先判断自己所属国别，根据国别访问不同的信息资源。在信息组织上，可以采用一个库存储，也可分库存储。

12.4.1 不同国家的数据采用同一库存储

如果将不同国家的数据用同一库来存储，其好处是连接数据库的 Bean 数据源可相同，实现 Bean 的共享。在 SQL 语句中要区分不同国家对应的字段或表格。

具体有以下处理方法。

- 单表多字段方式：在同一个表中，对每个语种对应的数据，用相同数据类型，不同名称的字段进行存储。
- 分表方式：将国际化和非国际化字段分开，将原始表拆分成多个表。

12.4.2 不同国家的数据分库存储

分库存储时不同国家的信息采用各自的数据库存储，每次访问首先要定位到数据库。这种方式一般不宜采用同一 Bean 来操作数据库，因为不同用户的数据源在变化。由于所有数据库的结构相同，所以 SQL 语句可保持一样。

具体处理办法可以考虑如下两种方式。

- 方法 1：在进行数据库的访问操作中不采用 Bean，而是根据请求创建业务逻辑对象，在业务逻辑对象中根据不同国家区域连接不同的数据源。
- 方法 2：为每个国家的数据访问 JdbcTemplate 创建自己的 Bean，分配不同的标识。标识中可用国家区域的名称作为名称的后缀。访问时根据国家区域取得对应的 Bean。其他需要使用 JdbcTemplate 的对象，不再创建 Bean，而是通过创建对象方式由程序根据具体国家语言引用不同的 JdbcTemplate 对象。

12.5 Spring 表单数据校验处理国际化

数据的合法性检查可根据需要安排在客户端和服务端进行。一般安排在客户端比较好，客户端通过 Javascript 脚本编程实现。在服务器端通过表单输入域的对象数据绑定结合数据校验程序的编程对输入数据进行合法性检查。本小节结合资源共享应用中栏目对象的数据检查处理来进行数据校验和表单标签数据绑定的实现。

12.5.1 Spring 的数据校验接口逻辑

1. 编写校验程序

org.springframework.validation.Validator 接口为 Spring MVC 提供了数据合法性校验功能，该接口有两个方法，说明如下。

- boolean supports(Class clazz)：判断校验器是否支持指定的目标对象，每一个校验器负责对一个特定类型的模型对象进行检验。
- void validate(Object target, Errors errors)：对 target 对象进行合法性校验，通过 Errors 返回校验错误的结果。

【程序清单 12-2】文件名为 ColumnValidator.java

```
import org.springframework.validation.*;
public class ColumnValidator  implements Validator {
    public boolean supports(Class<? > c) {  //该校验器支持的目标类
        return c.equals(Column.class);
    }
    public void validate(Object target, Errors errors) {
```

```
        Column v = (Column) target;  //栏目 Column 定义见程序清单 4-1
            //通过 Spring 提供的校验工具类进行简单的规则校验
        ValidationUtils.rejectIfEmptyOrWhitespace(errors, "title",
                "required.title","栏目名必须填写");
        if (v.getTitle().length()<2)  //对栏目标题长度再检查
          errors.rejectValue("title", "invalid.title", "名称太短");
    }
}
```

【说明】

(1) Supports 方法设定了该校验器支持的模型对象为 Column 类,如果错误地将 UserValidator 用于其他对象校验,Spring MVC 就会根据 supports()方法驳回操作。

(2) 对于一般的空值校验来说,直接用 Spring 提供的 ValidationUtils 校验工具类进行检查。ValidationUtils 提供有 rejectIfEmptyOrWhitespace()、rejectIfEmpty()等方法。

(3) 报错通过 errors 的 reject()方法,其 3 个参数分别为:

- 参数 1 对应模型类的属性字段,表示该错误是对应模型的哪一个字段,Spring MVC 的错误标签<form:errors>可以通过 path 属性访问指定字段的错误消息;
- 参数 2 为错误代码,表示该错误对应资源文件中的键名,Spring MVC 的错误标签可以据此获取资源文件中的对应消息。如果希望实现错误消息的国际化,就必须通过错误代码指定错误消息;
- 参数 3 为默认消息,当资源文件没有对应的错误代码时,使用默认消息作为错误消息。

2. 在控制器中应用校验程序

(1) 准备错误显示的资源文件

错误信息资源放在以 errors 为前缀的资源文件中,如 errors_en_US.properties 和 errors_zh_CN.properties 的资源文件,从而实现错误信息显示的国际化。这些文件要存放在工程的 src 目录下。

以下是 errors_en_US.properties 资源文件的内容:

```
required.title = title name can't be empty.
invalid.title = title is invalid.
title_label  = column title
button_label  = submit
```

以下是 errors_zh_CN.properties 资源文件的内容,实际内容要进行编码转换:

```
required.title = 标题名不能为空.
invalid.title = 标题无效.
title_label  = 栏目标题
button_label  = 提交
```

特别地,为了能实现错误显示信息的国际化,需要在 Spring 配置文件中定义 Locale 解析器及资源文件的前缀,以便查找。以下为配置样例。

```
<bean id="localeResolver"
class="org.springframework.web.servlet.i18n.AcceptHeaderLocaleResolver">
</bean>
```

```
<bean id="messageSource"
  class="org.springframework.context.support.ResourceBundleMessageSource">
<property name="basename"><value>errors</value></property>
</bean>
```

(2) 控制器方法中调用错误检查程序

在控制器的方法中加入校验检查，一种是数据绑定上的错误，通过 BindingResult 对象获取；另一种是通过自设计的校验器查找错误，可通过执行校验器的 validate 方法得到。

以下为后续程序清单 12-3 的省略部分的代码：

```
@RequestMapping(method = RequestMethod.POST)
public String onSubmit( @ModelAttribute("column") Column mycolumn,
    BindingResult result, HttpServletRequest request)
{
    ColumnValidator v = new ColumnValidator();
    v.validate(mycolumn, result);  //进行错误校验,错误填入 result 中
    if  ( result.hasErrors()) {
        return "columninsert";  //返回视图文件,显示校验错误
    }
    else {
        JdbcColumnDao dao = new JdbcColumnDao();
        dao.insert(mycolumn.title);  // 调用业务逻辑插入一条栏目
        return "redirect:/column/insert";  //继续转插入新栏目页面
    }
}
```

【注意】将错误填入通过参数注入的 BindingResult 对象中很关键，在 JSP 视图中可通过该 BindingResult 对象得到错误信息。

12.5.2 Spring 的表单标签与模型的结合

控制器与视图文件的信息传递是依靠模型对象。从 Spring 的 Form 标签的输入域中获取模型的信息是通过 modelAttribute 注入的模型对象。而 JSP 页面传递给控制器的表单数据也是通过该模型对象传递。在控制器中可通过@ModelAttribute 注解访问模型数据。

1. 栏目控制器的完整代码

【程序清单 12-3】文件名为 ColumnController.java

```
import javax.servlet.http.HttpServletRequest;
import org.springframework.stereotype.Controller;
import org.springframework.ui.Model;
import org.springframework.validation.BindingResult;
import org.springframework.web.bind.annotation.*;
@Controller
@RequestMapping("/column/insert")
public class ColumnController {
```

```
    @RequestMapping(method = RequestMethod.GET)
    public String setupForm(Model model) {
        Column info = new Column(); // 创建数据对象
        model.addAttribute("column", info); // 将数据对象放入模型
        return "columninsert";
    }

    @RequestMapping(method = RequestMethod.POST)
    public String onSubmit(@ModelAttribute("column") Column mycolumn,
            BindingResult result, HttpServletRequest request) {
            … //其他代码见前面部分内容
    }
}
```

【说明】在用户用 GET 方式访问"/column/insert"的 URL 时将调用控制器的 setupForm 方法完成模型的创建，并用 columninsert 视图显示，用户在 JSP 页面输入数据并提交时，将用 POST 方式访问"/column/insert"，这时，执行控制器的 onSubmit 方法，在该方法内完成数据校验和调用业务逻辑操作。

2. JSP 视图

Spring 标签库提供了 form 标签可实现将表单输入项与 Java 对象的绑定。从而可简化数据的传递与显示处理。通过 Spring form 标签的 modelAttribute 属性指定模型对象，在表单的输入域标签中通过 path 与模型对象的属性关联。通过标签<form:errors>显示校验错误信息。

【程序清单 12-4】文件名为 columninsert.jsp

```
<%@page contentType="text/html; charset=UTF-8"%>
<%@taglib prefix="form" uri="http://www.springframework.org/tags/form"%>
<html><body><center>
<form:form method="POST" modelAttribute="column">
<p><spring:message code="title_label"/>:
<form:input path="title" />      <!-- 输入框的标签 -->
<form:errors path="title" />   <! — 显示错误的标签 -->
</p><input type="submit" value="<spring:message code="button_label"/>" />
</form:form>
</center></body></html>
```

如图 12-4 和图 12-5 所示分别为中英文使用者的显示界面。输入 a 时分别显示"标题无效"和"title is valid"的错误消息。

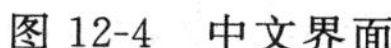
图 12-4　中文界面

图 12-5　英文界面

本 章 小 结

本章介绍了 Spring 应用中实现应用的国际化显示处理的实现步骤。先是配置文件中对消息解析器和消息源的定义,然后是针对各国的语言设计 properties 属性文件,在 JSP 显示文件中通过 Spring 的 message 标签实现某消息的显示。接着,简单探讨了数据库中数据访问的国际化问题。最后,介绍了 Spring MVC 中实现错误校验及错误消息显示的国际化处理。读者可结合应用思考整个系统的国际化处理实现。

第 3 篇

Spring 应用整合处理研究篇

第13章　AJAX与Spring结合的访问模式

AJAX是客户端实现动态交互的流行技术，AJAX可实现无刷新更新页面。AJAX综合使用了JavaScript、XHTML、CSS、DOM、XML、XSTL以及XMLHttpRequest等技术。将AJAX技术与Spring结合可发挥各自的优势。如图13-1所示为AJAX技术与Spring两者结合的基本工作原理，客户端利用DHTML实现与用户的事件交互，并利用AJAX引擎发送请求和获取响应数据。服务器端采用Spring MVC实现HTTP请求和响应处理。AJAX通过HTTP接口获取资源及实现异步服务器交互的功能，与Spring的REST风格的服务架构正好协调一致。

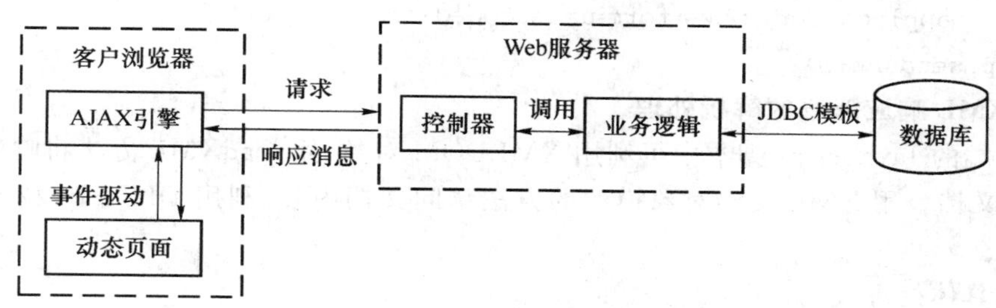

图13-1　基本工作原理

要实现AJAX访问Spring的REST风格的服务，其工作过程如下。

(1) 客户端通过XMLHttpRequest对象发送URL请求，访问服务端的Web服务。这里的主要问题是请求中对汉字参数的编码处理。

(2) 服务端接收请求，根据请求分析调用与URI映射匹配的方法进行处理，包括访问数据库，并发送响应给客户端。这里的关键有两点：一是如何获取请求中的汉字，二是如何封装响应消息，特别是响应消息中也含有汉字。

(3) 客户端解析来自服务端的响应消息，并利用DHTML技术将消息在页面中显示。

本章结合网上资源共享系统的资源查询功能的设计进行介绍。客户端输入要查询内容的关键词，服务器根据用户要求查找满足条件的资源，将所有资源的信息封装为XML消息或JSON文本返回给客户端，客户端根据收到的消息进行分析和显示处理。

13.1 基于 XML 的消息传送方案

13.1.1 客户端代码设计

1. 请求汉字的传送处理

在客户端发送的 URL 请求中要传递从文本输入框(keyWord)得到的关键词。由于汉字是多字节,为了实现正确传送,需要利用 encodeURI 进行两次编码处理,并设置请求头的编码字符集为 utf-8。以下为具体处理代码:

```
var key = keyWord.value;  //获取文本框的输入
myurl = "search/" + key;
myurl = encodeURI(myurl);
myurl = encodeURI(myurl);
xmlhttp.Open("POST", myurl, false);
xmlhttp.setRequestHeader('Content-Type',
        'application/x-www-form-urlencoded;charset = utf-8');
xmlhttp.send(null);
```

2. 对 XML 响应消息的解析处理

在客户端的 JavaScript 脚本中可利用 XMLDOM 对象,用 loadXML 方法将响应字符串解析为 XML 文档。用 XML 文档对象模型的方法访问文档内容,利用 DHTML 技术实现内容的动态显示。

以下为具体处理代码:

```
var response = xmlhttp.responseText;
var xmldoc = new ActiveXObject("Microsoft.XMLDOM");
xmldoc.loadXML(response);
var root = xmldoc.documentElement;
var nodes = root.childNodes;
for( var i = 0;i<nodes.length;i++){  //循环获取所有的查询结果
  s1 = convert(nodes.item(i).getAttribute("titleName"), key);
                                                    //获取资源的标题
      … //资源其他属性的获取略
  disp = disp + "<li style = 'color: #3488b4'><a ref = 'resource/download/" + s3
        + "'>" + s1 + "</a></li>" + s2;  //拼接显示内容
}
res.innerHTML = disp;  //显示拼接的结果
```

3. 特殊显示的处理

为了使显示结果更为美观,在进行显示转换处理时将关键词用红色进行标注。以下设计的转换函数 convert 将在 message 字符串中查找关键词 key,并将字符串中包含 key 的部分加入红色字体显示的代码。需要转换显示的内容,只要调用该函数即可,图 13-2 为应用显示界面。

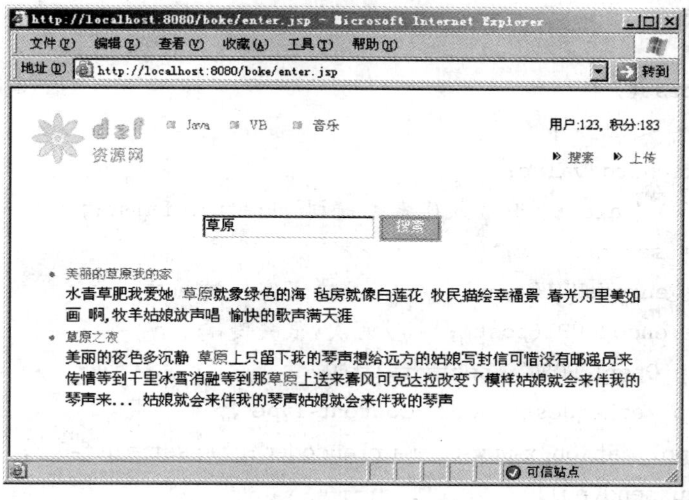

图 13-2 应用界面

```
function convert(message,key){
    var k = 0;
    var x = message;
    var le = key.length;
    k  =  x.indexOf(key,k);
    while (k!= -1){
      x = x.substring(0,k) + "<font color = red>" + key + "</font>" + x.sub-
          string(k + le);
      k = x.indexOf(key,k + le + 23);  //23 是加入红色显示导致串字符增加个数
    }
    return x;
}
```

以下为客户方的完整代码。

【程序清单 13-1】文件名为 search.jsp

```
<script type = "text/javascript">
var xmlhttp =  new ActiveXObject("Microsoft.XMLHTTP");
function convert(message,key){   //搜索词标红处理
    var k = 0;
    var x = message;
    var le = key.length;
    k  =  x.indexOf(key,k);
    while (k!= -1){
        x = x.substring(0,k) + "<font color = red>" + key + "</font>" + x.sub-
            string(k + 3);
        k = x.indexOf(key,k + le + 23);
    }
```

```
        return x;
    }
    function process() {
        var disp = "<ul>";
        var x = keyWord.value;
        if (x == "") { alert("请输入搜索关键词");return false;}
          myurl = "search/" + x;
          post = encodeURI(myurl); // 解决汉字传送问题
          post = encodeURI(post);   //两次,很关键
          xmlhttp.Open("POST", post, false);
          xmlhttp.setRequestHeader('Content-Type',
              'application/x-www-form-urlencoded;charset = utf-8');
          xmlhttp.send(null);
          var c = xmlhttp.responseText;
          var xmldoc = new ActiveXObject("Microsoft.XMLDOM");
          xmldoc.loadXML(c);
          var root = xmldoc.documentElement   ;
          var nodes = root.childNodes;
          for( var i = 0;i<nodes.length;i++){
            s1 = convert(nodes.item(i).getAttribute("titleName"),x);
            s2 = convert(nodes.item(i).getAttribute("des"),x);
            s3 = nodes.item(i).getAttribute("url");
            disp = disp + "<li style = 'color: #3488b4'><a href = 'resource/down-
                  load/" + s3 + "'>" + s1 + "</a></li>" + s2;
        }
        disp = disp + "</ul>";
        res.innerHTML = disp;
        return false;
    }
    </script> </head>
    <body><P ALIGN = CENTER />
    <table width = "35 %"><tr>
    <td align = "right"><input name = "keyWord " id = "keyWord" type = text size = 20>
                </td>
    <td align = "left"><INPUT class = button type = button onclick = "process()" name
  = "I1" value = 搜索></td> </tr>
    </table>
    <div id = "res" ></div>
    </body> </html>
```

13.1.2 服务端代码设计

服务端代码中的一个难点问题是对汉字的处理，首先要保证按正确的编码接收字符，对接收的编码字符进行解码。另外就是发送响应消息的处理，要支持汉字字符正确地被客户方的脚本解析。

1. 加入字符过滤器

为了实现中文的正确处理，需要在 web.xml 文件中配置文件中加入过滤器，这样所有字符将变为 UTF-8 编码。具体代码参见 3.5 节。

2. 业务逻辑方法

利用 JdbcTemplate 模板实现数据库的连接和访问处理。以下代码中 jdbcTemplate 代表连接具体数据库的 JdbcTemplate 模板对象。将数据库查询结果的各条记录以资源列表的形式作为返回结果。其中，MyResource 为代表应用中的信息资源类，该类的属性与数据库中 resource 表格的属性对应，包括 resourceID、titleName 等。

```
public List<MyResource> search(String key) {
    List<MyResource> m = jdbcTemplate.query(
        "select * from resource where titleName like '%" + key + "%'",
        new RowMapper<MyResource>() {
          public MyResource mapRow(ResultSet rs, int rowNum)
                  throws SQLException {
            MyResource r = new MyResource();
            r.setResourceID(rs.getInt("resourceID"));
            r.setTitleName(rs.getString("titleName"));
            … //资源其他属性设置略
            return r;
          }
        });
    return m;
}
```

3. 控制器的设计

Spring 控制器通过方法参数可方便地获取客户提交的信息。注意，这里为便于对发送消息的编码控制，采用 HttpServletResponse 对象来发送数据。控制器的代码构成如下：

```
@Controller
public class myController {
  @RequestMapping(value = "/search/{key}", method = RequestMethod.POST)
  public void search(@PathVariable("key") String key,
          HttpServletResponse response) {
          … //根据 key 查数据库，将结果转化为 XML 串通过 response 发送
  }
}
```

(1) 对接收到的关键词的解码处理

配合客户方对字符的编码处理,服务方在获取用户输入的查询关键词时要对字符进行解码。使用如下方法。

```
try {
    ch_key = java.net.URLDecoder.decode(key, "UTF-8");
} catch (UnsupportedEncodingException e1) { }
```

(2) 采用 XML 文档对象存储要返回的数据信息

```
DocumentBuilderFactory dbf = DocumentBuilderFactory.newInstance();
DocumentBuilder builder = dbf.newDocumentBuilder();
Document doc = builder.newDocument();
Element root = doc.createElement("directory");
doc.appendChild(root); // 将根元素添加到文档上
Iterator<MyResource> it = x.iterator();
while(it.hasNext()) {
  MyResource tf = it.next();
  Element  tmpNode = doc.createElement("file");
  root.appendChild(tmpNode);
  tmpNode.setAttribute("titleName",tf.getTitleName());
  tmpNode.setAttribute("des",tf.getDescription());
  tmpNode.setAttribute("url",tf.getResourceID() + "." + tf.getFiletype());
}
```

(3) 将 XML 文档对象转化为字符串

在 Java API 中没有直接提供将 XML 文档对象转换为字符串形式表示的方法,为此,实现了一个流变换将 XML 文档转换为字符串。客户方可以通过 xmlhttp.responseText 接收该字符串,然后用 XML 文档对象的 loadXML 方法转换为文档对象模型表示,从而进行分析处理。

```
public String doc2String(Document doc) {
    String str = null;
    try{
        TransformerFactory factory = TransformerFactory.newInstance();
        Transformer trans = factory.newTransformer();
          Writer outwriter = new StringWriter();
        StreamResult strOut = new StreamResult(outwriter);
        Source xmlSource = new DOMSource(doc);
        trans.transform(xmlSource,strOut);
        str = outwriter.toString();
    }catch(Exception e){   }
    return str;
}
```

(4) 将响应消息发送给客户端

采用普通文本的方式发送响应消息,同时指明编码方式为 gb2312 汉字编码,这样客户方可正确地解析字符串中的汉字字符。

```
response.setContentType("text/plain");
response.setCharacterEncoding("gb2312");
response.getWriter().write(doc2String(doc));
```

以下为控制器的完整代码。

【程序清单 13-2】文件名为 ResourceController.java

```
import org.w3c.dom.*;
import org.springframework.web.bind.annotation.*;
import org.springframework.context.ApplicationContext;
import javax.servlet.http.*;
import javax.xml.parsers.*;
import java.util.* ;
import java.io.*;
import javax.xml.transform.*;
import javax.xml.transform.dom.DOMSource;
import javax.xml.transform.stream.StreamResult;
import org.springframework.stereotype.Controller;
import org.springframework.web.servlet.support.RequestContextUtils;
import org.springframework.web.util.WebUtils;
@Controller
public class ResourceController {
  @RequestMapping(value="/research/find/{key}", method=RequestMethod.POST)
  public void search(@PathVariable("key") String key,
            HttpServletResponse response) {
        ApplicationContext applicationContext = new
            ClassPathXmlApplicationContext("beans.xml");
        resourceService r =
            (resourceService )applicationContext.getBean("resourceDAO");
        String ch_key = null;
        try {
            ch_key = java.net.URLDecoder.decode(key, "UTF-8");
        } catch (UnsupportedEncodingException e1) { }
        List<MyResource> x = r.search(ch_key); //调用业务逻辑进行查找
        response.setContentType("text/plain");
        response.setCharacterEncoding("gb2312"); //解决汉字显示问题
        try {
          DocumentBuilderFactory dbf = DocumentBuilderFactory.newInstance();
          DocumentBuilder builder = dbf.newDocumentBuilder();
          Document doc = builder.newDocument();
          Element root = doc.createElement("directory");
```

```
            doc.appendChild(root); // 将根元素添加到文档上
            Iterator<MyResource> it = x.iterator();
            while(it.hasNext()){
                MyResource r = it.next();
                Element tmpNode = doc.createElement("file");
                root.appendChild(tmpNode);
                tmpNode.setAttribute("titleName", r.getTitleName());
                tmpNode.setAttribute("des", r.getDescription());
                tmpNode.setAttribute ("url", r.getResourceID() + "." + r.getFile-
                                     type());
            }
            response.getWriter().write(doc2String(doc));
        }
        catch (ParserConfigurationException e) { }
        catch (IOException e) { }
    }
}
```

13.2 基于 JSON 的消息传送方案

除了前面介绍的 XML 数据传输外，在数据传输表示上目前流行 JSON（即 JavaScript 对象表示法），它是一种轻量级的数据交换格式，易于人阅读和编写，同时也易于机器解析和生成。

JSON 采用完全独立于语言的文本格式，它是基于 JavaScript 的一个子集。在服务端中，有的脚本语言提供有专门的 JSON 数据与字符串的转换函数。JSON 与 XML 都是结构化的数据交换格式，两者的不同在于 XML 本身是 DOM 树结构的，需要 JavaScript 操作 DOM 元素来进行解析才能获取其中的数据。而 JSON 本身就是 JavaScript，因此，只要调用 JavaScript 的 eval()方法将 JSON 字符串序列化成为 JavaScript 对象之后，就可以直接读取其属性来获取数据。一般来说，JSON 从解析和传输效率上更高。

JSON 串有特定的格式要求，Internet 网上有专门的应用 API 将对象数据转化为 JSON 字符串格式，以便客户方能读取分析。以下代码利用 Google 的 JSON 转换工具包（gson-1.7.1.jar），使用时要将该包复制到/WEB-INF/lib 文件夹下。

13.2.1 服务器方消息响应处理

不妨仍用上面介绍的例子，对控制器代码进行修改，将发往客户端的响应数据改为 JSON 格式的串数据，利用 Gson 对象的 toJson 方法实现数据转换，以下为具体实现代码。

```
… // resourceService r 的赋值代码同程序清单 13-2
List<MyResource> x = r.search(ch_key);
List<Map<String,String>>  list = new ArrayList<Map<String,String>>();
Iterator<MyResource> it = x.iterator();
```

```
    while(it.hasNext()){
        MyResource r = it.next();
        Map<String,String>  map = new HashMap<String,String>();
        map.put("titleName", r.getTitleName());
        map.put("des", r.getDescription());
        map.put("url", r.getResourceID() + "." + r.getFiletype());
        list.add(map);
    }
    response.setHeader("ContentType", "text/plain");
    response.setCharacterEncoding("utf-8");  // 解决汉字显示问题
    Gson gson = new Gson();
    String listToJson = gson.toJson(list);  //将对象转换为 Json 格式
    try {
        response.getWriter().write(listToJson);
    } catch (IOException e) { e.printStackTrace(); }
```

13.2.2 客户方解析消息处理

由于 JSON 是 JavaScript 的子集，可直接调用 JavaScript 的 eval 函数将服务器返回的 JSON 文本转化为对象形式。在转化的时候需要将 JSON 字符串的外面包装一层圆括号：

```
var jsonObject = eval("(" + jsonFormat + ")");
```

加上圆括号的目的是迫使 eval 函数在处理时强制将括号内的表达式转化为对象，而不是作为语句来执行。

在客户方实现数据显示处理的代码可修改如下：

```
var c = xmlhttp.responseText;
var jsonobj = eval("(" + c + ")");
for (i = 0;i<jsonobj.length;i ++ ){
    s1 = convert(jsonobj[i].titleName,x);  //可以用对象属性形式访问属性成员
    s2 = convert(jsonobj[i]["des"],x);  //也可以按数组的成员形式访问属性成员
    s3 = jsonobj[i]["url"];
    disp = disp + "<li style = 'color: #3488b4'><a href = 'fileupload/" + s3 + "'
         >" + s1 + "</a></li>" + s2;
}
disp = disp + "</ul>";
res.innerHTML = disp;  //用 DHTML 显示结果
```

可以看出，利用 Gson 等 API 工具实现对象数据到 JSON 格式的转换非常方便，而客户方访问处理对象数据也简单直观，在很大程度上可提高编程效率。

另一个使用较多的是 org.json 公司的工具，对应的 JAR 包为 json-lib-2.4-jdk15.jar，用于把 bean、map 和 XML 转换成 JSON。下载地址为：http://json-lib.sourceforge.net/。其中提供了 JSONArray 和 JSONObject 两个类，可用这两个类提供的 fromObject()方法将数据对象转换为 JSON 格式，然后用 toString()方法转换为字符串输出。例如：

```
JSONArray jsonArray = JSONArray.fromObject(list); //原始对象为 list
```

【注意】使用 json-lib 依赖的第三方的 JAR 包较多，包括：commons-beanutils.jar；commons-collections.jar；commons-lang-2.5.jar；ezmorph-1.0.6.jar；xom-1.1.jar。

一般地，在元素规模较大的情况下，JSON 所消耗的时间会小于 XML 所消耗的时间，这主要由于 JSON 自身基于 JavaScript 脚本语言，无须其他应用程序代码便能够分析文本；而 XML 语法相对复杂，数据冗余多且不易解析，需要应用程序的支持，编程处理也显得烦琐些。总体上看，JSON 比 XML 更适合基于 AJAX 技术的数据传输。

本章小结

本章介绍了利用 AJAX 技术结合 Spring 技术实现 Web 信息资源查询的实现方案。对通信过程中涉及的汉字乱码问题和数据的包装处理问题进行了重点讨论。给出了 XML 和 JSON 两种消息传送方式的处理技术。读者可采用本章技术设计网络聊天应用，服务器端可用列表对象记录聊天信息。

第14章 利用Spring发送电子邮件

自动发送邮件是 Web 应用系统的一项实用功能。编写邮件发送程序涉及两个最重要的内容:邮件消息和邮件发送者。在 Java 应用中以往发邮件是通过 JavaMail 进行编程,Spring 框架在 JavaMail 的基础上对发送邮件进行了简化封装。

14.1 关于 JavaMail

JavaMail 是由 Sun 定义的一套收发电子邮件的 API,不同的厂商可以提供自己的实现类。除 JavaMail 的核心包之外,JavaMail 还需要 JAF(JavaBeans Activation Framework)来处理不是纯文本的邮件内容,这包括 MIME(多用途互联网邮件扩展)、URL 页面和文件附件等内容。在用 Java 实现发送邮件的应用中,需要用到如下两个基础 JAR 包。

- javax.mail.jar:此 JAR 文件包含 JavaMail API 等,该包是邮件发送的基础;
- javax.activation.jar:此 JAR 文件包含 JAF API 和 Sun 的相关实现,发送带附件或内嵌文件的邮件一定要在工程的类路径中加上此包。

直接使用 JavaMail 编写邮件发送程序有些烦琐,Spring 在 JavaMail 的基础上,对发送邮件进行了简化。

14.2 Spring 对发送邮件的支持

Spring 对发送邮件提供了一个抽象层,Spring 在 org.springframework.mail 包中定义了 MailMessage 和 MailSender 这两个高层抽象层接口来描述邮件消息和发送者。

14.2.1 MailMessage 接口

MailMessage 接口描述了邮件消息模型,可通过简洁的属性设置方法填充邮件消息的各项内容。常用方法有:

- void setTo(String to):设置主送地址,用 setTo(String[]to) 设置多地址。
- void setFrom(String from):设置发送地址。
- void setCc(String cc):设置抄送地址,用 setCc(String[] cc)设置多地址。
- void setSubject(String subject):设置邮件标题。
- void setText(String text):设置邮件内容。

MailMessage 有两个实现类:SimpleMailMessage 和 MimeMailMessage。其中,SimpleMailMessage 只能用于 text 格式的邮件,而 MimeMailMessage 用于发送多用途邮件。

14.2.2 JavaMailSender 及其实现类

Spring 通过 MailSender 接口的 JavaMailSender 子接口定义发送 JavaMail 复杂邮件的功能,该接口最常用的 send 方法如下,可发送用 MimeMessage 类型的消息封装的邮件。

void send(MimeMessage mimeMessage)

JavaMailSender 接口还提供了如下两个创建 MimeMessage 对象的方法。

- MimeMessage createMimeMessage():创建一个 MimeMessage 对象。
- MimeMessage createMimeMessage(InputStream contentStream) throws MailException:根据一个 InputStream 创建 MimeMessage,当发生消息解析错误时,抛出 MailParseException 异常。

JavaMailSenderImpl 是 JavaMailSender 的实现类,它同时支持 JavaMail 的 MimeMessage 和 Spring 的 MailMessage 包装的邮件消息。

JavaMailSenderImpl 提供的属性用来实现与邮件服务器的连接,常用的属性有:host(邮件服务器地址)、port(邮件服务器端口,默认 25)、protocol(协议类型,默认为 smtp)、username(用户名)、password(密码)、defaultEncoding(创建 MimeMessage 时采用的默认编码)等。

在 Spring 实际应用中,可以将其配置为一个 Bean,以下为配置样例。

【程序清单 14-1】文件名为 config. xml

```
<? xml version = "1.0" encoding = "UTF-8"? >
<beans xmlns = "http://www.springframework.org/schema/beans"
   xmlns:xsi = "http://www.w3.org/2001/XMLSchema-instance"
   xmlns:p = "http://www.springframework.org/schema/p"
   xsi:schemaLocation = "http://www.springframework.org/schema/beans
   http://www.springframework.org/schema/beans/spring-beans-3.0.xsd">
<bean id = "sender" class = "org.springframework.mail.javamail.JavaMailSenderImpl"
   p:host = "smtp.ecjtu.jx.cn" p:username = "yourname" p:password = "xyz123">
</bean>
</beans>
```

【说明】这里使用 p 名空间进行属性设置,可以简化配置。

14.2.3 使用 MimeMessageHelper 类设置邮件消息

Spring 框架在 org. springframework. mail. javamail 包中提供了 MimeMessageHelper 类,该类提供了设置 HTML 邮件内容、内嵌的文件以及邮件附件的方法,简化了对 MimeMessage 的内容设置。常用构造方法如下。

- MimeMessageHelper(MimeMessage mimeMessage):封装 MimeMessage 对象,默认为简单非 multipart 的邮件消息,采用默认的编码。
- MimeMessageHelper(MimeMessage mimeMessage, boolean multipart):在前一方法基础上,增加指定是否属于 multipart 邮件消息。
- MimeMessageHelper(MimeMessage mimeMessage, boolean multipart, String encoding):在前一方法基础上,还指定 MimeMessage 采用的编码。

MimeMessageHelper 提供的操作方法比较丰富，可分为两类：一类是指定邮件的各种地址(主送、抄送等)的方法，如 setFrom()、setTo()、setCc()、addTo、addBcc()等；另一类是设置邮件消息内容的方法，包括设置标题、文本内容以及添加附件等。

另外，Spring 还提供了用 MimeMessagePreparator 接口来设置邮件消息。同时，在 JavaMailSender 接口中提供了如下 send 方法，可通过 MimeMessagePreparator 回调接口发送 MimeMessage 类型的邮件。

```
void send(MimeMessagePreparator mimeMessagePreparator);
```

以下为 MimeMessagePreparator 的设置举例。

```
MimeMessagePreparator preparator = new MimeMessagePreparator() {
    public void prepare(MimeMessage mimeMessage) throws Exception {
        mimeMessage.setTo("someperson@gmail.com");
        mimeMessage.setFrom("you@smtp.sina.com.cn");
        mimeMessage.setText("hello");
    }
};
```

实际应用中，这种方式使用较少，一是不够简洁，二是执行效率也相对低些。

14.3 利用 Spring 发送各类邮件

Spring 与邮件发送相关的接口和类的继承关系如图 14-1 所示。SimpleMailMessage 只能用于简单文本邮件消息的封装，其他各类邮件的消息包装均使用 MimeMessageHelper 类来处理，该类在创建对象时要提供一个 MimeMessage 对象。

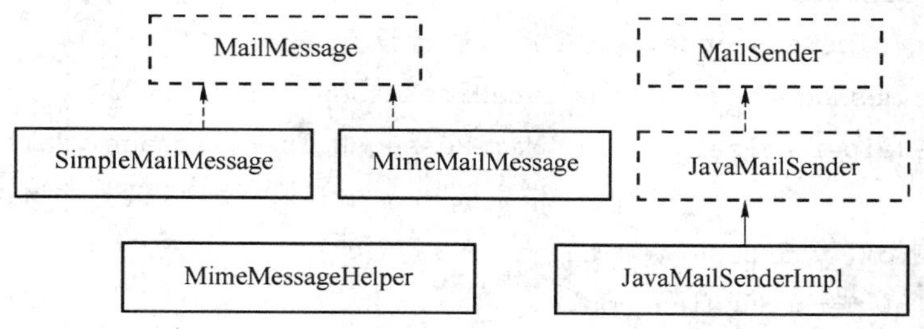

图 14-1 Spring 与邮件发送相关的接口和类

14.3.1 发送纯文本邮件

纯文本邮件是最简单的邮件，邮件内容由简单的文本组成。以下为样例代码。

【程序清单 14-2】文件名为 test.java

```
import javax.mail.MessagingException;
import org.springframework.context.ApplicationContext;
import org.springframework.context.support.ClassPathXmlApplicationContext;
import org.springframework.mail.SimpleMailMessage;
import org.springframework.mail.javamail.JavaMailSenderImpl;
```

```
public class test {
    public static void main(String a[]) throws MessagingException{
        ApplicationContext ct = new ClassPathXmlApplicationContext ("config.xml");
        JavaMailSenderImpl sender = (JavaMailSenderImpl) ct.getBean("sender");
        SimpleMailMessage message = new SimpleMailMessage();
        message.setFrom("yourname@ecjtu.jx.cn"); //发送方邮件服务器的账户
        message.setTo("person@gmail.com"); //接收方邮件账户
        message.setSubject("注册成功");
        message.setText("注册成功,谢谢您的支持!");
        sender.send(message);
    }
}
```

14.3.2 发送 HTML 邮件

发送 HTML 邮件必须使用 MimeMessage 创建邮件消息,且需要借助 MimeMessage-Helper 来创建和填充 MimeMessage。以下示例为不采用 Bean 的样例代码。

【程序清单 14-3】发送 HTML 邮件的部分代码

```
/* 以下设置 sender,连接邮件服务器 */
JavaMailSenderImpl sender = new JavaMailSenderImpl();
sender.setHost("smtp.ecjtu.jx.cn");
sender.setUsername("yourname"); //通过账户连接发送邮件服务器
sender.setPassword("xyz123");
/* 以下通过 MimeMessageHelper 对消息进行设置 */
MimeMessage message = sender.createMimeMessage();
MimeMessageHelper helper = new MimeMessageHelper(message ,false,"utf-8");
                                   //指定编码为 utf-8,同时标识为非 marltipart 的消息
helper.setFrom("yourname@ecjtu.jx.cn");
helper.setTo("person@sina.com");
helper.setSubject("test");
helper.setText("<html><head>" +"<meta http-equiv = \"content-type\" content = \"
text/html; charset = utf-8\">" +"</head><body><font size = 5 color = \"red\">Thank
you ! </font></body></html>",true);
sender.send(message);
```

【说明】要在 setText 方法中第 2 个参数使用 true 来指示文本是 HTML。

14.3.3 发送带内嵌(inline)资源的邮件

内嵌文件邮件属于 multipart 类型的邮件,要用 MimeMessageHelper 类来指定,并通过 MimeMessageHelper 提供的 addInline()将文件内嵌到邮件中,内嵌文件的 ID 在邮件 HTML 代码中以特定标志引用,格式为:cid:<内嵌文件 id>。以下为 addInline 方法的形态。

- void addInline(String contentId, File file)：将一个文件内嵌到邮件中，文件的 MIME 类型通过文件名判断。contentId 标识这个内嵌的文件，以便邮件中的 HTML 代码可以通过 src="cid:contentId " 引用内嵌文件。
- void addInline(String contentId, InputStreamSource inputStreamSource, String contentType)：将 InputStreamSource 作为内嵌文件添加到邮件中，通过 contentType 指定内嵌文件的 MIME 类型。
- void addInline(String contentId, Resource resource)：将 Resource 作为内嵌文件添加到邮件中，内嵌文件对应的 MIME 类型通过 Resource 对应的文件名判断。

含内嵌文件的邮件发送程序在创建 MimeMessageHelper 对象时，要将第 2 个参数设置为 true，指定属于 multipart 邮件消息。以下为具体样例。

```
MimeMessage message = sender.createMimeMessage();
MimeMessageHelper helper = new MimeMessageHelper(message, true);
helper.setText ("<html><body>hello<img src ='cid:id1'/></body>
            </html>",true);
FileSystemResource res = new FileSystemResource(new File("d:/warning.gif"));
helper.addInline("id1", res);
sender.send(message);
```

【注意】在查看带内嵌文件的邮件时，有的邮件系统页面会显示提示信息。如“为了保护邮箱安全，内容中的图片未被显示。显示图片 | 总是信任来自此发件人的图片”，这时用户单击“显示图片”超链接可查看到图片。

14.3.4 发送带附件(Attachments)的邮件

邮件附件与内嵌文件的差异是，内嵌文件显示在邮件体中，而邮件附件则显示在附件区中。MimeMessageHelper 提供了如下 addAttachment 方法指定附件。

- void addAttachment(String attachmentFilename, File file)：添加一个文件作为附件。
- void addAttachment(String attachmentFilename, InputStreamSource inputStreamSource)：将 org.springframework.core.InputStreamResource 添加为附件。InputStreamSource 所对应的 MIME 类型通过 attachmentFilename 指定的文件名进行判断，attachmentFilename 表示邮件中显示的附件文件名。
- void addAttachment(String attachmentFilename, InputStreamSource inputStreamSource,String contentType)：该方法可以显式指定附件的 MIME 类型。

以下是发送附件的样例代码，其中，Helper 和 sender 对象的创建同程序清单 14-3。

```
FileSystemResource res = new FileSystemResource(new File("d:/warning.gif"));
helper.addAttachment("warning.gif", res);
sender.send(message);
```

本章小结

自动邮件发送是 Web 应用系统中的一项常用功能。Spring 框架通过有效的封装设计，简化了用 Java 发送邮件的编程处理。本章介绍了 Spring 发送邮件的相关接口与类的使用，给出了各类邮件发送的具体编程处理方法。读者可将书中代码改为自己的邮件服务器的地址及账户进行各类邮件的发送测试。

第15章　Spring JMS消息应用编程

企业里很多系统通信,特别是与外部组织间的通信都是异步的。面向消息的数据交换是SOA应用的重要特征。基于消息的数据交换促进了发送者和接收者之间的松耦合,便于增量式开发应用。以往Java消息通信是采用JMS,Spring框架在JMS的基础上,对消息通信进行了简化封装,方便了应用编程。本章结合ActiveMQ消息队列服务器,介绍用Spring JMS实现异步消息通信编程的具体方法。

15.1　异步通信方式与JMS

15.1.1　异步通信方式

标准异步消息传递有点对点(P2P)和发布/订阅(Publish/Subscribe)两种方式。

(1) 点对点方式:适用于发送方和接收方为一对一的情形。发送方将消息发送到消息队列,接收方从队列中取出消息。队列保存着所有发送给它的消息,直到这个消息被取走或者消息已经过期。即使多个消费者在监听同一个队列,一条消息也只有一个消费者会接收到。

(2) 发布/订阅方式:通过一个称为主题的虚拟通道进行交换消息。发布者将消息发送到指定的主题,消息服务器负责通知该主题的所有订阅者。多个发布者可以向一个主题发布消息,多个订阅者可以从一个主题订阅消息。如果使用持久订阅,在订阅者与JMS提供者连接断开时,JMS提供者将为该订阅者保存消息。

15.1.2　JMS(Java消息服务)

JMS(Java消息服务)是Sun提出的旨在统一各种消息中间件系统标准的接口规范,该规范定义了JMS客户机访问JMS服务器的接口和语义,为Java应用程序访问JMS服务器提供了一种创建、发送、接收消息的通用的、可移植的方法。这些接口的关系如图15-1所示。无论是P2P方式还是订阅/发布方式,均通过Destination接口定义消息的目标。JMS是一个与具体平台无关的API,绝大多数MOM提供商都对JMS提供支持。

【说明】

(1) Session接口(会话):表示一个单线程的上下文,用于发送和接收消息。一个会话允许用户创建消息生产者来发送消息,创建消息消费者来接收消息。消息是按照发送的顺序逐个接收的。会话的好处是它支持事务,通过事务控制一组消息的发送与回滚取消。

(2) MessageConsumer接口(消息消费者):由会话创建的对象,用于接收发送到目标的消息。消费者可以同步或异步接收队列和主题类型的消息。

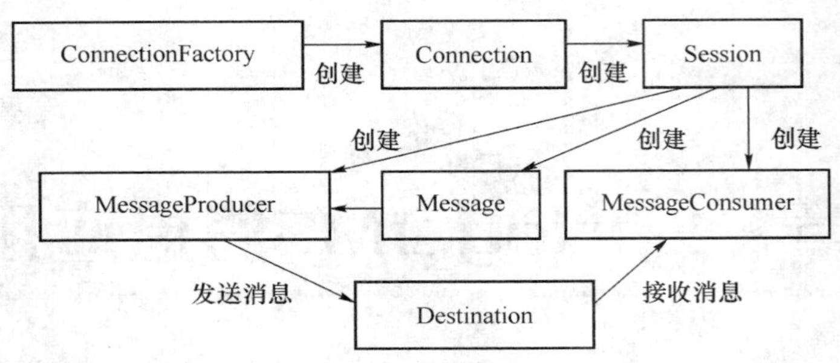

图 15-1　JMS 定义的接口间关系

(3) MessageProducer 接口(消息生产者):由会话创建的对象,用于发送消息到目标。

(4) Message 接口(消息):是在消费者和生产者之间传送的对象。一个消息有三个主要部分:消息头、一组消息属性、一个消息体。

(5) Destination 接口(目标):消息目标是指消息发布和接收的地点。JMS 有两种类型的目标:点对点模型的队列以及发布者/订阅者模型的主题。

(6) ConnectionFactory 接口(连接工厂):用来创建 JMS 提供者的连接的对象,是使用 JMS 的入口。

(7) Connection 接口(连接):连接代表了应用程序和消息服务器之间的通信链路。通过连接工厂可以创建与 JMS 提供者的连接,通过连接可创建会话对象。

消息是 JMS 中的一种类型对象,由两部分组成:消息头和消息主体。消息头由路由信息以及有关该消息的元数据组成。消息主体则携带着应用程序的数据或有效负载。Java 消息服务定义了 6 种消息体,它们分别携带:简单文本(TextMessage)、可序列化的对象(ObjectMessage)、映射信息(MapMessage)、字节数据(BytesMessage)、流数据(StreamMessage),还有无有效负载的消息(Message)。

发送端的标准流程为:创建连接工厂→创建连接→创建 session→创建消息发送者→创建消息体→发送消息到 Destination(队列或主题)。

接收端流程则为:创建连接工厂→创建连接→创建 session→创建消息接收者→创建消息监听器监听某 Destination 的消息→获取消息并执行业务逻辑。

15.2　ActiveMQ 消息队列服务器的配置

ActiveMQ 是 Apache 研制的一个功能强大的开源消息队列服务软件。ActiveMQ 实现了 JMS 规范,是一个标准的、面向消息的、能够跨越多语言和多系统的应用集成消息通信中间件,以异步松耦合的方式为应用程序提供通信支持。ActiveMQ 的安装配置较为简单。

(1) 从 ActiveMQ 的官方网站 http://activemq.apache.org/下载 ActiveMQ。

(2) 在本地解压后,双击 bin 目录下 activemq.bat 文件即可启动 ActiveMQ。

(3) 在浏览器中输入 http://localhost:8161/admin/ ,就可以打开 ActiveMQ 的网页图形化管理界面。可以通过该管理界面进行队列和主题的管理。

(4) 单击页面的 Queue 超链接,进入 Queue 管理界面,新建一个队列“TestQueue”。如图 15-2 所示。随着应用的执行,可以刷新该页面观察队列的消息处理情况。

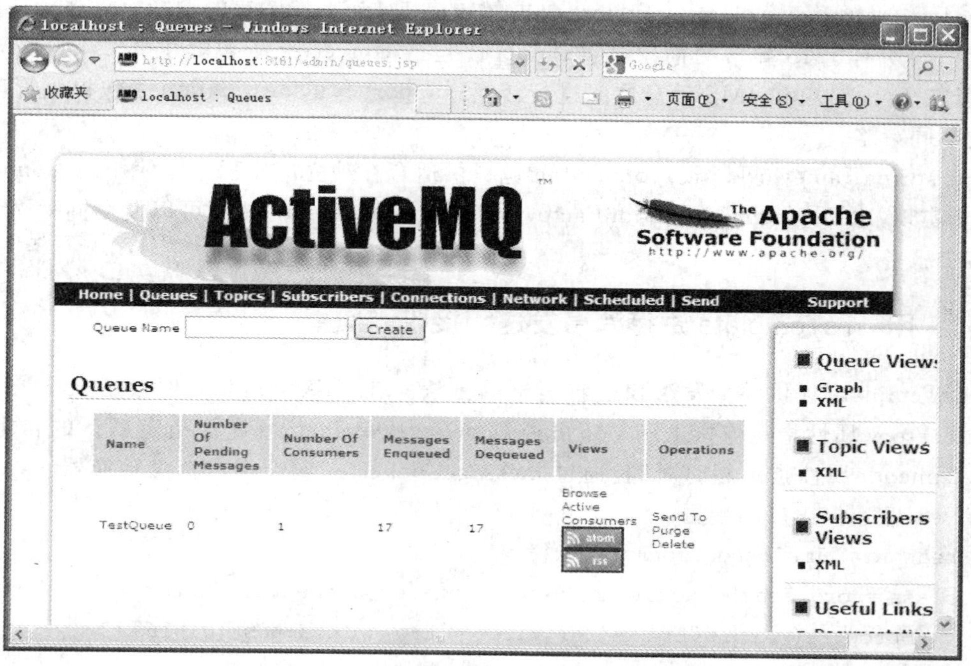

图 15-2　ActiveMQ 队列管理界面

ActiveMQ 提供了点对点和订阅/发布两个模型的消息队列，以下为 ActiveMQ 中两类消息发送机制的发送目标的具体定义。

基于主题的目标使用 ActiveMQTopic 进行创建，通过构造参数传递主题。以下 Bean 定义目标的主题名为“SOA”。

```
<bean id="mytopic" class="org.apache.activemq.command.ActiveMQTopic"
    autowire="constructor">
    <constructor-arg value="SOA" />
</bean>
```

基于队列的目标使用 ActiveMQQueue 进行创建，以下 Bean 定义了一个名为 TestQueue 的队列作为目标。

```
<bean id="destination" class="org.apache.activemq.command.ActiveMQQueue">
    <constructor-arg index="0" value="TestQueue" />
</bean>
```

15.3　Spring JMS 简介

Spring JMS 定义了一系列接口和类，对发送的消息创建、消息转换、消息目标解析以及消息发送与接收方法进行了有效封装。

org.springframework.jms.core 包提供了在 Spring 中使用 JMS 的核心功能，其中，JmsTemplate 处理资源的创建和释放，简化了访问目标（队列或主题）和向指定目标发布消息时 JMS 的使用。

org. springframework. jms. support 包提供转换 JMSException 的功能，JMSException 是 Spring 框架所有 JMS 异常的抽象基类；support 包的 converter 子包提供 MessageConverter 抽象，以在 Java 对象和 JMS 消息之间进行转换；support 包的 destination 子包提供管理 JMS 目标的不同策略。

org. springframework. jms. connection 包提供适合在独立应用程序中使用的 ConnectionFactory 实现，也即 SingleConnectionFactory，多个 JmsTemplate 调用可以使用同一个连接以跨越多个事务。

15.3.1 用 JmsTemplate 进行消息发送和接收

JmsTemplate 提供多种发送和接收消息的方法。在 JmsTemplate 模板定义中通过 connectionFactory 属性指定连接工厂。还可通过 defaultDestination 属性指定默认的目标，通过 receiveTimeout 属性指定超时时间，通过 messageConverter 属性指定消息转换器。以下为采用 ActiveMQ 连接工厂的配置。

```
<bean id="JmsConnectionFactory"
  class="org.apache.activemq.spring.ActiveMQConnectionFactory">
    <property name="brokerURL" value="tcp://localhost:61616" />
</bean>
<bean id="jmsTemplate" class="org.springframework.jms.core.JmsTemplate">
    <property name="connectionFactory" ref="JmsConnectionFactory" />
</bean>
```

表 15-1 列出了 JmsTemplate 的几种常用方法。

表 15-1 JmsTemplate 的常用方法

方法名称	功能
send	发送消息至指定的目标。可通过设置 JmsTemplate 的 defaultDestination 属性指定默认目标
receive	用于同步方式从指定目标接收消息，可通过设置 JmsTemplate 的 receiveTimeout 属性指定超时时间
convertAndSend	委托 MessageConverter 接口实例处理转换，并发送消息至指定目标
receiveAndConvert	从默认或指定的目标接收消息，并将消息转换为 Java 对象

15.3.2 Java 对象到消息转换接口

消息转换器可以让应用程序集中处理事务对象，而不用为对象如何表示为 JMS 消息所困饶。MessageConverter 接口的目的是为了向调用者屏蔽 JMS 细节，在 JMS 之上搭建的一个隔离层，这样调用者可以直接发送和接收 POJO，而不是发送和接收 JMS 相关消息，调用者的程序将得到进一步简化。

SimpleMessageConverter 是 MessageConverter 的默认实现。可将 String 转换为 JMS 的 TextMessage，字节数组(byte[])转换为 JMS 的 BytesMessage，Map 转换为 JMS 的 MapMessage 和 Serializable 对象转换为 JMS 的 ObjectMessage。

借助消息转换器，JmsTemplate 提供了如下方法发送 Java 对象到目标。

- convertAndSend(Object message):发送对象到默认目标。
- convertAndSend(Destination destination, Object message):发送对象到指定目标。

15.4 消息发送/接收样例

该应用使用 ActiveMQ 作为队列服务器,在应用工程中要将 activemq-all-5.7.0.jar 包、jms.jar 和 Spring 框架的 jms 包等加入工程的类路径。

15.4.1 发送消息 Bean 的设计

Spring 提供了 JmsTemplate 模板来简化 JMS 操作。发送者只需被注入 JmsTemplate,发送的消息通过 MessageCreator 以回调的方式创建。以下程序给出了通过 JmsTemplate 发送文本类型消息到目标的具体实现。

【程序清单 15-1】文件名为 MsgProducer.java

```
import javax.jms.*;
import org.springframework.jms.core.*;
public class MsgProducer {
    private JmsTemplate template;
    private Destination destination;
    … // template 和 destination 的 setter 及 getter 方法略
    public void send(final String msg) {
        template.send(destination, new MessageCreator() {
            public Message createMessage(Session session)
                throws JMSException {
                    return session.createTextMessage(msg);
            }
        });
    }
}
```

如果利用消息转换器发送,则 send 方法内代码还可简化,只需要如下一行即可。

```
template.convertAndSend(destination, msg);
```

15.4.2 应用配置

JMS 资源全部定义在 XML 配置文件中。包括配置 ConnectionFactory、配置 JmsTemplate 模板、配置消息目标等。

【程序清单 15-2】文件名为 config.xml

```
<?xml version="1.0" encoding="UTF-8"?>
<beans xmlns="http://www.springframework.org/schema/beans"
    xmlns:xsi="http://www.w3.org/2001/XMLSchema-instance"
    xsi:schemaLocation="
```

```
        http://www.springframework.org/schema/beans
    http://www.springframework.org/schema/beans/spring-beans-3.0.xsd">
        <!--  JMS 队列连接工厂配置,使用 ActiveMQ 服务器  -->
        <bean id="JmsConnectionFactory"
            class="org.apache.activemq.spring.ActiveMQConnectionFactory">
          <property name="brokerURL" value="tcp://localhost:61616" />
        </bean>
        <! — 消息队列的 destination 配置 -->
        <bean id="destination"
            class="org.apache.activemq.command.ActiveMQQueue">
          <constructor-arg index="0" value="TestQueue" />
        </bean>
        <!-- JMS 模板配置-->
        < bean  id =" jmsTemplate"  class =" org. springframework. jms. core.
                      JmsTemplate">
                <property name="connectionFactory" ref="JmsConnectionFactory" />
        </bean>
        <!-- JMS Sender 配置  -->
        <bean id="sender" class="MsgProducer">
            <property name="template" ref="jmsTemplate" />
            <property name="destination" ref="destination" />
        </bean>
    </beans>
```

15.4.3 接收消息 Bean 的设计

消息接收有两种方法,一种是同步方式,采用 JmsTemplate 的 receive()方法,默认情况下,调用 receive 方法之后将会等待消息发送至 destination。

另一种是异步方式,它是最常用的方式,采用事件驱动。JMS 提供了消息监听器接口 MessageListener 来实现消息的异步接收,该接口中只含 onMessage 方法,消息到来时将触发执行该方法。Spring 通过 listenerContainer(消息监听容器)来包裹 MessageListener。Spring 提供了三种消息监听容器,它们是 AbstractMessageListenerContainer 的子类。

- SimpleMessageListenerContainer:最简单的消息监听容器,它在启动时创建固定数量的 JMS session,并在容器的整个生命周期中使用这些 session。该容器不能动态适应运行时的要求,也不能参与消息接收的事务处理。
- DefaultMessageListenerContainer:是使用的最多的消息监听容器。它可以动态适应运行时的要求,也可以参与事务管理。
- ServerSessionMessageListenerContainer:该容器用 JMS ServerSessionPool SPI 动态管理 JMS session,可以获得运行时动态调优功能。

以下给出文本类型消息的接收处理代码。

【程序清单 15-3】文件名为 Receiver.java

```
import javax.jms.*;
public class Receiver implements MessageListener {
    public void onMessage(Message message) {
        if(message instanceof TextMessage) {
            TextMessage text = (TextMessage) message;
            try {
                System.out.println("收到消息：" + text.getText());
            }catch(JMSException e) {  }
        }
    }
}
```

下面是与消息接收相关的 XML 配置定义，安排在 config.xml 文件中。

```
<bean id="messageListener" class="Receiver" />
<bean id="listenerContainer"
class="org.springframework.jms.listener.DefaultMessageListenerContainer">
        <property name="connectionFactory" ref="JmsConnectionFactory" />
        <property name="destination" ref="destination" />
        <property name="messageListener" ref="messageListener" />
</bean>
```

这里，接收者 messageListener 与发送者 sender 的目标 destination 一致，也就是名为“TestQueue”的队列。特别地，如果消息监听容器的 destination 属性对应一个主题，则表示该 Bean 订阅了相应主题的消息。

15.4.4 应用环境的装载与消息发送测试

以下 Spring 应用程序使用配置环境中定义的 Bean 测试消息的发送与接收。

【程序清单 15-4】文件名为 test.java

```
import org.springframework.context.ApplicationContext;
import org.springframework.context.support.ClassPathXmlApplicationContext;
public class test {
    public static void main(String[] args) throws Exception {
        ApplicationContext context = new ClassPathXmlApplicationContext
                ("config.xml");
        MsgProducer sender = (MsgProducer) context.getBean("sender");
        for (int k = 0; k < 5; k ++) {
            sender.send("第 " + k + " 条消息!");
            Thread.sleep(1000);
        }
    }
}
```

【思考练习】读者可将应用改为基于主题的消息传送方式进行测试,实际上只要修改配置中标识为“destination”的 Bean 即可。针对同一主题安排多个订阅者读取消息,观察主题方式与队列方式在消息接收上的差异性。

本章小结

Spring 框架在 JMS API 的基础上对异步消息传递进行了简化封装。本章讨论了点对点和发布/订阅模式的通信特点,介绍了 JMS API 的主要接口。针对 ActiveMQ 消息队列服务器,给出了两类通信方式的 Destination 的定义形式,重点讨论了用 Spring JMS 实现异步消息通信的具体编程和配置方法。

第16章　教学资源全文检索应用设计

在网络教学网站中，对课程资源建立全文搜索也是一件有意义的事情。Lucene 是目前最为流行的基于 Java 的开源全文检索工具包。只要能把要索引的数据格式转化成文本的，Lucene 就能对其进行索引和搜索。比如 HTML 文档、PDF 文档、Word 文档等。建立全文检索的过程是：首先要分析文档，提取文档中的文本内容；然后将内容交给 Lucene 进行索引；最后根据用户输入的查询条件在索引文件上进行查询。

16.1　Tika 和 Lucene 概述

16.1.1　Tika 概述

Tika 是一个文档语义信息分析工具，用于实现对文档的元信息提取。它可自动识别文档类型，从各类文档中提取元信息，并可对内容进行分析，生成文本串。

目前，Tika 软件包最高版是 tika-app-1. 3. jar。Tika 包含不针对任何特定文档格式的通用解析器实现，如图 16-1 所示为 Tika 解析器的设计结构。org. apache. tika. parser. Parser 接口是 Tika 的关键组件，它隐藏了不同文件格式和解析库的复杂性，为应用程序从各种不同的文档提取结构化的文本内容以及元数据提供了一个简单且功能强大的机制。

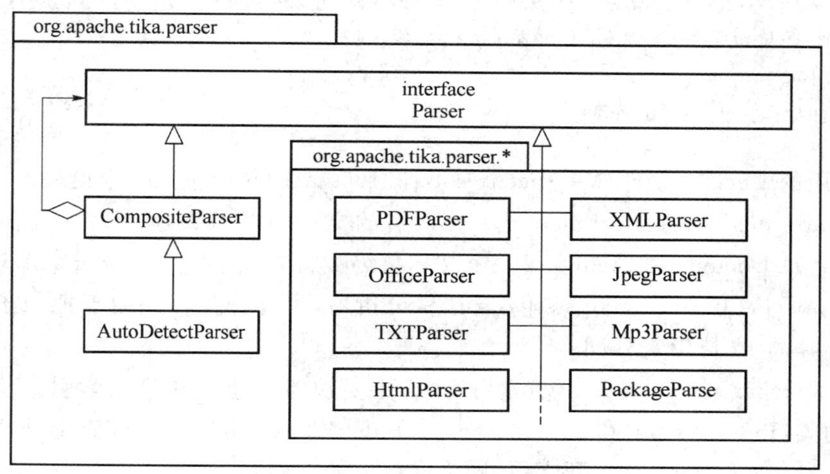

图 16-1　Tika 分析器的继承层次

其中，AutoDetectParser 类将所有的 Tika 功能包装进一个能处理任何文档类型的解析器。这个解析器可自动决定入向文档的类型，然后会调用相应的解析器对文档进行解析。用户也可以使用自己的解析器来扩展 Tika。

Tika 的 parse 方法接受要被解析的文档，并将分析结果写入元数据集合中。以下为 parse 方法的最简单形态：

```
public void parse(InputStream stream, Metadata metadata);
```

16.1.2 Lucene 索引和搜索概述

Lucene 提供查询和索引功能，图 16-2 给出了利用构建搜索应用的流程。首先由索引器对文档集合在 Tika 内容分析基础上建立索引。然后，根据用户的查询条件由检索器访问索引取得结果。

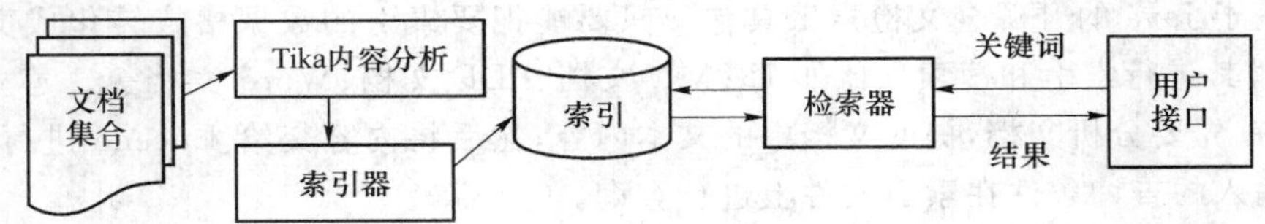

图 16-2 Lucene 构建搜索应用的流程

索引是现代搜索引擎的核心，建立索引的过程就是把源数据处理成非常方便查询的索引文件的过程。Lucene 采用倒排索引结构，以词作为索引的中心，建立词到文档的映射关系。Lucene 自带有分词功能，lucene 默认提供了两个比较通用的分析器 SimpleAnalyzer 和 StandardAnalyzer，中文分词则常用 IK Analyzer，最新的版本是 IKAnalyzer2012.jar。可将下载的包中的 IKAnalyzer.cfg.xml(配置文件)和 stopword.dic(停用词典)放在工程的 src 路径下，将 IKAnalyzer2012.jar 复制到 web 工程的 WEB-INF/lib 目录下。

Lucene 的数据存储结构都很像数据库的表==>记录==>字段，Lucene 索引文件中包含段(segment)、文档(document)、域(field)和项(term)。索引包含多个段，每个段包含多个文档，每个文档又包含多个域，而每个域又包含多个项。

搜索时，搜索引擎首先会对搜索的关键词进行解析，然后再在建立好的索引上进行查找，最终返回和用户输入的关键词相关联的文档。

16.1.3 Lucene 软件包分析

本章使用的 Lucene 软件包是 lucene-core-3.1.0.jar。其中包括 7 个模块。

- org.apache.lucene.document 包：被索引的文档对象的结构管理。提供了所需要的类，比如 Document、Field。每一个文档最终被封装成了一个 Document 对象。
- org.apache.lucene.analysis 包：含语言分析器，也称分词器。用于把句子切分为单个的关键词，支持中文分词。
- org.apache.lucene.index 包：索引管理，主要功能是建立和删除索引。其中有两个基础的类：IndexWriter 和 IndexReader。IndexWriter 是用来创建索引并添加文档到索引中，IndexReader 可打开索引，删除索引中的文档等。
- org.apache.lucene.search 包：提供了对索引进行搜索所需要的类。常用的类有三个：IndexSearcher 类含有在指定的索引上进行搜索的方法；Hits 类用来保存搜索得到的结果；TopDocs 类则为首页的搜索结果。

- org. apache. lucene. queryParser:查询分析器,支持对查询关键词进行逻辑运算。
- org. apache. lucene. store:数据存储管理,用于实现底层的输入/输出操作。
- org. apache. lucene. util:含有一些工具类。

16.1.4 与索引创建相关的 API

为了对文档进行索引,Lucene 提供了 Document、Field、IndexWriter、Analyzer、Directory 五个基础类。

- Document:用来描述文档的,这里的文档可以是 HTML 页面,或者是文本文件等。
- Field:用来描述一个文档的某个属性,如标题和内容用两个 Field 对象分别描述。
- Analyzer:在一个文档被索引之前,首先需要对文档内容进行分词处理,该工作由 Analyzer 完成。Analyzer 类是一个抽象类,针对不同的文档类型,它有多个具体实现类。Analyzer 把分词后的内容交给 IndexWriter 进行索引。
- IndexWriter:是用来创建索引的核心类,它将各个 Document 对象加到索引中。
- Directory:代表索引存储位置的一个抽象类,其子类 FSDirectory 和 RAMDirectory 分别对应文件系统和内存位置。前者适合于大索引,后者适用于速度相对较快的小索引。

16.1.5 与内容搜索相关的 API

Lucene 提供了几个基础的类,用来在索引上进行搜索以找到包含某个关键词的文档。

- IndexSearcher:是抽象类 Searcher 的一个常用子类,允许在给定的目录中搜索索引。其 Search 方法可返回一个根据计算分数排序的文档集合。Lucene 在收集结果的过程中将匹配度低的结果自动过滤掉。
- Term:是搜索的基本单位。它由两部分组成:单词文本和出现该文本的字段名称。
- Query:是一个用于查询的抽象基类。它将用户输入的查询字符串封装成 Lucene 能够识别的 Query 对象。常见子类有 TermQuery、BooleanQuery、PhraseQuery、PrefixQuery、RangeQuery、MultiTermQuery、FilteredQuery 等。
- TopDocs:封装最顶部的若干搜索结果以及 ScoreDoc 的总数。

16.2 创建索引

1. 文件项的封装设计

为了方便对索引的文件项的访问,将每个文件项的索引属性进行封装。

【程序清单 16-1】文件名为 FileItem. java

```
package chapter16;
public class FileItem {
    String filename;
    String content;
    String title;
    … // 构造方法和各属性的 Setter 和 Getter 方法略
```

```
}
```

【说明】可以根据需要扩充属性,以满足对文档语义信息的检索要求。

2. 对指定目录的文档建立索引

以下桌面应用要将 lucene 包、Tika 包和 IKAnalyzer 包放在工程的 build Path 路径下。

【程序清单 16-2】文件名为 LuceneIndexerExtended. java

```
package chapter16;
import java.io.*;
import org.apache.lucene.analysis.Analyzer;
import org.apache.lucene.document.*;
import org.apache.lucene.document.Field.*;
import org.apache.lucene.index.*;
import org.apache.lucene.index.IndexWriterConfig.OpenMode;
import org.apache.lucene.store.SimpleFSDirectory;
import org.apache.lucene.util.Version;
import org.apache.tika.Tika;
import org.apache.tika.metadata.Metadata;
import org.wltea.analyzer.lucene.IKAnalyzer;
public class LuceneIndexerExtended {
    private final IndexWriter writer;
    private final Tika tika;

    public LuceneIndexerExtended(IndexWriter writer, Tika tika) {
        this.writer = writer;
        this.tika = tika;
    }

    public static void main(String[] args) throws Exception {
        File indexDir = new File("e:\\index2"); //索引存储位置
        Analyzer TextAnalyzer = new IKAnalyzer(); // 用 IKAnalyzer 分词工具
        IndexWriterConfig fsConfig = new IndexWriterConfig(Version.LUCENE_31,
                TextAnalyzer);
        fsConfig.setOpenMode(OpenMode.CREATE);
        IndexWriter writer = new IndexWriter(new SimpleFSDirectory(indexDir),
                fsConfig);  // 见说明(1)
        File dataDir = new File("f:\\cai\\java"); // 对该目录下文件建立索引
        File[] dataFiles = dataDir.listFiles();  //所有文件列表
        try {
            LuceneIndexerExtended ie = new LuceneIndexerExtended
                    (writer,new Tika());
            for (int i = 0; i < dataFiles.length; i++) {
```

```
                String filetype = FileType(dataFiles[i].getName());
                System.out.println(dataFiles[i].getName());
                String allowtype = " txt,html,doc,pdf,ppt"; //限制要索引文档类型
                if (allowtype.indexOf(filetype) != -1)
                    ie.indexContent(dataFiles[i]);  // 对各文件建立索引
            }
        } catch (Exception e) {
            e.getStackTrace();
        } finally {
            writer.close();
        }
    }

    public static String FileType(String filename) { //获取一个文档的类型
        int pos = filename.lastIndexOf(".");
        if (pos == - 1)
            return "no file type";
        return filename.substring(pos + 1);
    }

    public void indexContent(File file) {   //对指定文件建索引
        Metadata met = new Metadata();
        InputStream is;
        try {
            is = new FileInputStream(file);
            tika.parse(is, met);  // 用 Tika 分析提取文档的元数据
            Document document = new Document();
            document.add (new Field("filename", file.getName(), Store.YES,Index.
                        ANALYZED));  // 文档名称
            document.add (new Field("title", met.get("title"),Store.YES, Index.
                        NOT_ANALYZED));  //文档标题
            document.add (new Field("content", tika.parseToString(file),Store.
                        YES, Index.ANALYZED));  //文档内容
            writer.addDocument(document);
            is.close();
        } catch (Exception e) {
        }
    }
}
```

【说明】

(1) 在 Luncene 3.1 版中,类 IndexWriter 的构造函数需要两个参数。第一个参数指定了所创建的索引要存放的位置,可以是一个 File 对象,也可以是一个 FSDirectory 对象或者 RAMDirectory 对象。第二个参数指定了 IndexWriterConfig 对象,在该对象中指定打开创建索引方式。然后,程序对目录下的所有文档调用 indexContent 方法进行索引创建。

(2) 在 indexContent 方法内,创建了一个 Document 对象。利用 tika 获取被索引文件的元信息,并对文件名、文件内容和所有元信息分别创建 Field 对象,加入到 Document 对象中,最后用 IndexWriter 类的 add 方法将 Document 对象加入到索引中。

16.3 建立基于 Web 的搜索服务

该应用除了要用到 Spring 包和 Web 应用的相关包外,针对全文搜索处理还需要引入 lucene-core-3.1.0.jar 包和 IKAnalyzer2012.jar 包。

1. 配置文件

web.xml 配置文件同 6.1 节介绍的典型配置,MVC 控制器配置文件如下。

【程序清单 16-3】文件名为 servlet-context.xml

```
<?xml version="1.0" encoding="UTF-8"?>
<beans …>
    <annotation-driven />
    <resources mapping="/css/**" location="/css/" />
    <resources mapping="/images/**" location="/images/" />
    <resources mapping="/docs/**" location="file:f://cai/java/" />
    <beans:bean
class="org.springframework.web.servlet.view.InternalResourceViewResolver">
        <beans:property name="prefix" value="/WEB-INF/views/" />
        <beans:property name="suffix" value=".jsp"/>
    </beans:bean>
    <context:component-scan base-package="chapter16" />
</beans:beans>
```

【说明】docs 为被索引文档的文件位置建立的资源 mapping,从而可以在应用界面中提供访问超链接让用户访问下载相应资源。访问资源时路径要以应用名后跟 docs 作为前缀。

2. 实现搜索服务业务逻辑

实际检索中经常用到分页显示。考虑到应用简化,程序中将每页大小固定为 5 条内容。利用 TopDocs 的 scoreDocs 属性获取 ScoreDoc 类型的对象数组。访问数组中与当前页对应位置的所有元素即可获取当前页的文档。高亮显示需要用到 lucene-highlighter-3.0.1.jar。利用 Highlighter 对象的 getBestFragment 方法可获取内容的摘要,并对摘要中的搜索词进行加亮处理。

【程序清单 16-4】SearcherService.java

```
package chapter16;
import java.io.*;
```

```
import java.util.*;
import org.apache.lucene.analysis.Analyzer;
import org.apache.lucene.document.Document;
import org.apache.lucene.index.CorruptIndexException;
import org.apache.lucene.queryParser.QueryParser;
import org.apache.lucene.search.*;
import org.apache.lucene.search.highlight.*;
import org.apache.lucene.store.FSDirectory;
import org.apache.lucene.util.Version;
import org.wltea.analyzer.lucene.IKAnalyzer;
public class SearcherService {
    static IndexSearcher searcher;
    static Highlighter highlighter;
    static Analyzer me;

    public static TopDocs search(String queryStr) {
        TopDocs topDocs = null;
        try {
            File indexDir = new File("e:\\index2");
            FSDirectory directory = FSDirectory.open(indexDir);
            searcher = new IndexSearcher(directory);
            me = new IKAnalyzer();
            QueryParser m = new QueryParser(Version.LUCENE_31, "content", me);
            Query luceneQuery;
            luceneQuery = m.parse(queryStr);
            Filter filter = null;
            // 以下创建高亮显示模板
            SimpleHTMLFormatter shf = new SimpleHTMLFormatter("<span style=
                                    \"color:red\">", "</span>");
            // 以下构造高亮对象
            highlighter = new Highlighter(shf, new QueryScorer(luceneQuery));
            highlighter.setTextFragmenter(new SimpleFragmenter(200));
            topDocs = searcher.search(luceneQuery, filter, 50);
        } catch (IOException e) {
            System.out.println(e);
        } catch (Exception e) {
            System.out.println(e);
        }
        return topDocs;
    }
```

```
public static List <FileItem> getPage(TopDocs topDocs, String key, int page)
                {List<FileItem> items = new ArrayList<FileItem>();
    int pageSize = 5;
    try {
        int start = (page - 1) * pageSize;
        int end = page * pageSize;
        ScoreDoc scoreDoc[ ] = topDocs.scoreDocs;
        if (end > topDocs.scoreDocs.length)
            end = topDocs.scoreDocs.length;
        for (int index = start; index < end; index++) {
            Document doc = searcher.doc(scoreDoc[index].doc);
            String title = doc.get("title");  //文档标题
            String summary = highlighter.getBestFragment(me, "content",doc.get
                  ("content"));  //提取文档摘要,并对搜索词用高亮显示
            items.add(new FileItem(doc.get("filename"), summary, title));
        }
    } catch (CorruptIndexException e) {
    } catch (IOException e) {
    } catch (InvalidTokenOffsetsException e) {
    }
    return items;
  }
}
```

【说明】

(1) 类 IndexSearcher 的构造方法包含类型为 Directory 的参数,IndexSearcher 以只读的方式打开一个索引。

(2) 利用 QueryParser 构建一个查询分析器,该类的构造方法需要提供 3 个参数,分别为版本、要查询字段以及分词分析器。利用 QueryParser 的 parse 方法可对具体查询关键字进行分析,得到一个 Query 对象。

(3) 通过执行 IndexSearcher 对象的 search 方法实现对具体查询对象的查询。返回 TopDocs 对象为查询结果中的顶部若干记录。通过遍历 TopDocs 对象可将搜索到的结果文档的相关信息输出。

【应用经验】Lucene 提供的高亮显示可从文档内容中提取摘要,它是将搜索词出现频度最高的一个段落的文字提取出来作为摘要,并对段落中的搜索词进行"标红"处理。不宜直接用于文档标题的搜索词标红处理,如果标题中无搜索词时将返回空串。

3. MVC 控制器的代码

以下程序中提供了三个请求 Mapping 访问方法,第一个方法是对应用系统根的访问;第二个方法是对检索请求的访问处理;第三个方法实现分页显示处理,搜索控制器根据 URL 路径参数传递的页码和关键词,调用业务逻辑中的搜索服务获取本页的结果文档,传递给模型参

数以便视图显示。

【程序清单 16-5】文件名为 myappController. java

```
package chapter16;
import java.io.UnsupportedEncodingException;
import java.util.List;
import org.apache.lucene.search.TopDocs;
import org.springframework.stereotype.Controller;
import org.springframework.ui.ModelMap;
import org.springframework.web.bind.annotation.*;
import org.springframework.web.servlet.ModelAndView;
@Controller
public class myappController {
    @RequestMapping(value = "/", method = RequestMethod.GET)
    public String  enter( ) {
        return "/result";
    }

    @RequestMapping(value = "/index", method = RequestMethod.POST)
    public ModelAndView  disp(
          @RequestParam("keyword") String key ) {
        ModelMap dataModel =  new ModelMap();
        TopDocs topDocs = SearcherService.search(key);
        List<FileItem> items =  SearcherService.getPage(topDocs,key,1);
        dataModel.put("pages",(int)(Math.ceil(topDocs.scoreDocs.length/5.0)));
        dataModel.put("keyword",key);
        dataModel.put("result",items);
        return new ModelAndView("/result", dataModel);
    }

    @RequestMapping(value = "/index/{pageid}/{key}",
        method = RequestMethod.GET)
    public ModelAndView disp(@PathVariable("pageid") String pageid ,
            @PathVariable("key") String key ) {
        ModelMap dataModel =  new ModelMap();
        try {
            key = new String(key.getBytes("ISO-8859-1"), "UTF-8");
      } catch (UnsupportedEncodingException e) { }
        TopDocs topDocs = SearcherService.search(key);
        int page = Integer.parseInt(pageid);
        List<FileItem> items =  SearcherService.getPage(topDocs, key,page);
```

```
        dataModel.put("pages",(int)(Math.ceil(topDocs.scoreDocs.length/5.0)));
        dataModel.put("keyword",key);
        dataModel.put("result",items);
        return new ModelAndView("/result", dataModel);
    }
}
```

4. 显示视图

显示视图中含查询提交表单、查询结果的显示及分页浏览超链接,如图 16-3 所示。

【程序清单 16-6】文件名为 result.jsp

```
<%@page contentType="text/html; charset=UTF-8" %>
<%@ taglib uri="http://java.sun.com/jsp/jstl/core" prefix="c" %>
<HTML> <head><link rel="stylesheet" type="text/css" href="<%=request.getContextPath() %>/css/main.css"> </head>
<body>
<form method="POST" action="<% =request.getContextPath() %>/index" >
<table border="0" bgcolor="#ffffff" width="60%">
<tr> <td align=center >
<input type="text" name="keyword" id="keyword" size="25" maxlength="255" value="${keyword}" ></input>
<input type="submit" name="sa" value="搜索"></input>
</td></tr>
</table>
</form>
<!—以下显示搜索结果-->
<table>
<c:forEach items="${result}" var="dir">
<tr><td align=left   height="28">
<a href="docs/${dir.filename}" target="_blank">    ${dir.title}</a>
<blockquote>${dir.content}</blockquote>
</td>
</c:forEach>
</table>
<!—以下显示分页查看超链接-->
<%
int pages;
if (request.getAttribute("pages")==null)
    pages=0;
else
    pages=Integer.parseInt(""+request.getAttribute("pages"));
```

```
for (int k = 1;k< = pages;k ++ ){ %>
    <a href ="<% = request.getContextPath() %>/index/<% = k %>/${key-
word}">第<% =k %>页</a>  
<% } %>
</BODY>
</HTML>
```

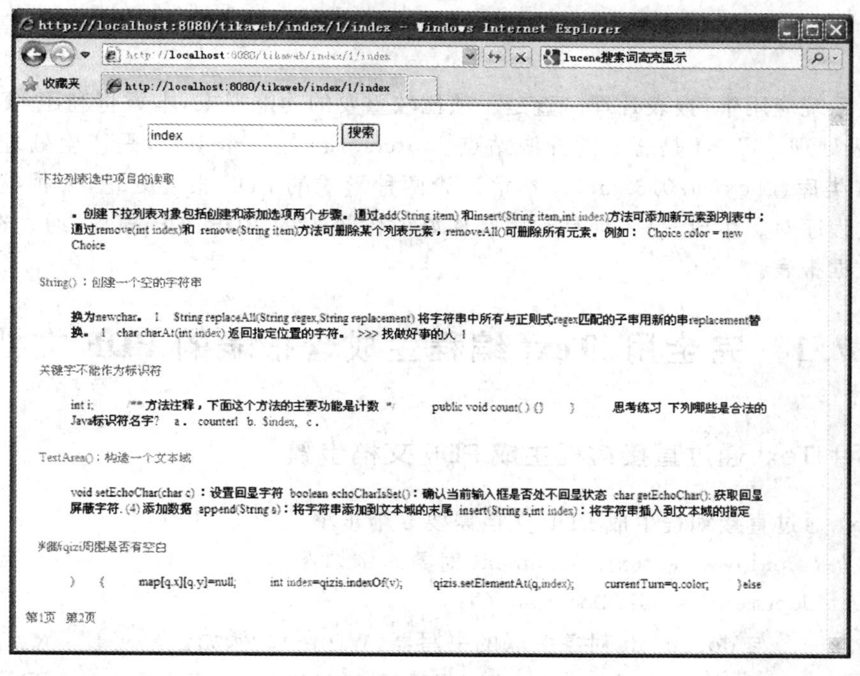

图 16-3　支持分页显示的搜索结果

【说明】这里文件的浏览访问采用文件路径的 URL 浏览方式，当文件名中含汉字时存在问题，需要 URLEncoder 类对 URL 请求传递的文件名及路径参数进行编码处理，详见第 21 章。

本 章 小 结

本章结合教学系统中课程资源全文检索的设计，介绍了利用 Lucene 实现全文检索的编程过程，包括通过 Tika 获取各类文档的语义信息。本章就全文检索的相关概念、Lucene 的主要 API 构成等进行了简要介绍，重点分析了文件类型的过滤、摘要的提取、分页处理等。读者可对自己搜集的文件资源建立个性化的搜索服务系统。

第17章 Java应用的报表打印

在信息系统应用中，报表处理一直是一项比较重要的功能需求，本章将利用 iText 组件实现 PDF 报表处理。iText 是著名的开源站点 sourceforge 的一个项目，是产生处理 PDF 文档的一个 java 类库(iText-5.0.3.jar)。本章讨论两种形式的 PDF 报表处理，一种整个 PDF 报表文档通过程序对象生成，另一种是利用制作好的含报表的 PDF 文档模板，通过在模板填写数据实现数据报表。

17.1 完全用 iText 编程生成含报表的 PDF 文档

17.1.1 用 iText 通过直接编程生成 PDF 文档步骤

用 iText 通过直接编程生成 PDF 文档需要 5 个步骤。

(1) 建立 com.lowagie.text.Document 对象。例如：

```
Document document = new Document();
```

(2) 建立一个与 document 对象关联的书写器(Writer)。例如：

```
PDFWriter.getInstance(document, new FileOutputStream("Helloworld.PDF"));
```

(3) 打开文档。

```
document.open();
```

(4) 向文档中添加内容。

```
document.add(new Paragraph("Hello World"));  //添加一个段落
```

(5) 关闭文档。

```
document.close();
```

17.1.2 Document 对象简介

Document 是 PDF 文件所有元素的容器，要生成一个 PDF 文档，必须首先定义一个 Document 对象。Document 有 3 种构造函数。

- Document()：生成的文档将自动采用 A4 大小的纸张。
- Document(Rectangle pageSize)：可以定义纸张的大小。
- Document(Rectangle pageSize, float marginLeft, float marginRight, float marginTop, float marginBottom)：该构造方法不仅可以定义纸张大小，而且还能定义页面的左右上下边距。

以下定义一个 Document 对象，页面大小为 A4，四周边距均为 50。

```
Document document = new Document(PageSize.A4, 50, 50, 50, 50);
```

如果页面需要采用横排模式，只要修改第一个参数就行：

```
Document doc = new Document(PageSize.A4.rotate(),50,50,50,50);
```

换页可用 document 对象的 newPage()方法。

可以调用文档对象的以下方法设定文档的标题、主题、作者、关键字、创建日期等属性：

- boolean addTitle(String title) //标题
- boolean addSubject(String subject) //主题
- boolean addKeywords(String keywords) //关键字
- boolean addAuthor(String author) //作者
- boolean addCreationDate() //创建日期

可以用以下方法设定页面的大小、书签、脚注等信息：

- boolean setPageSize(Rectangle pageSize) //页面大小
- boolean add(Watermark watermark) //增加水印
- void removeWatermark() //删除水印
- void setHeader(HeaderFooter header) //页面头部标注
- void setFooter(HeaderFooter footer) //脚注
- void setPageCount(int pageN) //页数

如果要设定第一页的页面属性，这些方法必须在文档打开之前调用。

17.1.3 书写器(Writer)对象

通过书写器(Writer)对象可以将具体文档存盘成需要的格式，PDFWriter 可以将文档存成 PDF 文件，HtmlWriter 可以将文档存成 html 文件。例如：

```
PdfWriter writer = PdfWriter.getInstance(document,
                    new FileOutputStream("d:/user/记录表 1.pdf"));
```

利用 PdfWriter 的 addFileAttachment 方法可给文档加入文件附件。

对于 PDF 文档，iText 用书写器的 setViewerPreferences 方法可以控制文档打开时 Acrobat Reader 的显示属性，如是否单页显示、是否全屏显示、是否隐藏状态条等属性。例如，以下第一条语句隐藏了菜单栏，第二条语句隐藏了工具栏。

```
writer.setViewerPreferences(PdfWriter.HideMenubar);
writer.setViewerPreferences(PdfWriter.HideToolbar);
```

另外，iText 也提供了对 PDF 文件的安全保护，通过书写器的 setEncryption 方法，可以设定文档的用户口令、只读、可打印等属性。

17.1.4 文本处理

所有向文档添加的内容都是以对象为单位的，iText 中用文本块(Chunk)、短语(Phrase)和段落(paragraph)处理文本。

值得注意的是文本中汉字的显示，默认的 iText 字体设置不支持中文字体，需要下载远东字体包 iTextAsian.jar，否则不能往 PDF 文档中输出中文字体。

有的网站提供的 iTextAsian.jar 包中使用的是以前 iText-2.1.3.jar 一样的包名，与现在

iText5.0 包名不符，要解开进行处理，将其中包路径 com. lowagie. text. Font 改为 com. itextpdf. text. Font，然后，重新打包即可。

1. 文本块(Chunk)

文本块(Chunk)是处理文本的最小单位，可以为 Chunk 对象指定颜色、字体。例如，以下产生一个字体为 HELVETICA、大小为 10、带下画线的字符串：

```
Chunk chunk1 = new Chunk("ZipCode", FontFactory.getFont(FontFactory.HELVETICA,
12, Font.UNDERLINE));
```

可以为 Chunk 对象设置下画线、上画线、删除线。通过调用 setUnderline()方法，可以将线段添加在 Chunk 对象的任意位置，还可以设置线段的颜色、粗细和形状（圆头线、平头线等）。例如：

```
Chunk title = new Chunk("Title", titleFont);
title.setUnderline(Color.BLACK, 2.0f, 0.0f, 24.0f, 0.0f, PdfContentByte.LINE_
CAP_BUTT);
```

2. 短语(Phrase)

短语(Phrase)由一个或多个文本块(Chunk)组成，短语(Phrase)也可以设定字体，但对于其中已经设定过字体的文本块(Chunk)无效。以下为 Phrase 的构造方法：

- Phrase(String string)
- Phrase(String string, Font font)
- Phrase(float leading, String string)

其中，参数 leading 设置的是 Phrase 对象的行间距。

通过短语(Phrase)的 add 方法可以将一个文本块(Chunk)加到短语(Phrase)中。

3. 段落(paragraph)

段落(paragraph)由一个或多个文本块(Chunk)或短语(Phrase)组成，相当于 Word 文档中的段落概念，同样可以设定段落的字体大小、颜色等属性。

定义好一个 Paragraph 对象之后，将其加入文档中。例如：

```
Paragraph p = new Paragraph();
Chunk chunk = new Chunk("Title");
p.add(chunk);
document.add(p);
```

另外也可以设定段落的首行缩进、对齐方式（左对齐、右对齐、居中对齐）。通过方法 setAlignment 可以设定段落的对齐方式，例如：

```
p.setAlignment(Element.ALIGN_JUSTIFIED);  // 对齐方式
p.setIndentationLeft(15f);  // 左侧缩进距离
p.setSpacingBefore(15f);  //段前间距
p.setSpacingAfter(5f); // 段后间距
```

4. List 类

文档中可加入 List 对象，List 类实现的效果类似于 Word 中的“项目符号和编号”。以下通过 List 的构造方法创建一个 List 对象。

```
List my = new List(true, false, 10);
```

【说明】构造方法的第 1 个参数指明是否为有编号的列表，true 表示创建的是有编号的列表;第 2 个参数表示是否采用字母进行编号,true 为字母,false 为数字;第 3 个参数是列表的缩进量。

列表由列表项(ListItem)组成,通过 List 的 add()方法可将列表项加入列表中。

```
my.add(new ListItem("First item of list"));
my.add(new ListItem("Second item of list"));
```

也可以直接将一个字符串加入 List 列表,或者在列表中加入另一个列表对象。

17.1.5 表格处理

要在 PDF 文件中创建表格,iText 提供了两个类,Table 和 PdfPTable。Table 类用来实现简单表格,PdfPTable 类则用来实现比较复杂的表格

1. 使用 Table 类

类 com.lowagie.text.Table 的构造方法有 3 个:

- Table (int columns)
- Table(int columns, int rows)
- Table(Properties attributes)

其中,参数 columns、rows、attributes 分别为表格的列数、行数、表格属性。创建表格时必须指定表格的列数,而对于行数可以不用指定。

建立表格后,可以设定表格的属性,例如:

```
Table t = new Table(3,2);              // 创建 3 列 2 行的表格
t.setBorderColor(Color.white);         // 设置边框颜色
t.setPadding(5);                       // 设置填充间隙
t.setBorderWidth(1);                   // 设置边框宽度
```

表格是由一个个单元格组成的。以下为单元格的创建以及将其加入表格的方法。

```
Cell c1 = new Cell("Header1");
t.addCell(c1);
```

它将在表格的第 1 行第 1 列中写入内容"Header1"。默认加入顺序是按从左到右、从上到下的顺序。用以下方法可指定单元格的加入位置。

- addCell(Cell aCell, int row, int column)
- addCell(Cell aCell, Point aLocation)

用 insertTable(Table table)方法可以将一个表格加入另一个表格中,实现表格嵌套。

2. 使用 PdfPTable 类生成表格

创建 PdfPTable 对象只需要指定列数,不用指定行数。例如:

```
PdfPTable table = new PdfPTable(3);  //创建一个 3 列的表格
```

(1) 设定表格宽度

通常生成的表格默认以 80%的比例显示在页面上,用 setWidthPercentage(float widthPercentage) 方法可设置表格的按百分比的宽度。

而用 setTotalWidth 则可设置表格按像素计算的宽度。例如,以下设定宽度为 300 px,如果表格的内容超过了 300 px,表格的宽度会自动加长。

```
table.setTotalWidth(300);
```

创建表格时也可指定每一列的宽度。例如,以下定义含 3 列的表格,每列的宽度分别为

15%、25%、60%。

```
float[] widths = {15f, 25f, 60f};
PdfPTable table = new PdfPTable(widths);
```

如果要锁定表格宽度可使用如下方法：

```
table.setLockedWidth(true)
```

以下方法可用来获取表格列和行相关的信息。

- getTotalHeight()：获取高度。
- getTotalWidth()：获取宽度。
- getRowHeight(idx)：获取某行高度。
- getRows()：获取所有行，返回一个 ArrayList<PRow>的列表。
- getNumberOfColumns()：获取栏数。

通过一系列方法可设置表格的边界以及对齐、填充方式。例如：

```
table.setDefaultHorizontalAlignment(Element.ALIGN_LEFT);  //水平居左
table.setDefaultVerticalAlignment(Element.ALIGN_MIDDLE); //垂直居中
table.setAutoFillEmptyCells(true); //自动填满
table.setPadding(1);    // 数据内容与边框的间隙
table.setBorder(0); //表格边界
```

(2) 添加单元格

使用表格对象的 addCell(Object object)方法插入元素，其中，Object 对象可以是 PdfPCell (单元格)、String、Phrase、Image，也可以是 PdfPTable 对象，实现表格嵌套。

单元格的常用方法包括：

- setColspan(int n)：设置单元格的列跨度。
- setBorder(int n)：设置单元格的边框粗细。
- setVerticalAlignment(int v)：设置单元格的垂直对齐方式。
- setHorizontalAlignment(int h)：设置单元格的水平对齐方式。
- setPadding(float padding)：设置单元格的填充间隙。
- setFixedHeight(float height)：设置单元格的绝对高度。

例如：cell.setHorizontalAlignment(Element.ALIGN_CENTER);

【程序清单 17-1】绘制简易检测记录表(如图 17-1 所示)

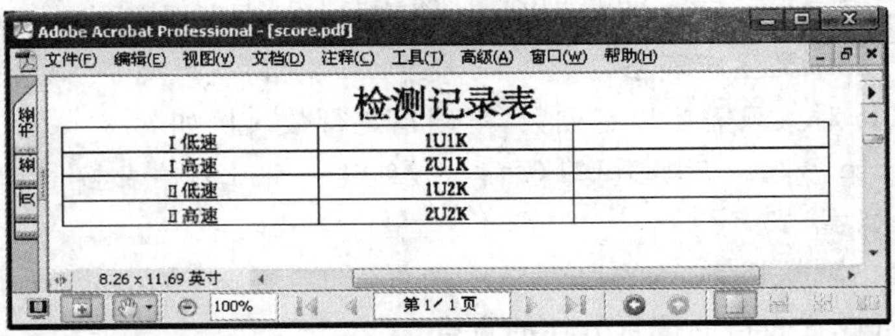

图 17-1 简易检测记录表

```
import java.io.FileOutputStream;
import com.itextpdf.text.*;
```

```
import com.itextpdf.text.pdf.*;
public class ItextPrint {
    public static void main(String a[]) {
        Document document = new Document();
        try {
            PdfWriter.getInstance(document,
                    new FileOutputStream("d:/score.pdf"));
            document.open();
            document.addAuthor("丁振凡");
            BaseFont bfChinese = BaseFont.createFont("STSong-Light",
                    "UniGB-UCS2-H", BaseFont.NOT_EMBEDDED); // 字体定义
            Font FontChinese = new Font(bfChinese, 10, Font.BOLD);
            Font FontChinese1 = new Font(bfChinese, 20, Font.BOLD);
            float[] widths = { 60f, 60f, 60f };
            PdfPTable t = new PdfPTable(widths);
            // 以下设置表格单元格的水平对齐方式为居中对齐
            t.getDefaultCell().setHorizontalAlignment(Element.ALIGN_CENTER);
            Paragraph title1 = new Paragraph("检测记录表", FontChinese1);
            title1.setSpacingAfter(5f); // 段后间距
            title1.setAlignment(Element.ALIGN_CENTER);
            document.add(title1);
            t.addCell(new Phrase("Ⅰ低速", FontChinese));
            t.addCell(new Phrase("1U1K", FontChinese));
            t.addCell("");
            t.addCell(new Phrase("Ⅰ高速", FontChinese));
            t.addCell(new Phrase("2U1K", FontChinese));
            t.addCell("");
            …
            document.add(t);
        } catch (Exception de) { }
        document.close();
    }
}
```

【说明】"STSongStd-Light"是字体,"UniGB-UCS2-H"是编码,定义文字的编码标准和样式,"H"代表文字版式是横排,如果改成"V"则代表竖排。

(3) 合并单元格

为了实现某些特殊的表格形式,需要合并单元格。PdfPCell类提供了setColspan(int colspan)方法用于合并横向单元格,参数colspan为合并的单元格数。但要合并纵向单元格需要使用嵌套表格的方法。将某个子表加入单元格,且安排单元格所占列数为子表中列数,则其行跨度也就是子表中的行数。

由于实际编程时，经常出现各类结构的嵌套情形，可以将产生某种结构的表格模块进行封装，编制成方法，通过方法调用传递相应参数完成表格特定模块的绘制。

例如，可以将生成一个整齐行列的表格的代码编写成方法。方法返回表格，填充的数据通过二维对象数组传递。

```
public static PdfPTable creatSubTable(Object x[][]){
    PdfPTable t = new PdfPTable(x[0].length);
    t.getDefaultCell ().setHorizontalAlignment (Element.ALIGN_CENTER);
    for (int k = 0;k<x.length;k ++ ) {
        for (int j = 0;j<x[0].length;j ++ )
          t.addCell(new Phrase(x[k][j].toString(),FontChinese));
    }
    return t;
}
```

通过调用以上方法，可实现如图 17-2 所示的表格绘制，主要代码如下：

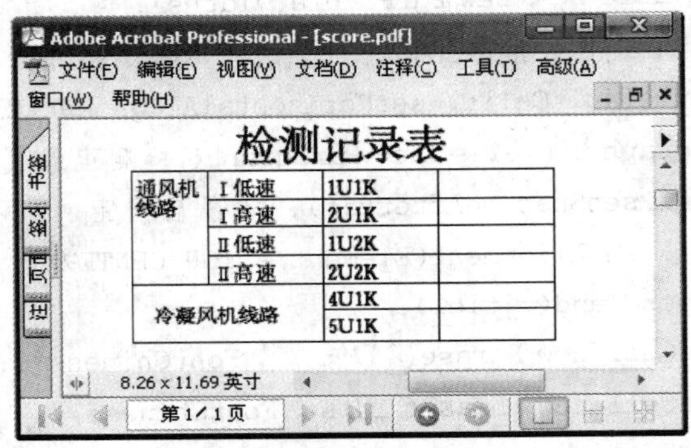

图 17-2　含跨行和跨列的检测记录表

```
…// 前面部分同程序清单 17-1
float [] widths2 = {40f, 60f, 60f,60f };
PdfPTable t2 = new PdfPTable(widths2);
t2.addCell(new Phrase("通风机线路",FontChinese));
String x1[][] = { {"Ⅰ低速","1U1K",""},{"Ⅰ高速","2U1K",""},
                 {"Ⅱ低速","1U2K",""},{"Ⅱ高速","2U2K",""}};
PdfPCell m = new PdfPCell(creatSubTable(x1));  // 将创建的子表放入单元格
m.setColspan(3);
t2.addCell(m);
PdfPCell iCe2 = new PdfPCell(new Phrase("冷凝风机线路",FontChinese));
iCe2.setColspan(2);
iCe2.setPadding(10);
t2.addCell(iCe2);
String x[][] = {{"4U1K",""},{"5U1K",""}};
m = new PdfPCell(creatSubTable(x));
```

```
m.setColspan(2);
t2.addCell(m);
document.add(t2);
```

(4) 表头处理

通常的表格都需要一个表头,定义表格的每一列所代表的含义。表头的内容也是通过 table.addCell()方法添加到表格中的,完成之后调用 table.setHeaderRows(1)方法告诉程序这一行是表头。当表内容很大,一页无法显示时,程序会自动将表格进行分页,并且会在每一页的表格头部都加上表头。

17.1.6 图像处理

iText 中处理图像的类为 com.lowagie.text.Image,目前 iText 支持的图像格式有 GIF、JPEG、PNG、WMF 等,iText 将自动识别图像格式。用以下方法获取图像实例。

```
Image img = Image.getInstance("sun.gif");
```

图像对象的常用方法如下。

- void setAlignment(int alignment):设置图像的对齐方式。当参数 alignment 为 Image.TEXTWRAP、Image.UNDERLYING 分别指文字绕图形显示、图形作为文字的背景显示。
- void scaleAbsolute(int newWidth, int newHeight):设定显示绝对尺寸。
- void scalePercent(int percent):设定显示比例。
- void scalePercent(int percentX, int percentY):设定图像高宽的显示比例。
- void setRotation(double r):旋转一定角度,参数 r 为弧度。

17.2 基于 PDF 报表模板的报表填写处理

利用 PDF 模板文件定义报表的格式,并在模板文件中通过定义数据域字段实现对报表数据的填充处理。它具有格式灵活的特点。基于报表模板的报表处理步骤如下:

(1) 利用 Word 制作打印报表;

(2) 利用 Adobe Acrobat 7.0 Professional 将 Word 文档转换为 PDF 格式;

(3) 利用 Adobe Designer 7.0 对 PDF 进行设计,定义数据域;

(4) 利用 iText 组件实现对报表数据字段的写入。

可利用 Adobe Designer 7.0 导入某个 PDF 文件进行设计。在任意位置添加文本域,每个文本域有一个绑定的名称和值,可以根据需要自己定义。在 Java 程序中正是通过文本域的名称访问文本域对象。图 17-3 给出了制作界面。

以下为打开报表模板实现数据写入的关键代码。

【程序清单 17-2】给 PDF 报表模板填写数据

```
import com.itextpdf.text.DocumentException;
import com.itextpdf.text.pdf.AcroFields;
import com.itextpdf.text.pdf.PdfReader;
import com.itextpdf.text.pdf.PdfStamper;
…
```

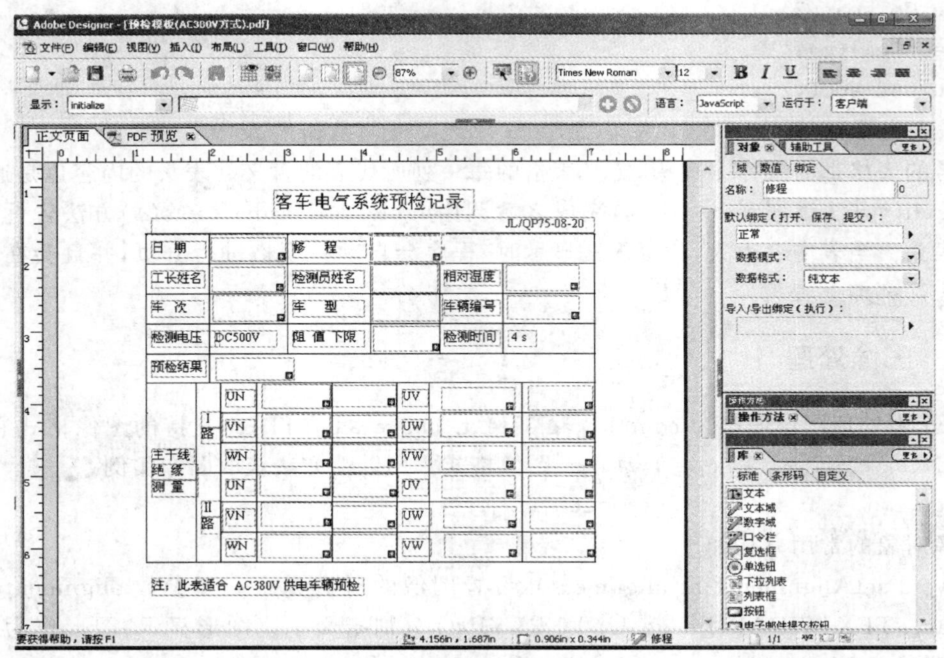

图 17-3　利用 Adobe Designer 7.0 添加文本域

```
PdfReader r = new PdfReader("d:\\预检模板(DC600V 方式).pdf");
PdfStamper s = new PdfStamper(r,new FileOutputStream("d:\\结果.pdf"));
AcroFields form = s.getAcroFields();
String x[] = detectlog.getYjdata(date,cheNumber,code); //读取数据库数据
form.setField("日期", x[1]);
form.setField("修程", x[2]);
form.setField("工长", x[3]);
form.setField("检测员", x[4]);
form.setField("相对湿度", x[5]);
…
s.close();
```

【说明】

(1) 利用 PdfReader 读取 PDF 文档。创建 PdfReader 对象传入参数为 PDF 模板文件。

(2) 创建一个 PdfStamper 来编辑 pdfReader 对象，并获取一个 OutputStream 输出流作为输出对象。

(3) 利用 PdfStamper 获取 AcroFields 对象。

(4) 用 AcroFields 对象的 setField 将数据填写到表格的数据域中。

17.3　在 Spring 3.1 中使用 PDF 视图

在 Web 应用开发中，有时需要动态生成 PDF 视图作为报表输出。Spring 3.1 提供了 AbstractPdfView 抽象类用于生成 PDF 格式视图，通过编写覆盖 buildPdfDocument 方法可将产

生的 PDF 文档送客户端。该方法形态如下：

```
buildPdfDocument(Map map,Document doc,PdfWriter writer,
        HttpServletRequest req,HttpServletResponse resp)
```

其中，Map 代表模型，Document 代表要生成的文档，PdfWriter 代表书写器。

以打印某班的学生名单为例，通过模型变量 classname 记录班级名称，students 记录所有学生的姓名。在视图中获取相关数据形成表格等，并写入到 doc 文档中。

1. PDF 视图的编写

【程序清单 17-3】PDF 视图文件(PdfView.java)

```
package views;
import java.util.*;
import javax.servlet.http.*;
import org.springframework.web.servlet.view.document.AbstractPdfView;
import com.lowagie.text.*;
import com.lowagie.text.pdf.PdfWriter;
public class PdfView extends AbstractPdfView {
    public void buildPdfDocument(Map map, Document doc, PdfWriter writer,
        HttpServletRequest req, HttpServletResponse resp) throws Exception
    {
        Table table = new Table(2);
        table.setWidth(90);
        table.setBorderWidth(1);
        doc.add(new Paragraph ((String) map.get("classname")));  //表头
        List<String> students = (List<String>)map.get("students");
        Iterator<String> personIt =  students.iterator();
        while(personIt.hasNext())
            table.addCell(personIt.next());  //学生姓名加入表格的单元格
        doc.add(table);
    }
}
```

2. MVC 控制器设计

控制器提供 REST 访问接口，通过 ModelAndView 将模型填写的数据传递给视图，以下为具体代码。注意，这里 PDF 视图是通过创建 PdfView 对象来完成。

【程序清单 17-4】访问控制器(PdfViewController.java)

```
import java.util.*;
import org.springframework.stereotype.Controller;
import org.springframework.ui.ModelMap;
import org.springframework.web.bind.annotation.*;
import org.springframework.web.servlet.ModelAndView;
@Controller
public class PdfViewController {
```

```java
    @RequestMapping(value = "/outputpdf", method = RequestMethod.GET)
    public ModelAndView handle() {
        ModelMap modelMap = new ModelMap();
        modelMap.put("classname", "computer 08-1");  //班级
        List<String> students = new ArrayList<String>();
        students.addAll(Arrays.asList("mary", "John", "jerry"));  //班级学生
        modelMap.put("students", students);
        return new ModelAndView(new views.PdfView(), modelMap);
    }
}
```

访问 URL：http://localhost:8080/SpringMVC/outputpdf

其中,SpringMVC 为项目名。结果在客户浏览器端将得到一个 PDF 文档。

【说明】本应用是采用 Maven 工程。需要引入 com. lowagie. text 和 Spring 框架的依赖。且注意 com. lowagie. text 引入的 JAR 包不支持中文,需要进行特殊处理。

本 章 小 结

本章介绍了 Java 应用中利用 iText 组件实现报表打印的典型处理方法。讨论了两种形式的报表制作处理方法。一种是通过完全编程实现报表的生成,利用 PdfPTable 等系列对象制作出数据报表。另一种是通过模板文件,在报表模板文件中定义数据域,实现“填空式”报表的处理。最后介绍了生成 PDF 视图的方法。

第18章 网络考试系统设计

网络考试是网络教学平台中较为复杂的一项功能。完整考试系统应支持较丰富的题型，为简单起见，本章只考虑单选题、多选题、填空题的情形，实际系统中还可增设编程题等。系统数据库采用 MySQL，程序中所涉及的各表的字段含义解释如下。

- 单选题表(danxuan)、多选题表(mxuan)、填空题表(tiankong)的结构相似。包含的字段有：number 为题号，content 为试题内容，diff 为难度，knowledge 为所属知识点，answer 为答案。只是填空题的答案字段长度更大些。
- 考试登记表(paperlog)包含的字段有：username 为用户名，paper 为试卷，useranswer 为用户解答。其中，后面两个字段为 text 类型。
- 考试参数配置表(configure)包含的字段有：knowledges 为考核知识点的集合，sxamount 为单选题的数量，sxscore 为单选题的小题分数……其中，knowledges 为一个文本串，列出所有考核知识点，每个知识点用单引号括住，知识点之间用逗号分隔。

本章介绍的考试系统主要针对学生端考试中所涉及的环节，包括组卷、试卷显示、交卷评分、试卷查阅等。图 18-1 给出了试卷元素的基本构成。

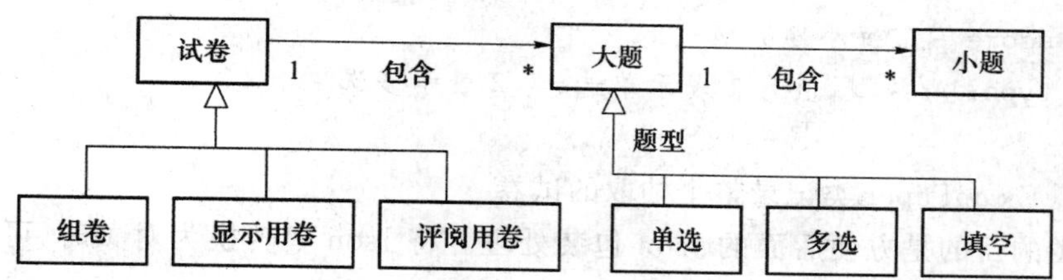

图 18-1 试卷的基本构成

在试卷处理不同阶段，需要试卷的不同信息，例如，组卷阶段只要记录大题类型、各小题编号；显示试卷时则需要大题名称、各小题的内容；评卷阶段则只要大题的每小题分值、各小题答案。因此，应用设计中对试卷信息进行各自的封装设计，实际上，试卷的其余信息可根据组卷试卷中记录的基本信息查阅数据库得到。

实现试卷在应用各功能之间传递有多种方法，例如：采用 session 对象、采用 Cookie 变量。本系统选择采用 URL 参数传递，其好处是不用消耗客户方和服务方的资源。但采用 URL 传递试卷对象需要将对象转换为字符串，否则，对象不能直接作为 URL 参数。本系统是采用 Google 的 Gson 工具实现对象与 Json 串的变换。另外，还需要对变换后的内容进行 URL 编码处理。

系统通过 Spring JdbcTemplate 访问数据库。整个系统只有一个数据库，可将与数据源连接的 jdbcTemplate 定义为一个 Bean。其他 Bean 要访问数据库可通过属性依赖建立与 jdbc-

Template 的关联即可。例如,以下为考试控制器的依赖设计:

```
@Controller
public class ExamController {
    @Resource(name = "jdbcTemplate")
    private JdbcTemplate jdbcTemplate;
    …//后面将介绍组卷显示、阅卷、查卷等服务
}
```

系统采用第 9 章介绍的知识进行用户认证设计。系统由一系列 REST 风格的服务构成,以下各节分别就试卷产生显示、解答评分及查卷的服务功能实现进行介绍,每个服务功能由 Spring 的控制器、模型、服务业务逻辑、视图协作完成。

18.1 组卷处理及试卷显示

18.1.1 组卷相关数据对象的封装设计

定义以下类用来封装记录组好的试卷的相关信息。整个试卷由若干题型构成,每个题型由若干试题构成。系统假定每道大题的各小题分配相同分值。

(1) 引入 Question 类记录下某类题型的抽题信息

包括题型编码、每小题分值、以及抽到的试题编号构成的数组。

```
public class Question {
    int bh[];  //各小题编号
    int score ; //每小题分数
    int type; //题型,值为 1 表示单选,为 2 表示多选
}
```

(2) 引入 ExamPaper 类记录整个抽取的试卷

引入该类的目的是方便后面的 Json 包装处理。将 Json 串转换为对象时,可通过 ExamPaper 类指示要转换的目标。

```
public class ExamPaper {
    List<Question> allst = new ArrayList<Question>();
    //存放各类大题的抽题信息
}
```

18.1.2 组卷业务逻辑程序

根据组卷参数要求,组卷程序从数据库抽取试题组卷。在类 ExamPaper 中设计了两个静态方法。genPaper 方法将根据数据库存储的组卷参数要求进行组卷,它将调用 pickst 方法实现具体某个题型的抽题处理。

(1) 按组卷配置要求组卷

配置中包括考核的知识点范围,各类题型的抽题数量,每小题分值等。

```
public static ExamPaper genPaper(JdbcTemplate jdbcTemplate){
```

```
    ExamPaper paper = new  ExamPaper();
    String sql = "select knowledges from configure"; //查考核知识范围
    String knowledges = jdbcTemplate.queryForObject(sql,String.class);
    sql = "select sxamount from configure";  //查配置得到单选数量
    int amount = jdbcTemplate.queryForInt(sql);
    if (amount>0) {
        sql = "select sxscore from configure";  //查配置得到每小题分数
        int score = jdbcTemplate.queryForInt(sql);
        Question q = new Question();
        q.type = 1;  //单选题型
        q.score =  score;
        q.bh =  pickst(jdbcTemplate, "danxuan",amount, knowledges); //调抽题处理
        paper.allst.add(q); //将单选题的组卷选题加入试卷中
    }
        …  //其他类试题的选题处理与上面类似
    return paper;
}
```

(2) 某类题型的抽题算法

pickst 方法在知识点范围随机选题，使用 SQL 的 in 关键词选取，以下程序中未考虑难度要求。算法可自动适应课程的实际试题数量，数量不足时按实际数量选取。方法的参数包括数据库表格、选题数量、知识点范围等，方法的返回结果为选中试题编号构成的数组。

```
private static int[] pickst(JdbcTemplate jdbcTemplate, String table,
  int count, String  knowledges){
  ArrayList<Integer> have  =  new ArrayList<Integer>();  //存放选好的题的编号
  sql  =  "select count( * ) from " + table + " where  knowledge in (" + knowledges +")";
  int realAmout  = jdbcTemplate.queryForInt(sql);  //可供抽取试题总数
  if (realAmout < count) {
      count  =  realAmout ;  //不够数量,按实际数量抽题
  }
  int  pick =  0;  //统计选题数量
  sql  =  "select number from " + table + " where knowledge in
         (" + knowledges +")";
  List<Integer> result = jdbcTemplate.queryForList(sql, Integer.class);
  while ( pick < count) {  // 在所取的范围内选 count 道试题
    int num  =  (int)(Math.random() * realAmout) ;  //随机叫号
    Integer n =  result.get(num);   // 根据随机数得到相应记录的试题编号
    if (! (have.contains(n))) {  //判该题是否已选过
        have.add(n);   // 未选过,则选中该题
        pick  =  pick + 1;
    }
```

```
    }
    /* 以下代码将列表中信息存储到数组中 */
    int stArray[] = new int[have.size()];
    for (int k = 0;k<have.size();k++){
        stArray[k] = have.get(k);
    }
    return stArray;
}
```

【思考】读者可练习改进组卷算法,按知识点均分选择试题,并考虑难度匹配。

18.1.3 组卷 MVC 控制器

组卷控制器将调用组卷算法完成组卷,并设置试卷显示视图需要的模型参数。要传递的模型参数要考虑试卷的显示需要,也要考虑传递试卷给后续评分页面的需要。为方便显示处理,引入一个类 DisplayPaper 封装试卷显示所需的信息。

(1) 试卷内容显示处理封装

DisplayPaper 存储某大类试题的显示所需信息,包括大类名称、每小题分值、题型、每小题内容。其中,题型用于生成解答界面的判定处理,各类试题的解答控件不同。

```
public class DisplayPaper {
    List<String> content = new ArrayList<String>(); //各小题的试题内容
    String name; // 该类试题名称
    int type; // 试题类型
    int score; //小题分值
}
```

(2) 组卷及显示处理控制器

在组卷控制器中将调组卷业务逻辑进行组卷,并根据试卷显示要求获取试卷显示需要的信息。考虑到既要传递组卷给后续页面,又要显示试卷,在模型中分别用 paper 和 disppaper 两个属性记录组卷和显示试卷内容。由于传递给视图的 paper 要在后续页面中通过表单的 URL 传递,所以除了要进行串行化处理外,还需要进行 URL 编码处理。

【思考】另一种办法是采用表单的隐含域传递试卷,那样可以不必进行 URL 编码处理。请读者在相应视图设计中考虑如何实现。

```
@RequestMapping(value = "/disppaper", method = RequestMethod.GET)
public String display(Model model,HttpServletRequest request) {
    ExamPaper paper = ExamPaper.gen(jdbcTemplate); //调组卷算法组卷
    int len = paper.allst.size(); // 求试题大类数量
    DisplayPaper[] disp = new DisplayPaper[len]; //存放显示的试卷内容
    for (int k = 0;k<len;k++) {
        Question q = paper.allst.get(k); //第 k 个题型
        disp[k] = new DisplayPaper();
        disp[k].type = q.type;
        disp[k].name = getTxName(q.type); //获取题型名称
```

```
        disp[k].score = q.score;
        for (int i = 0;i<q.bh.length;i++)  //获取此类试题的各题内容
          disp[k].content.add(getContent(q.bh[i], q.type));
      }
      Gson gson  =  new Gson();
      String x1 = "";
      try { x1 = URLEncoder.encode(gson.toJson(paper), "utf-8");
      } catch (UnsupportedEncodingException e) {   }
      model.addAttribute("paper",x1);  //传递试卷的 Json 串用于后续判分处理等
      model.addAttribute("disppaper", disp);
      return  "display";
  }
```

其中，在控制器的逻辑中还定义了两个私有方法，一个是 getTxName，根据题型 type 得到题型的文字描述，可以根据题型数量扩展。另一个是 getContent，根据题型和试题编号得到试题内容。后面还要用到一个类似方法 getAnswer，用于获取试题的标准答案。

```
  private String getTxName(int type) {  //根据题型编码得到题型名称
      switch (type){
          case 1:return "单选题";
          case 2:return "多选题";
          case 3:return "填空题";
      }
      return null;
  }
  private String getContent(int bh,int type){ // 根据题型编码和题型查试题内容
      String sql = null;
      switch (type) {
          case 1:  //单选
            sql = "select  content from danxuan where number = " + bh; break;
          case 2:  //多选
            sql = "select  content from mxuan where number = " + bh; break;
          case 3:  //填空
            sql = "select  content from tiankong where number = " + bh; break;
      }
      return (String) jdbcTemplate.queryForObject(sql,String.class);
  }
```

18.1.4 试卷显示视图

视图文件给出试卷的显示模板，试卷显示除了解决试卷内容的显示外，还需要提供用户解答控件，如图 18-2 所示。这里用户解答控件的命名按“data”＋大题号＋“－”＋小题号的拼接方式。在学生交卷的判分处理时，可通过 HttpServletRequest 对象的 getParameter(“控件

名")方法得到学生的解答。

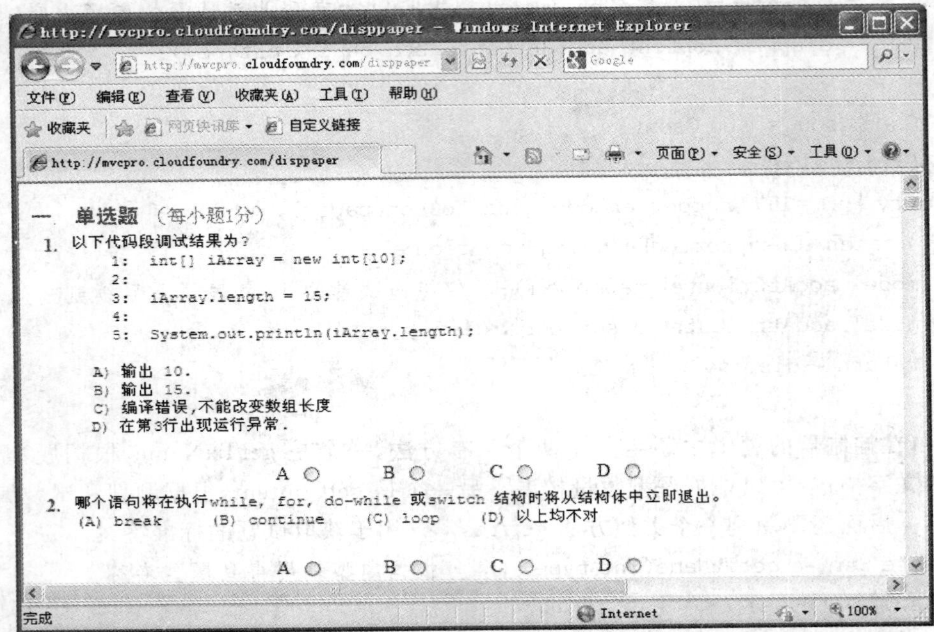

图 18-2 试卷解答界面

【程序清单 18-1】文件名为 display.jsp

```
<%@page contentType="text/html; charset=UTF-8" %>
<%@ taglib uri="http://java.sun.com/jsp/jstl/core" prefix="c" %>
<%@ taglib uri="http://java.sun.com/jsp/jstl/functions" prefix="fn" %>
<html><body>
<c:set value="一二三四五六" var="s" />
<form action="givemark/${paper}" method=post>
<c:set value="1" var="k" />
<c:forEach items="${disppaper}" var="st">
<font size=4 face="黑体" color=red>${fn:substring(s,k-1,k)}. ${st.name}
</font>
<font size=3 face="宋体" color=green>(每小题${st.score}分)</font> <br>
<c:set value="1" var="x" />
<c:forEach items="${st.content}" var="content">
<table width=98% align=center style="word-break:break-all"><tr>
<td align=left valign=top width=20>
<b><font color=blue>${x}.</font></b></td>
<td> <pre><font >${content}</font></pre>
</td></tr>
</table>
<table width=50% align=center><tr>
```

```
<c:if test="${st.type<=2}">
<c:forTokens items="A,B,C,D,E" delims="," var="item">
<td align=right>${item} </td> <td align=left>
  <c:choose>
     <c:when test="${st.type==1}">
       <input type=radio size="30" name="data${k}-${x}" value=${item}>
    </c:when>
    <c:when test="${st.type==2}">
      <input type=checkbox  size="30" name="data${k}-${x}" value=${item}>
    </c:when>
  </c:choose>
</td>
</c:forTokens>
</c:if>
<c:if test="${st.type==3}">
     <TextArea  rows="6" cols="40" name="data${k}-${x}"></TextArea>
</c:if>
</table>
<c:set var="x" value="${x+1}"/>
</c:forEach>
<c:set var="k" value="${k+1}"/><br>
</c:forEach>
<p align="center">
<input type="submit" name="button" value=" 交 卷 ">
</form>
</body></html>
```

【应用经验】通过 JSTL 变量实现试题序号的显示，注意变量累加的方法，另外，注意大写中文序号数字输出技巧，使用 JSTL 函数库中的 substring 方法提取文字串的中文数字。

18.2 阅卷处理

18.2.1 阅卷逻辑的方法设计

阅卷处理根据组卷传递的试卷信息及学生解答进行处理，各小题的标准答案要根据试题编号和题型从数据库获得。评阅某个大题时，可以将各小题标准答案放入数组中，与用户输入解答构成的数组元素逐个比较。

在 ExamPaper 类中增加一个 givescore 方法对阅卷逻辑进行封装，它将对某类题型的解答进行判分。该方法的参数有题型、标准答案、学生解答、小题分数，方法的返回结果为一个含两个元素的数组，分别为学生该题型的得分和总分。

```
public static int[] givescore(int type,  String answer[],String useranswer[],
```

```
                    int score){  //对某个题型的解答进行判分
    int sum[] = {0,0};
    switch (type) {
      case 1: //单选
          for (int k = 0;k<answer.length;k ++ ) {
              if (answer[k].equals(useranswer[k]))
                  sum[0] += score;  //累计得分
              sum[1] += score;  //累计总分
          }
          break;
      … //其他类试题的阅卷处理略
    }
    return sum;  //返回结果含大题得分和大题总分
}
```

18.2.2 阅卷控制器

阅卷控制器是与用户的接口，控制器通过 REST 风格的服务处理用户提交的请求。用户通过页面表单提交解答，并通过 URL 参数传递用 JSON 封装的试卷。阅卷控制器的工作包括解开 Json 试卷；对试卷的各大类通过循环处理，对某大类每道小题获取答案和用户解答，进行评分，并计算总得分。最后还要将学生的考卷和解答登记到数据库中。

```
@RequestMapping(value = "/givemark/{paper}", method = RequestMethod.POST)
public String marking(@PathVariable("paper") String paper, Model model,HttpS-
            ervletRequest request) {
    int total = 0;   // 用来统计总分值
    int getscore = 0;  //用来累计用户得分
    ArrayList<String []> allanswer = new ArrayList<String []>();
                                                    //整卷的用户解答
    try {  paper = URLDecoder.decode(paper, "utf-8");  // 进行 URL 解码
    } catch (UnsupportedEncodingException e) {  }
    Gson gson  =  new Gson();
    //以下解开 JSON 串恢复试卷
    ExamPaper p = (ExamPaper)gson.fromJson(paper, ExamPaper.class);
    for (int k = 0;k<p.allst.size();k ++ ) {  //循环处理各类题型
        Question me = p.allst.get(k);  //获取第 k 个大题
        String ans[] = new String[me.bh.length];      //定义记录标准答案的数组
        String usera[] = new String[me.bh.length];  //定义记录学生解答的数组
        for (int i = 0;i<ans.length;i ++ ){
            ans[i] = getAnswer(me.bh[i],me.type);  // 获取标准答案
            usera[i] = request.getParameter("data" + (k + 1) + "-" + (i + 1));
                                                          //读用户解答
```

```
    }
    int score[] = ExamPaper.givescore(me.type, ans, usera, me.score); //评分
    allanswer.add(usera);  // 将本大题的用户解答加入列表中
    total += score[1];           //计算整卷总分值
    getscore += score[0];     //计算整卷总得分
  }
  int lastscore = (int)(getscore * 100.0/total);  // 将用户得分转百分制
  model.addAttribute("score",lastscore);
  String user = request.getRemoteUser();  //取得用户标识
  //登记用户解答,试卷为 paper 参数,解答为 allanswer 列表
  String sql = "select count( * ) from paperlog where username = '" + user + "'";
  int x = jdbcTemplate.queryForInt(sql);
  if (x>0)  // 只记录最新测试试卷,如以前有测试记录则更新,否则插入
     sql = "update paperlog set paper = '" + paper + "',useranswer = '" + gson.toJ-
         son(allanswer) + "' where username = '" + user + "'";
  else
     sql = "insert into paperlog(username,paper,useranswer) values('" + user
         + "','" + paper + "','" + gson.toJson(allanswer) + "')";
  jdbcTemplate.update(sql);
  return "score";  //用 score.jsp 显示得分
}
```

18.2.3 学生得分显示视图

在得分显示视图中通过 SpEL 表达式获取来自模型的分数,通过执行 JavaScript 脚本弹出对话框显示学生得分,并通过执行页面重定向将页面导向到系统首页,防止学生回退,从而避免学生反复交卷试出答案。

【程序清单 18-2】文件名为 score.jsp

```
<%@page contentType = "text/html; charset = UTF-8" %>
<%@ taglib uri = "http://java.sun.com/jsp/jstl/core" prefix = "c" %>
<script type = "text/javascript">
   alert(" 你的得分:${score}");
   window.location = "http://mvcpro.cloudfoundry.com/";  //返回系统首页
</script>
```

18.3 查阅试卷

18.3.1 显示内容的封装设计

查阅试卷需要显示试卷标准答案与学生解答对比,因此,定义类 PaperCompare 实现相关

数据封装。每道试题的显示内容包括:试题内容、标准答案、学生解答。为简化处理,将每道试题的各项数据存储在一个 Map 对象中,所有小题信息为一个列表。用 PaperCompare 封装大题的数据,所有大题则为 PaperCompare 类型的列表集合。

```
public class PaperCompare {
    String name;   // 该大题的题型名称
    List<Map<String,Object>> content = new List<Map<String,Object>>();
}
```

18.3.2 查卷访问控制器设计

该控制器需要从数据库读学生试卷和解答,将存储的 Json 串进行解包。Json 解包时需要提供一个希望转换的目标类型参数,试卷解包直接用 ExamPaper.class 来表示,而存储学生解答的列表中每个元素为一个数组,要表示转换类型需要使用 Gson 包中 TypeToken 类。将需要获取类型的泛型类作为 TypeToken 的泛型参数构造一个匿名的子类,就可以通过 getType()方法获取泛型参数类型。例如:

```
new TypeToken<ArrayList<String[]>>(){ }.getType()
```

最后,模型中存储的是对应大题的 PaperCompare 对象的列表集合,而 PaperCompare 对象的 content 属性,是一个 List<Map<String,Object>>类型对象,存放各小题信息。

```
@RequestMapping(value = "/searchpaper", method = RequestMethod.GET)
public String  searchpaper(Model model,HttpServletRequest request) {
    String user = request.getRemoteUser();
    String sql = "select * from paperlog where username = '" + user + "'";
    List<Map<String,Object>>  x = jdbcTemplate.queryForList(sql);
    List<PaperCompare> me = new ArrayList<PaperCompare>();
                                                   //所有大题的数据
    Gson json = new Gson();
    List<String[]> x2;  //学生解答
    if (x.size()>0)  {
      ExamPaper x1 = (ExamPaper)(json.fromJson((String)(x.get(0).get("paper")),
              ExamPaper.class));
      x2 = (ArrayList<String[]>)(json.fromJson((String)(x.get(0).get
              ("useranswer")),new TypeToken<ArrayList<String[]>>() {   }.
              getType()));
      for (int k = 0; k<x1.allst.size();k ++ ) {  //处理各大类题型
        Question q = x1.allst.get(k);  // 第 k 大类题型
        PaperCompare pac = new PaperCompare();
        pac.name = getTxName(q.type);
        for (int i = 0;i<q.bh.length;i ++ ) {  // 对这类试题的每道题
          Map<String,Object> onest = new HashMap<String,Object>();
          onest.put("content",getContent(q.bh[i],q.type) );  //试题内容
          onest.put("answer",getAnswer(q.bh[i],q.type) );   //标准答案
```

```
            onest.put("solution", x2.get(k)[i]);  //用户解答
            pac.content.add(onest);  //将 Map 对象加入列表中
          }
          me.add(pac);
        }
      }
      model.addAttribute("paper",me);
      return "searchpaper";
  }
```

18.3.3 查卷显示视图

该视图给出了 Map 集合的元素访问技巧，程序中用 ${question["content"]}访问试题的内容。如果学生解答错误，将解答用红色显示。

【程序清单 18-3】文件名为 searchpaper.jsp

```
<%@page contentType="text/html; charset=UTF-8" %>
<%@ taglib uri="http://java.sun.com/jsp/jstl/core" prefix="c" %>
<%@ taglib uri="http://java.sun.com/jsp/jstl/functions" prefix="fn" %>
<html><body>
<c:set value="一二三四五六"  var="s" />
<c:set value="1" var="k" />
<c:forEach items="${paper}"  var="st">
<font size=4 face="黑体" color=red>${fn:substring(s,k-1,k)}. ${st.name}
</font><br>
<c:set value="1" var="x" />
<c:forEach items="${st.content}"  var="question">
<table  width="98%" align=center style="word-break:break-all"><tr>
<td align=left valign=top width="6%" rowspan=2>
<b><font color=blue>${x}.</font></b></td>
<td colspan=4><pre>${question["content"]}</pre> </td></tr>
<tr><td align=center valign=top width="15%">
<b><font color=blue>标准答案:</font></b></td>
<td align=left width="32%" ><pre>${question["answer"]}</pre></td>
<td align=center valign=top width="15%">
<b><font color=blue>学生解答:</font></b></td>
<td align=left width="32%" >
<c:if test='${question["answer"]!=question["solution"]}'>
<pre><font color="red" >${question["solution"]}</font>  </pre>
</c:if>
<c:if test='${question["answer"]==question["solution"]}'>
<pre>${question["solution"]}  </pre>
```

```
</c:if>
</td></tr>
</table>
<c:set var="x" value="${x+1}"/>
</c:forEach>
<c:set var="k" value="${k+1}"/><br>
</c:forEach>
</body></html>
```

本章小结

本章介绍了采用 Spring MVC 设计的网络考试系统，系统用 Maven 工程构建，采用 MySQL 数据库存储数据。重点讨论了组卷、试卷在页面间传递、试卷内容的模型设计以及视图显示处理。其中的模型设计和视图显示处理技巧具有较大的应用参考价值。读者可进一步增加题型，并补充功能。比如，登记考试分数、按班级组织学生、查某班学生考试成绩等。

第19章 Spring应用的云部署与编程

云计算作为一种新型的资源共享和管理模式，成为近年来的研究和应用热点。将软件部署在云的虚拟化环境中，开发人员可专注于应用设计，而不用维护基础设施，软件部署变得快速方便。

19.1 CloudFoundry 云平台简介

CloudFoundry 是 VMware 发布的业内第一个开源 PaaS 项目。CloudFoundry 目前支持 Spring Java、Rails、Ruby 等，也支持其他基于 JVM 的框架，如 Groovy、Grails 等，并提供消息服务（如 RabbitMQ）和数据服务（如 MySQL、Mongo DB 等）。CloudFoundry 的架构如图 19-1 所示。主要由以下几大组件组成。

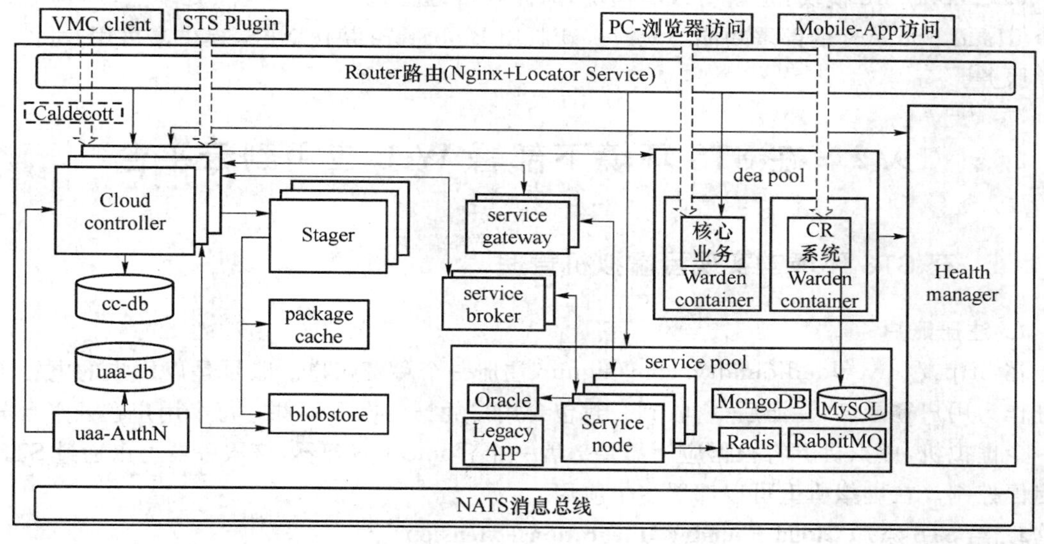

图 19-1　Cloud Foundry 的逻辑架构

(1) 路由器(Router)模块：对所有进入 Router 的请求进行路由。请求可分为两类。第一类是来自 VMCClient 或者 STS 的管理型指令。例如部署应用、删除应用等，这类请求会被路由到云控制器，这类请求处理时还涉及用户授权访问检查。第二类是来自具体应用的访问请求，会被路由到执行代理池。

(2) 云控制器(Cloud Controller)模块：是 Cloud Foundry 的管理模块。它与命令行工具 VMC 和 STS 交互。主要工作有：①应用程序的增删改读；②启动、停止应用程序；③把一个应用程序打包成 Droplet;④管理 service;⑤修改应用程序的运行环境等。

(3) 执行代理池(Droplet Execution Agency)DEA 模块:DEA 是应用程序执行引擎。Droplet 是由应用源代码、云运行环境和管理脚本压缩在一起的 tar 包,存放在 BlobStore 中。DEA 将 Droplet 解压并通过执行其中的 start 脚本让应用运行。

(4) NATS 模块:NATS 是一个轻量级的基于发布/订阅机制的消息系统。Cloud Foundry 的所有内部组件通过 NATS 进行通信。每个模块会根据自己的消息类别,向 MessageBus 发布多个消息主题;而同时也向自己需要交互的模块,按照需要的信息内容的消息主题订阅消息。

(5) 运行状况管理(Health Manager)模块:是一个独立守护进程,它从 DEA 获取应用程序的运行信息,进行统计分析。统计结果与云控制器设定的指标进行比较,实现系统自我管理及自我预警。

(6) Service 模块:该模块是一个独立的、可 Plug-in 的模块。用于将第三方的服务整合进来。目前 CloudFoundry 支持数据服务、消息服务等。

(7) 暂存器(Stager):是为解决应用打包过程比较费时而新引入的模块,每当 Cloud Controller 需要打包的时候,就会向 Stager 队列中发送一个请求,Stager 收到请求后,逐个处理。

(8) 程序运行容器(Warden):是新引入的模块,为防止用户应用随意访问文件系统、跑满 CPU、占尽内存等现象。该容器提供了一个孤立的环境,Droplet 只可以获得受限的 CPU、内存、磁盘访问权限。

(9) BlobStore 模块:是新引入的模块,原先存放运行包的 NFS 是一处单点,一旦 Crash,整个 Cloud Foundry 的部署功能要瘫痪。新版用 BlobStore 替代 NFS,提供高可用、可扩展的存储服务。

19.2 在 STS 环境下部署 Web 应用到云平台

19.2.1 在 STS 环境中实现云虚拟机管理

1. 注册账户

在 http://my.cloudfoundry.com/signup 注册一个免费账户。账号是以用户的电子邮件地址作为用户登录名,注册后,将收到一封包含用户凭据的电子邮件。每个用户在云平台分配有一个虚拟机,虚拟机上将根据应用需要部署一个 Tomcat 服务器,该服务器可以通过 STS 进行启停控制。在虚拟机上可以部署多个应用。

2. 给 STS 添加 Cloud Foundry Integration Extension

具体步骤如下:①选择菜单"Help"→"Dashboard";②打开面板,单击"Extensions"标签,可看到 STS 加载扩展名列表;③向下滚动到 Server and Clouds 类别,选择"Cloud Foundry Integration";④单击"Install"按钮,按安装向导逐步安装。

3. 在 STS 添加对应云平台上的 Server

通过 STS 的 Server 添加功能,添加一个服务器,在服务器的类型选择中要选择来自云平台,连接服务器将需要注册的账户和密码。在服务器的列表中将看到"VMware Cloud Foundry"的项目。在"VMware Cloud Foundry"与云连接的情况下,用户使用"Run At Server"运行 Web 应用程序时,如果选择来自云的服务器,则该应用将自动部署到云平台上。

4. CloudFoundry 对 Web 应用的工程要求

CloudFoundry 不支持 STS 动态 Web 工程，建立工程可选用 Maven Web 工程。当然，Spring MVC 模板工程也是一个 Maven 工程。为支持 CloudFoundry，需要在应用的 pom. xml 文件中添加以下依赖。

```
<dependencies>
    <dependency>
        <groupId>org.cloudfoundry</groupId>
        <artifactId>cloudfoundry-runtime</artifactId>
        <version>0.7.1</version>
    </dependency>
    <!-- additional dependency declarations -->
</dependencies>
```

同时，在 pom. xml 文件中添加 Spring 框架的 Milestone 远程仓库，该仓库含有 cloudfoundry 运行时的 JAR 包。

```
<repositories>
    <repository>
        <id>org.springframework.maven.milestone</id>
        <name>Spring Framework Maven Milestone Repository</name>
        <url>http://maven.springframework.org/milestone</url>
    </repository>
</repositories>
```

以上过程完成后，就可以通过 STS 控制 CloudFoundry 应用的部署，启动和停止。

19.2.2 使用云平台的 MySQL 数据库

对于数据库应用，通常是使用云上的数据库，以下为使用 MySQL 数据库的具体过程。

1. 添加和配置数据源的服务

在服务器的控制窗体中，选择“VMware Cloud Foundry”并右击，从弹出菜单中选择“Connect”实现与云的连接。然后，双击“VMware Cloud Foundry”，在其控制面板中，单击“add service”图标，可弹出如图 19-2 所示的窗体，选择数据源的类型和输入服务的名称。单击“Finish”按钮即可。

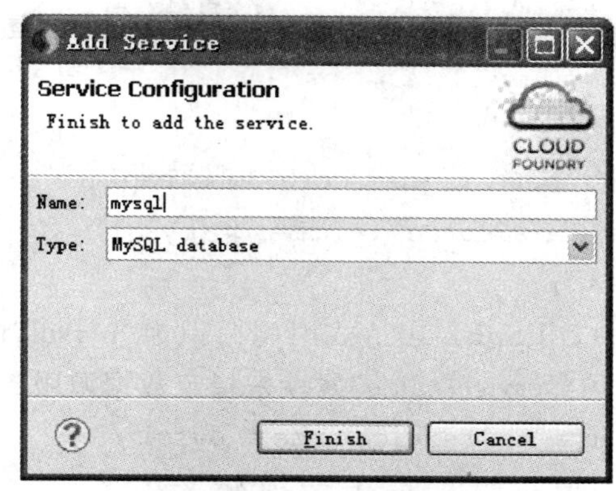

图 19-2　添加配置数据源服务

2. 在云平台的 Web 应用中引用数据源

(1) 将数据源服务添加到 Application Services 面板

注册数据源后，还需要将 Services 面板的数据源服务拖到 Application Services 面板。如图 19-3 所示。这样，在应用中才能通过标识连接到该数据源。

特别地，如果用户想使用自己的数据库或调用云外的系统，可以将其包装为 Service，然后可以在 CloudFoundry 中注册，这样就可以访问。

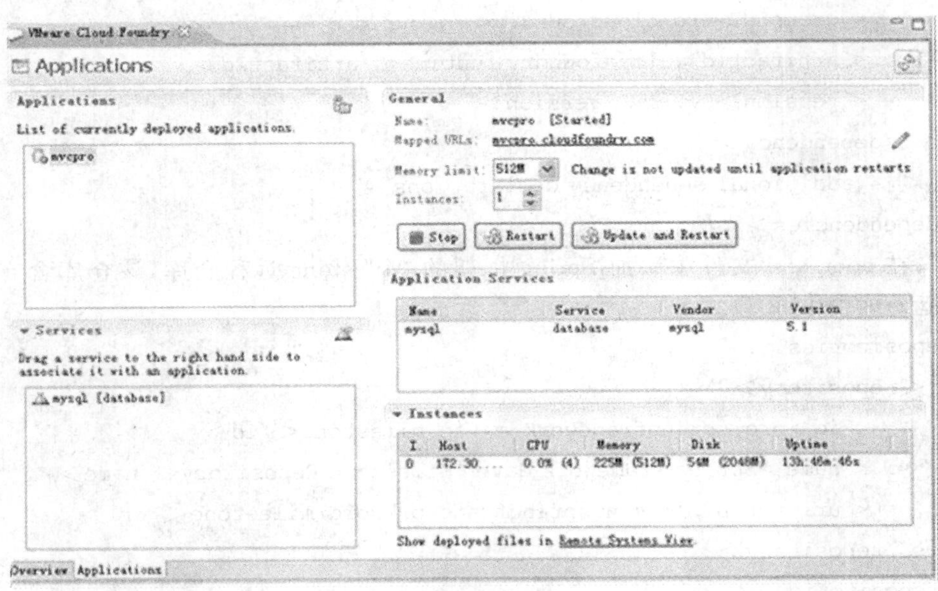

图 19-3　将数据源拖放到 Application Services 面板

(2) 在配置文件中指定数据源

在应用配置文件中要引用云上定义的数据源，这时要用到 cloud 标签。相应地，在配置文件中要引入 cloud 命名空间，如下代码所示。

```
<beans:beans xmlns = http://www.springframework.org/schema/beans
   xmlns:cloud = http://schema.cloudfoundry.org/spring
   ...
   http://schema.cloudfoundry.org/spring
   http://schema.cloudfoundry.org/spring/cloudfoundry-spring.xsd">
```

以下代码引用云上标识为“mysql”的数据源，并根据该数据源建立 JdbcTemplate 对象。

```
<cloud:data-source id = "mysql" />
< bean id = "jdbcTemplate"
  class = "org.springframework.jdbc.core.JdbcTemplate">
   <property name = "dataSource" value = "#{mysql}" />
</bean>
```

【说明】在上面的配置中，用 SpEL 表达式引用标识为“mysql”的数据源服务。也可通过 <cloud:data-source>标记的“service-name”属性来指定数据源服务的名称。例如：

```
<cloud:data-source id = "me" service-name = "mysql"/>
```

也可在配置文件添加一行“<cloud:service-scan />”以实现服务的自动查找。它将会扫描绑定到应用程序的服务，为应用程序中带@Autowired注解的属性注入相应服务。

19.2.3 CloudFoundry应用设计部署要注意的问题

和普通服务器上的Web应用相比，云上部署应用有如下需要注意的问题。

1. 用户资源在云空间的存储位置

在应用设计中，云空间的文件的物理路径应对用户透明。云环境和本地硬盘环境不同，没有C、D盘，虚拟机是采用类似UNIX的文件结构。用户的文件也不能任意存储到云空间的任何位置。为了给每个用户提供一个虚盘空间，可以考虑在云上该Web应用根路径下建立一个文件夹(例如user)作为公共根目录，每个用户在该目录下建立自己的根目录(以用户标识为目录名)，用户可在各自根目录下建子目录和文件，完整系统见第21章。

应用编程时，首先在配置文件中建立映射。

```
<resources mapping="/user/**" location="/user/" />
```

然后，在应用程序的文件路径计算上，根据路径映射计算物理路径。

```
ApplicationContext c = RequestContextUtils.getWebApplicationContext(request);
File userroot = c.getResource("/user").getFile();  //求公共根的物理路径
String userid = request.getRemoteUser();
File f;
if (pdir.equals("root"))  // pdir为用户当前目录,root代表根路径
    f = new File(userroot,userid);
else
    f = new File(userroot,userid + "/" + pdir);  //用户当前目录路径计算
```

【应用经验】Cloud foundry云空间会不定期对其上部署的用户应用项目进行清理。那样的话，用户项目要重新进行部署，因此，以前上传的文件就会丢失。个人数据文件最好保存到专门的云存储平台上。

2. 数据库建表和数据管理

云上数据库不像本地数据库那样直接通过图形界面工具进行操作，需要编写应用对数据库进行管理。尤其是安全认证的账户，在没有部署安全前，先建立数据库表格和添加部分数据。例如，以下为相应控制器Mapping方法代码。

```
@Resource(name = "jdbcTemplate")  // 用属性依赖引用容器中的JdbcTemplate
private JdbcTemplate jdbc;
@RequestMapping(value = "/createdata", method = RequestMethod.GET)
public String createdata() {
    String sql = "create table users(username varchar(20),
        password varchar(20),enabled int(10),primary key(username))";
    jdbc.execute(sql);
    sql = "create table authorities(id int(10) auto_increment,username
        varchar(20),authority varchar(20),primary key(id),
        FOREIGN KEY (username) REFERENCES users(username))";
    jdbc.execute(sql);
```

```
    sql = "INSERT INTO users VALUES ('123','123',1)";
    jdbc.execute(sql);
    ...
    return "home";
}
```

3. 云上应用的访问路径问题

云上的应用直接以工程的名称作为服务器的域名前缀，这点和本地应用不同。例如，工程名称为“mqtest”的应用，在云上的根访问为“http://mqtest.cloudfoundry.com/”，而在本地服务器访问为“http://localhost:8080/mqtest/”。因此，在相对路径计算时要注意。正因为部署应用时，工程名作为应用域名前缀，所以，工程名必须是在该云空间上不存在同名的应用时才能正确部署。

19.3 云上 RabbitMQ 消息通信编程

Cloud Foundry 云平台下目前支持 RabbitMQ 消息队列服务，RabbitMQ 用 AMQP 协议(高级消息队列协议)实现消息的分发，具有快速、可靠、开源、安全、可扩展的特点。

基于消息机制的面向服务架构在云上得到广泛使用，有如下优点。

- 可维护性好：基于消息的机制可在不影响应用使用的情况下更易于维护应用，并有利于日志、报警、管理的设计。组件架构可降低复杂性、方便集成。
- 可伸缩性好：消息机制可让耗时的处理从 Web 界面应用中分离，让其由后台的服务完成，提高应用的响应，并增进应用的可伸缩性。
- 提高效率：通过消息将数据发送给用户、设备和应用，这种在应用间共享信息的机制比使用数据库更有效，能更有效实现变化数据的推送。
- 提高应用健壮性：在云上，不是所有部件均永远在线连接，消息机制可以让数据保存在队列中并按顺序处理，不用担心数据丢失。

19.3.1 RabbitMQ 简介

RabbitMQ 全面支持用于轻量级消息传递的 Internet 协议，包括 HTTP、HTTPS、XMPP 和 SMTP，可连接几乎任何类型的应用程序、组件或服务。

RabbitMQ 支持各种消息传递模式，包括点对点、发布/订阅、多播、RPC 等。RabbitMQ 中的核心组件是 Exchange(交换器)和 Queue(消息队列)，Exchange 接收来自发送者的消息、并路由信息，然后将消息发给消息队列。Exchange 和 Queue 通过绑定关键字实现绑定。交换器通过消息的路由关键字去查找匹配的绑定关键字，将消息路由到被绑定的队列中。路由规则是由 Exchange 类型及 Binding 来决定的。一个消息的处理流程如图 19-4 所示。

图 19-4　一个消息的处理流程

RabbitMQ 的交换器有 direct、topic、fanout、Headers 四种类型。一个交换机可以绑定多个队列，一个队列可以被多个交换机绑定。

- 直接交换(direct)将消息转发到绑定关键字与路由关键字精确匹配的队列。如图 19-5 所示,P 代表消息生产者,C 代表消息消费者,X 代表交换器。假如发送消息的路由关键字为 black 或 green 将送 Q2 队列,路由关键字为 orange 则送 Q1 队列。
- 主题交换(topic)按规则转发消息。可使用通配符参与路由匹配,* 代表一个单词,# 可代表 0 到多个单词,例如,"ab. #"匹配"ab"和"ab. x. s","a. *"匹配"a. xy"。
- fanout 交换器最简单,它将消息广播给所有绑定队列。
- Headers 是一种基于消息头的更复杂的路由交换。

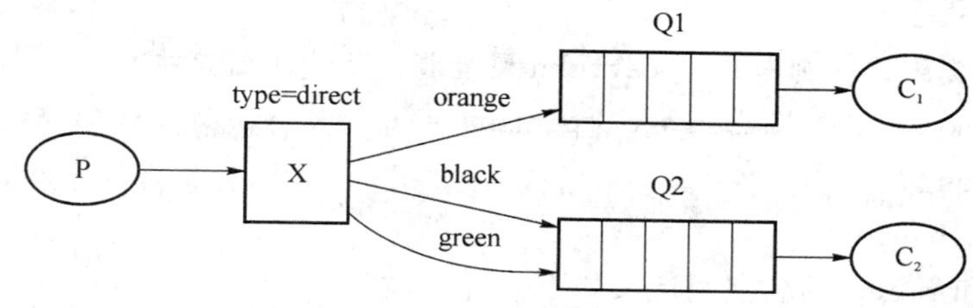

图 19-5　直接交换根据消息的路由关键字选择路由

19.3.2　云上 RabbitMQ 配置及 RabbitTemplate 的使用

在云上,为支持 RabbitMQ 编程,要注意以下几点。

1. 工程添加 Maven 依赖关系

要在工程的 Maven 配置中添加 Spring 框架的工件标识为"spring-rabbit"的依赖包。以下为对应 Maven 中依赖配置。

```
<dependency>
    <groupId>org.springframework.amqp</groupId>
    <artifactId>spring-rabbit</artifactId>
    <version>1.1.3.RELEASE</version>
    <type>jar</type>
    <scope>compile</scope>
</dependency>
```

2. 添加 RabbitMQ 服务

和前面介绍的 MySQL 数据库服务的使用类似,STS 开发环境中使用 RabbitMQ 服务,首先要在云服务器的 service 控制面板中添加"RabbitMQ message queue"类型的服务部件,并将其拖放到具体应用面板。

3. 在应用配置中定义相应 Bean

根据 RabbitMQ 服务连接工厂可以创建 AmqpTemplate 对象。为提高应用效率,可将 AmqpTemplate 配置为 Bean,在 Spring 应用中通过依赖关系引用该 Bean 对象。交换器和队列可以在配置文件中进行声明。以下为配置代码。

```
<!-- 通过 cloudfoundry-runtime 获取与 RabbitMQ 的连接 -->
<cloud:rabbit-connection-factory id="connectionFactory"/>
<!-- 设置 AmqpTemplate/RabbitTemplate -->
<rabbit:template id="amqp" connection-factory="connectionFactory"/>
```

```
<!-- 队列、交换器在代理上自动声明和绑定 -->
<rabbit:admin connection-factory="connectionFactory"/>
<!--  定义"messages" 队列,应用中可通过队列名引用队列 -->
<rabbit:queue name="messages" durable="true"/>
<!-- 声明一个 topic 类型交换器-->
<topic-exchange name="logs"
  xmlns="http://www.springframework.org/schema/rabbit">
  <bindings>
    <!-- 定义绑定队列时通过 pattern 属性指定绑定关键字-->
    <binding queue="messages"  pattern="black. * "/>
  </bindings>
</ topic-exchange>
```

其中,cloud 和 rabbit 的名空间定义如下:

```
<beans xmlns= …
xmlns:rabbit="http://www.springframework.org/schema/rabbit"
xmlns:cloud="http://schema.cloudfoundry.org/spring"
xsi:schemaLocation=…
  http://www.springframework.org/schema/rabbit
  http://www.springframework.org/schema/rabbit/spring-rabbit.xsd
  http://schema.cloudfoundry.org/spring
  http://schema.cloudfoundry.org/spring/cloudfoundry-spring.xsd">
```

【说明】配置中通过<topic-exchange>标签定义主题交换器,其他交换器只需将"topic"改成相应交换器的名称即可。例如,<direct-exchange>定义直接交换器。

4. 使用 AmqpTemplate 或 RabbitTemplate 发送和接收消息

AmqpTemplate 和第 15 章介绍的 JmsTemplate 在功能上有相似性,它也提供了 send、receive、convertAndSend、receiveAndConvert 等方法。但这里发送的消息可能经过交换器和路由关键字来选择路由。其中,交换器和路由关键字可通过 send 方法参数指定,也可分别通过 AmqpTemplate 的 setExchange 方法和 setRoutingKey 方法独立设置。

以下为使用 send 方法发送消息的几种形态。

- void send(Message message);
- void send(String routingkey, Message message);
- void send(String exchange, String routingKey, Message message)。

接收消息有同步和异步两种情形。同步接收使用 Receive 方法,具体形态有两种。

- Message Receive(); //从默认队列接收消息
- Message Receive(String queueName); //从指定队列接受消息

异步接收消息的方法之一是利用实现 MessageListener 接口的消息监听器,在其 onMessage 方法中实现消息接收处理,并将消息监听器的包裹容器定义为 Bean。例如:

```
<bean name="myContainer"
class=" org. springframework. amqp. rabbit. listener. SimpleMessageListenerContainer">
```

```
        <property name = "connectionFactory" ref = "connectionFactory"/>
        <property name = "queueNames" value = "messages"/>
        <property name = "messageListener" ref = "someListener"/>
    </bean>
```

其中,someListener 为实现 MessageListener 接口的 Bean 的标识。

AmqpTemplate 还支持基于消息转换器(Message Converter)的消息发送和接收方法,可直接发送和接收对象。但要注意,这里的方法和 Spring JmsTemplate 的形态不同。发送消息的 convertAndSend 方法共有 6 种形态,最简单的形态只含消息对象 1 个参数,最复杂的形态则要提供交换器、路由关键字、消息和消息后处理程序共 4 个参数。以下列出其中 3 种方法,其他 3 种只是在最后添加有 1 个 MessagePostProcessorDelegate 类型的参数。

- void convertAndSend(Object message);
- void convertAndSend(String routingKey, Object message);
- void convertAndSend(String exchange,String routingKey, Object message)。

【注意】对于没有用到 Exchange 的 AmqpTemplate 对象,方法中的 routingKey 参数对应消息队列名。例如,以下代码发送一条消息到“messages”队列。

```
amqpTemplate.convertAndSend("messages","hello");
```

消息接受方法 receiveAndConvert 只有 2 个形态,其中,无参方法是从 AmqpTemplate 对象设置时注入的队列属性得到队列名。

- Object receiveAndConvert(); //从默认队列接收消息
- Object receiveAndConvert(string queueName); //从指定队列接收消息

以下代码从“messages”队列接收 1 条消息。

```
String message = (String)amqpTemplate.receiveAndConvert("messages");
```

19.3.3 基于 MVC 的发布订阅通信演示

以下 RabbitMQ 应用样例通过 MVC 方式工作,首先建立 MVC 模板工程,在工程的 pom.xml 配置中增加云和 RabbitMQ 依赖,按照前面所述在云上建立 RabbitMQ 服务部件,按以下所述补充工程的配置和代码。

1. 应用的 mvc 配置文件

【程序清单 19-1】文件名为 servlet.xml

```
<beans…>
    <context:component-scan base-package = "chapter19"/>
    <mvc:annotation-driven/>
    <cloud:rabbit-connection-factory id = "connectionFactory"/>
    <rabbit:template id = "amqp" connection-factory = "connectionFactory" />
    <rabbit:admin connection-factory = "connectionFactory"/>
    <rabbit:queue name = "messages" durable = "true"/>
    <topic-exchange name = "logs"
        xmlns = "http://www.springframework.org/schema/rabbit">
        <bindings>
            <binding queue = "messages" pattern = "black.*" />
```

```
        </bindings>
    </topic-exchange>
    <bean class =
        "org.springframework.web.servlet.view.InternalResourceViewResolver">
        <property name = "prefix" value = "/WEB-INF/views/" />
        <property name = "suffix" value = ".jsp" />
    </bean>
</beans>
```

2. 访问控制器设计

在控制器中分别提供了首页处理及发送消息和接收消息的处理方法。利用依赖注入的 RabbitTemplate 对象实现消息的发送与接收。

【程序清单 19-2】文件名为 rabbitController.java

```
package chapter19;
import org.springframework.stereotype.Controller;
import org.springframework.web.bind.annotation.*;
import org.springframework.ui.Model;
import org.springframework.beans.factory.annotation.Autowired;
import org.springframework.amqp.rabbit.core.RabbitTemplate;
@Controller
public class rabbitController {
    @Autowired RabbitTemplate amqpTemplate;  //自动注入 RabbitTemplate

    @RequestMapping(value = "/")  //首页
    public String home() {
        return "home";
    }

    @RequestMapping(value = "/sendmessage", method = RequestMethod.POST)
    public String send(@RequestParam("message") String info) {
        // 发送消息到 logs 交换器
        amqpTemplate.convertAndSend("logs","black.one", info);
        return "home";
    }

    @RequestMapping(value = "/receivemessage", method = RequestMethod.POST)
    public String receive(Model model) {
        // 从 messages 队列接收消息
        String info = (String)amqpTemplate.receiveAndConvert("messages");
        if ( info != null)
            model.addAttribute("receiveMessage", info);
```

```
        return "home";
    }
```

3. 视图设计

以下视图设计中包含两个表单，一个用于发送消息，另一个用于接收消息。消息接收后在接收表单的下方显示接收到的消息。运行界面如图 19-6 所示。

【程序清单 19-3】文件名为 home.jsp

```
<%@page contentType="text/html; charset=UTF-8" %>
<%@ taglib uri="http://java.sun.com/jsp/jstl/core" prefix="c" %>
<html> <head><title>Simple RabbitMQ Application</title> </head>
  <body> <h2> RabbitMQ 消息发送与接收样例</h2>
    <form  action="/sendmessage" method="post">
      Message:<input  name="message" type="text"/>
      <input type="submit" value="发送消息"/>
    </form>
    <h2>获取消息</h2>
    <form action="/receivemessage" method="post">
      <input type="submit" value="接收消息"/>
    </form>
    <c:if test="${receiveMessage!= null}">
        <p>收到消息: <c:out value="${receiveMessage}"/></p>
    </c:if>
  </body>
</html>
```

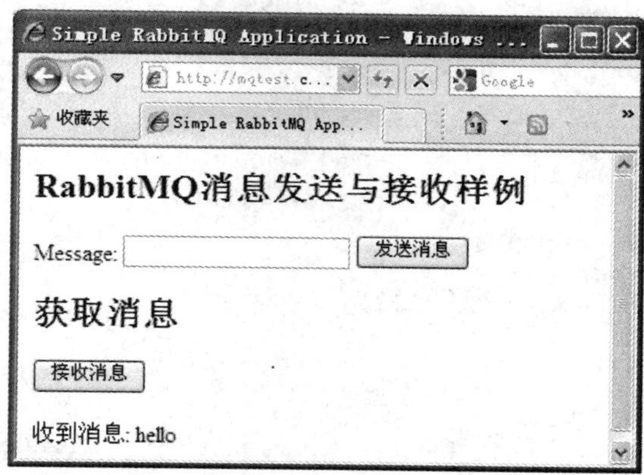

图 19-6　利用 AmqpTemplate 对象传送消息

本例演示在一个应用中通过统一的界面进行消息发送和接收，实际应用中经常是一个应用发送消息，另一个应用接收消息，消息中间件是应用系统间消息通信的桥梁。

本章小结

Cloud Foundry 是一个开源的 PaaS 云计算平台，借助 Cloud Foundry 中提供的服务，可以编写出高效的应用程序。STS 中通过添加 Cloud Foundry 扩展可支持云应用部署，对云平台上个人虚拟机的服务器及应用进行管理。本章分析了 Cloud Foundry 的架构组成，讨论了将 Web 应用部署到云环境的具体操作过程，重点针对云数据库访问、文档管理应用以及面向消息应用，讨论了编程要注意的问题。读者可设计实现基于云数据库的网上答疑应用。

第20章　Spring Integration应用简介

Spring Integration 是 Spring 的一个扩展框架，它扩展了 Spring 的编程模型的消息领域；提供了一个轻量级的、声明式模型实现面向消息的应用，采用消息驱动和事件驱动机制，它支持路由和消息转换；通过适配器与外部系统集成，可连接各类消息源，如 File、JMS、JDBC、HTTP 等。由于消息和集成关注点都被框架处理，业务组件能更好地与基础设施隔离，从而降低集成应用开发的复杂性。

20.1　Spring Integration 主要概念介绍

Spring Integration 所有组件都是 Spring 管理的对象，它提供了各类消息端点实现对消息的处理，图 20-1 给出了一个典型消息端点(Message Endpoint)的逻辑处理过程。消息端点通常包括有输入通道、输出通道和业务处理服务逻辑。来自输入通道的消息触发消息端点的工作，其处理过程为：①从输入通道接收消息；②消息端点调用业务逻辑，将消息传递给业务逻辑的方法参数；③业务逻辑的方法返回值传递给消息端点；④将业务逻辑的执行结果包装为消息送输出通道。

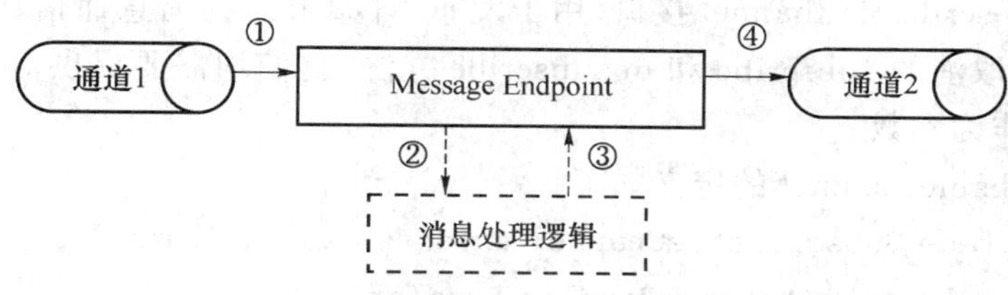

图 20-1　典型消息端点的处理逻辑

20.1.1　消息的构建

消息(Message)提供了对 Java 对象及元数据的一个通用包装机制。消息包括消息头(header)和消息负载(payload)。负载可以是任何类型，头部保存一般的请求信息，例如 id、时间戳、过期时间和返回地址。头部也被用来在各种传输协议间传值。通过 Message 接口的 getHeaders()方法可得到消息头，通过 getPayload()可得到消息负载。

构建消息有两种方式，一种是使用消息接口的实现类 GenericMessage<T>构建，其构造方法有两个，一个是仅含消息负载参数，另一个则包括消息负载和消息头两个参数。消息头为一个 Map 对象，存放关于消息的各种元数据。消息负载是任何可持久化的 Java 对象。含消息头参数的构造方法具体格式如下：

```
GenericMessage<T>(T payload,Map<String,Object> headers);
```

另一种是使用 MessageBuilder 工具类。例如,以下创建一个字符串消息:

```
Message<String> m = MessageBuilder.withPayload("hello").build();
```

20.1.2 消息通道

消息通道(MessageChannel)是传送消息的部件,消息生产者发送消息到通道,消息消费者从通道接收消息。MessageChannel 接口定义如下:

```
public interface MessageChannel {
    String getName();
    boolean send(Message message);
    boolean send(Message message, long timeout);
}
```

MessageChannel 有两个子接口,分别是 PollableChannel 和 SubscribableChannel。

接口 PollableChannel 用于点对点通道形式中,能够缓存消息,且消费者可以在任意时间处理消息,缓冲的优势在于它能够调节接入消息流量,从而防止系统负荷过载。

接口 PollableChannel 的定义如下:

```
public interface PollableChannel extends MessageChannel {
    Message<? > receive();
    Message<? > receive(long timeout);
    List<Message<? >> clear();
    List<Message<? >> purge(Messageselector selector);
}
```

另一个是 SubscribableChannel 接口,用于发布/订阅形式的消息通信,无须缓存,其中含支持消息的订阅/取消的 subscribe 和 unsubscribe 方法,它们均需要提供 MessageHandler 类型的消息处理器作为参数。

接口 SubscribableChannel 的定义如下:

```
public interface SubscribableChannel extends MessageChannel {
    boolean subscribe(MessageHandler handler);
    boolean unsubscribe(MessageHandler handler);
}
```

按消息递交处理方式,消息通道可分为点对点通道和发布/订阅形式通道两大类。

(1) 点对点形式通道

点对点通道只有一个接收者能收到消息,常用的点对点通道包括直接通道(DirectChannel)、队列通道(QueueChannel)、优先级通道(PriorityChannel)。队列通道支持消息缓冲队列,按 FIFO 规则处理消息,而优先级通道允许指定消息的优先顺序。直接通道的定义形式为

```
<int:channel id="identification"/>
```

(2) 发布/订阅形式通道

发布订阅形式通道(PublishSubscribeChannel)用于发布/订阅模式的通信,发布者通过该通道广播消息,所有订阅者将接收到消息。发布订阅形式通道的定义形式为

```
<int:publish-subscribe-channel id="pubsub-channel" />
```

任何订阅者必须是一个 MessageHandler 类型的对象，其中含有 handleMessage 方法实现消息处理逻辑。

(3) 使用带缓冲的通道

前面介绍的输出通道必须作为某个消息端点的输入。如果使用带缓冲的消息通道(PollableChannel)，则可以没有消息端点。带缓冲的通道定义为<int:channel id="output"><int:queue capacity="10"/></int:channel>

在应用环境中，可用通道的 receive()方法读取通道的数据。例如：

```
PollableChannel output = context.getBean("output",PollableChannel.class);
System.out.println(output.receive().getPayload());  //接收消息
```

20.1.3 消息端点

消息端点实现功能服务与消息框架的连接，用于对消息进行加工处理。表 20-1 给出了主要消息端点的功能。实际应用中，一般采用 XML 配置定义消息端点。有的 Endpoint 还可以配置 poller 属性，用来引进事务、触发器、定时器等相关逻辑。

表 20-1 主要消息端点的功能简介

Message Endpoint 类型	使用说明
消息转换器(Transformer)	进行消息内容或结构的变换。如对象到串、对象到 Json、对象到 map 等转换器
过滤器(Filter)	一般用于发布订阅模式，决定是否消息可传递到通道
路由器(Router)	负责决定输入消息将由哪些通道接收。这种决定一般基于消息的内容或消息头部中的可用元数据
消息分离器(Splitter)	将消息分解为多个消息发送到相应通道。每条消息都包含与一个具体项相关的数据
消息聚合器(Aggregator)	将多个消息组合为一个消息
服务激活器 (Service activator)	是最典型的消息端点，是消息通道和服务实例的接口，服务实例从输入通道获取消息，对消息进行分析加工处理，并将响应消息发送给输出通道
通道适配器 (Channel adapter)	实现消息源或消息目标与消息系统的连接。根据适配器是提供消息还是接收消息可分为 inbound 和 outbound 两大类。Spring Integration 提供有 File、HTTP、JDBC 、JMS 、FTP、MAIL 等众多主流适配器

以下为 JMS 适配器配置形式，JMS 适配器可实现 Integration 应用与消息服务的集成。

(1) 从 JMS 接收消息的 inbound 适配器配置

Integration 中接收来自 JMS 的消息可通过 inbound 适配器，有两种处理方法。

方法 1：通过定时询问的拉方式获取消息。以下定义每隔 1 秒检查队列是否有消息，有的话，将读取消息并送到指定通道中。

```
<jms:inbound-channel-adapter id = "positionsJmsAdapter"
    connection-factory = "connectionFactory"
    destination = "positionsQueue"
    channel = "positions-channel">
    <int:poller fixed-rate = "1000" />
```

```
</jms:inbound-channel-adapter>
```

【说明】代码中是采用间隔定时,另一种定时是采用 Cron 方式,例如,以下配置规定每天晚上 11 点 50 分 10 秒从 JMS 读消息。

```
<int:poller cron="10 50 23 * * *"/>
```

方法 2:采用事件驱动方式,基于消息订阅模式,消费者可以是 MessageListener 的一个实例,也可以用 connectionFactory 和 destination 的组合表示。

```
<jms:message-driven-channel-adapter id="msgDrivenPositionsAdapter"
    connection-factory="connectionFactory"
    destination="positionsQueue"
    channel="positions-channel">
</jms:message-driven-channel-adapter>
```

(2) 发送消息给 JMS 的 outbound 适配器配置

从 Spring Integration 发布消息到 JMS 可通过 outbound 适配器。以下定义每隔 1 秒从通道读取消息,发布到 JMS 队列或主题。

```
<jms:outbound-channel-adapter channel="positions-channel"
    connection-factory="connectionFactory"
    destination="positionsQueue">
    <int:poller fixed-rate="1000"/>
</jms:outbound-channel-adapter>
```

20.2 应用消息处理流程配置

Spring Integration 继承了 Spring 的依赖注入机制,采用声明式配置定义消息通道与消息端点的连接关系,从而完成应用的消息处理过程的构建。STS 提供了一组工具箱,可通过可视化界面实现消息流处理流程的编排。以下为一个简单的消息处理应用举例。

1. XML 配置文件

【程序清单 20-1】文件名为 config.xml

```
<?xml version="1.0" encoding="UTF-8"?>
<beans xmlns="http://www.springframework.org/schema/beans"
    xmlns:xsi="http://www.w3.org/2001/XMLSchema-instance"
    xmlns:int="http://www.springframework.org/schema/integration"
    xmlns:file="http://www.springframework.org/schema/integration/file"
    xsi:schemaLocation="
    http://www.springframework.org/schema/integration
  http://www.springframework.org/schema/integration/spring-integration.xsd
    http://www.springframework.org/schema/integration/file
  http://www. springframework. org/schema/integration/file/spring-integration-
file.xsd
     http://www. springframework. org/schema/beans http://www. springframework.
org/schema/beans/spring-beans-3.0.xsd">
```

```
<bean id = "process" class = "chapter20.DirList" />
<int:channel id = "channel1" />
<int:service-activator input-channel = "channel1"
    ref = "process" method = "list" output-channel = "channel2" id = "service1" />
<file:outbound-channel-adapter directory = "f:\\x"
    channel = "pubsub-channel" id = "fileadapter" />
<int:publish-subscribe-channel id = "pubsub-channel" />
<int:service-activator input-channel = "pubsub-channel"
    id = "service2" ref = "process" method = "output" />
<int:object-to-string-transformer
    output-channel = "pubsub-channel" input-channel = "channel2" />
<int:channel id = "channel2" />
</beans>
```

【说明】该配置的图示为如图 20-2 所示。从流程可看出，标识为"service1"的 service-activator 组件，从"channel1"通道接收消息后，调用 DirList 类的 list 方法，根据其 output-channel="channel2"的属性配置，把方法返回的结果作为消息负载发送给"channel2"通道。而后经过 Object-JSON 消息转换器将其转换为 json 串，结果送发布/订阅通道。发布/订阅通道有两个订阅者，一个是文件输出适配器，将订阅的消息形成消息文件写入指定目录；另一个是服务激活器 service2，它将调用 DirList 类的 output 方法输出消息内容。

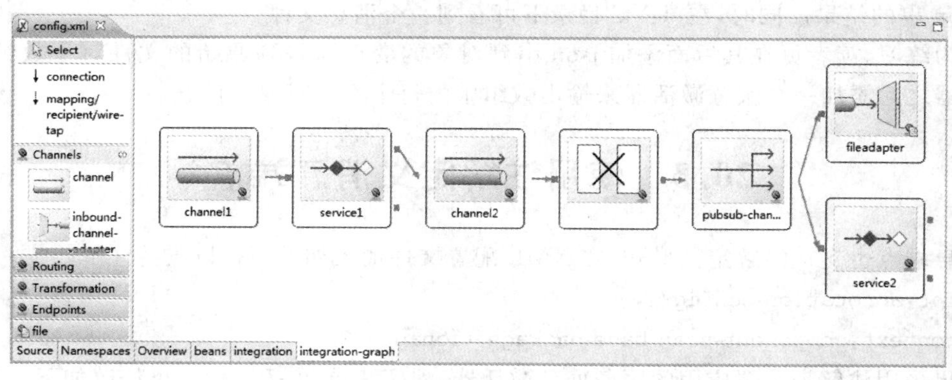

图 20-2　流程配置图

2. 服务处理程序

该服务处理程序包含了来自流程中"service1"和"service2"两个服务激活器的逻辑。

【程序清单 20-2】文件名为 DirList.java

```java
package chapter20;
import java.io.File;
public class DirList {
    public File[] list(String sdir) {   // 列某目录下文件
        File d = new File(sdir);
        return d.listFiles();
    }
```

```
    public void output(String jsonfiles) {   //输出 json 串
        System.out.println(jsonfiles);
    }
}
```

3. 测试程序

【程序清单 20-3】文件名为 test.java

```
import org.springframework.context.ApplicationContext;
import org.springframework.context.support.ClassPathXmlApplicationContext;
import org.springframework.integration.MessageChannel;
import org.springframework.integration.message.GenericMessage;
public class test{
  public static void main(String a[]){
    ApplicationContext context = new
      ClassPathXmlApplicationContext("config.xml");
    MessageChannel input = (MessageChannel) context.getBean("channel1");
    input.send(new GenericMessage<String>("F:\\mp3"));
  }
}
```

【运行结果】在控制台可看到输出结果"[Ljava.io.File;@ee6681",这是文件对象数组转换为json串的结果。同时,在"f:\x"目录下可看到一个消息文件。

作为练习,读者可在其后面添加json串到对象的变换器得到原始的文件对象数组,并在该变换器之后添加一个服务激活器来输出数组中的每个文件对象的信息。

20.3 使用注解定义消息端点

消息端点也支持注解定义形式,在XML配置文件加入如下两行以支持注解扫描。

```
<int:annotation-config/>
<context:component-scan base-package="chapter20"/>
```

如果采用注解来配置应用的服务处理激活器,程序清单20-2的代码可修改如下。

```
package chapter20;
import org.springframework.integration.annotation.ServiceActivator;
import org.springframework.stereotype.Component;
@Component
public class DirList {
    @ServiceActivator(id="service1", inputChannel="channel1",
        outputChannel="channel2")  //用注解定义服务激活器
    public File[] list(String sdir) {
        File d= new File(sdir);
        return d.listFiles();
    }
```

```
    @ServiceActivator(id = "service2", inputChannel = " pubsub-channel")
    public void output(String jsonfiles) {
        System.out.println(jsonfiles);
    }
}
```

【说明】使用注解定义部件需要 AOP 的支持,因此,要在工程类路径引入相关包。

20.4 网络教学中用户星级计算处理样例

在网络教系统中,用星级来代表用户的学习水平。实际应用中,用户的星级评价依赖众多因素,如考试成绩、发布作品评价、提问积极性等。用户星级应该跟随用户的活动变化。由于计算星级比较耗时,为了不影响用户的交互,可以采用面向消息的服务处理形式。通过功能间松耦合,提高应用执行效率。

1. 星级计算的服务处理程序

这里给出的星级计算程序只是一个框架代码,为简化问题,将星级计算改为由随机数产生。实际计算要访问数据库获取用户相关信息,JdbcTemplate 通过依赖注入。

【程序清单 20-4】文件名为 test.java

```
package chapter20;
import java.util.HashMap;
import java.util.Map;
import javax.annotation.Resource;
import org.springframework.jdbc.core.JdbcTemplate;
public class ComputerLevel {
    @Resource(name = "jdbcTemplate")
    private JdbcTemplate jdbcTemplate;  //用于访问数据库
    public Map<String, Object >  computerlevel(String user){
        Map<String, Object >  userlevel = new HashMap<String, Object >();
        userlevel.put("user", user);
        userlevel.put("level", (int)(Math.random() * 6));
                                                    //计算星级简化为随机产生
        return userlevel;
    }
}
```

2. 消息处理流程的配置文件

以下为流程处理配置文件,图 20-3 为对应配置的流程图。

【程序清单 20-5】文件名为 user_level.xml

```
<beans xmlns = "http://www.springframework.org/schema/beans"
    xmlns:xsi = "http://www.w3.org/2001/XMLSchema-instance"
    xmlns:int = "http://www.springframework.org/schema/integration"
    xmlns:int-jdbc = "http://www.springframework.org/schema/integration/jdbc"
```

```
    xsi:schemaLocation="http://www.springframework.org/schema/integration
http://www.springframework.org/schema/integration/spring-integration.xsd
    http://www.springframework.org/schema/integration/jdbc
http://www.springframework.org/schema/integration/jdbc/spring-integration-jd-
bc-2.2.xsd
    http://www.springframework.org/schema/beans
http://www.springframework.org/schema/beans/spring-beans-3.0.xsd">
    <bean id="process" class="chapter20.ComputerLevel" />
    <int:channel id="userinfo" />
    <int:service-activator input-channel="userinfo" ref="process"
        method="computerlevel" output-channel="userlevel" id="computerlevel" />
    <int-jdbc:outbound-channel-adapter  id="jdbc"  channel="userlevel"
        data-source="mysql"
        query="update users set xinglevel = :payload[level]
            where username = :payload[user] ">
    </int-jdbc:outbound-channel-adapter>
    <int:channel id="userlevel" />
</beans>
```

【说明】用户的星级要登记到数据库中，这里采用了 JDBC 出口适配器来实现对数据库的更新。其中，MySQL 为云上数据源的 Bean 标识。特别注意，可通过“:payload[level]”形式访问消息负载中的 Map 元素值。

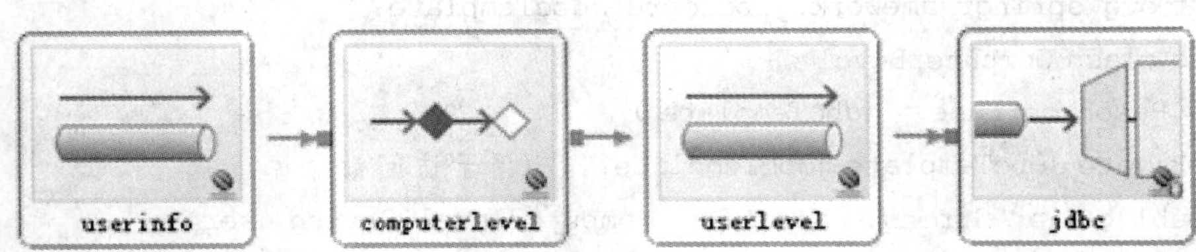

图 20-3 用户星级更新的流程配置图

3. 应用程序中给流程的输入通道发送消息触发流程处理

在 Web 应用的控制器代码中，当需要更新用户星级时，可给上面流程中的输入通道发送封装“用户标识”的消息来触发计算处理过程。例如，试卷评分后可插入如下代码。

```
ApplicationContext ct =
    RequestContextUtils.getWebApplicationContext(request);
MessageChannel inputchannel = (MessageChannel) ct.getBean("userinfo");
String user = request.getRemoteUser();
inputchannel.send(new GenericMessage<String>(user)); //给 userinfo 通道发消息
```

本章小结

Spring Integration 提供了一种简单、高效的机制实现面向消息的应用集成。它采用声明式配置定义消息通道与消息端点的联系，STS 提供了可视化工具箱实现消息处理流程的编排。本章对 Spring Integration 的消息、消息通道及消息端点进行了介绍。最后，给出了用户星级计算应用实例。读者可考虑将第 11 章介绍的网站文档变化监控系统改用 Spring Integration 实现，利用消息文件记录某目录下文件的原始状况，在监控到文件变化时自动发送邮件通知管理者。

第21章　基于MVC的文档网络存储服务设计

在网上给用户提供存储空间在许多应用中都会用到。本应用允许用户将文件上传到服务器上自己的文件夹下面,可以在自己的空间下建子目录,从而给学生一个网上存储空间,以方便各类作品的保存。本章采用第 9 章介绍的用户认证设计方法进行用户登录设计,在应用中可通过 request 对象的 getRemoteUser()方法得到用户名。考虑到文件上传应用需要,在 servlet-context. xml 配置文件中需要定义文件上传处理的解析器(参见 6.3 节)。为支持表单的中文信息提交,需要在 Web. xml 文件中配置汉字处理过滤器(参见 3.5 节)。

本应用中假设所有用户的文档放在 d:\user 文件夹下。每个用户有一个自己的根目录路径,这个根目录和用户的登录名一致。系统自动为用户建立根目录,如图 21-1 所示。

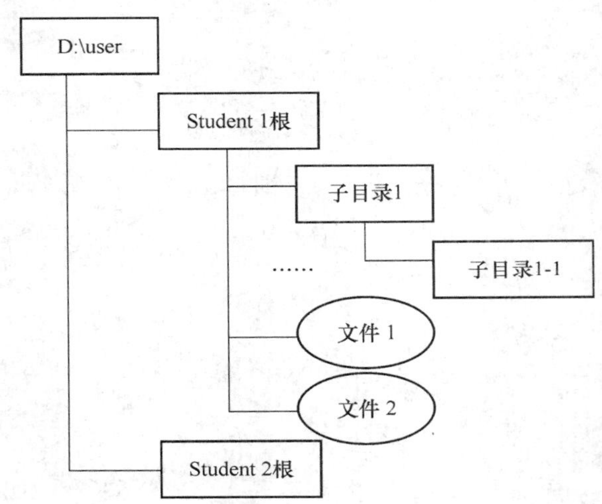

图 21-1　每个学生对应一个虚拟存储空间

在程序中为方便处理,当用户的当前目录路径为自己的根目录时,用 root 来代表。

本应用在实现上的难点是目录路径中出现的斜杠符号将影响 REST 的路径匹配。还有,以 get 方式发送 HTTP 请求,是用默认编码方式 iso8859-1 对汉字进行编码,为了正确获取汉字路径信息,需要进行编码转换。具体处理办法如下。

(1) 控制器的映射定义时采用在路径映射后加“ * ”的方式表示匹配所有情形。例如: /filedel * ,其对应的功能是删除当前目录下文件。被删文件和当前目录等信息通过 URL 参数传递。也即采用问号后面跟“参数名 1=参数值 1& 参数名 2=参数值 2”的形式。

(2) 为了实现带汉字的文件名和目录路径的正确传递,需要在请求的 JSP 文件中对 URL 进行编码处理。用 URLEncoder 类的 encode 方法对请求的 URL 超链接中传送的 URL 参数进行编码。例如:

```
<a href = "<% = request.getContextPath() + "//docs? currentpath = "
        + URLEncoder.encode(mydir,"utf-8") %>
```

(3) 在控制器的代码中需要进行两步处理，首先进行转码，其次是对URL进行解码。转码需要将iso-8859-1转为UTF-8。例如：

```
dir = URLDecoder.decode(new String(dir.getBytes("ISO-8859-1"),"UTF-8"),"UTF-8");
```

21.1 控制器的设计

根据应用的具体功能，该应用设计了对应的URI模板。

(1) 某目录的资源浏览(/docs *)：类似资源管理器，可自由浏览目录和文件列表。通过参数current传递当前目录信息。改变参数可进入下级子目录或返回上级目录。

(2) 在当前路径下创建子目录(/createdir)：由表单参数传递要创建的子目录名和当前目录路径。

(3) 上传文件到用户当前目录(/fileupload)：由表单参数传递当前目录和文件。

(4) 删除用户当前目录下文件(/filedel *)：由URL参数传递当前目录和要删的文件。

(5) 删除用户当前目录下子目录(/dirdel *)：由URL参数传递上级目录和要删的目录。

【程序清单21-1】文件名为MydocController.java

```
package chapter21;
import java.io.*;
import java.net.*;
import java.util.*;
import javax.servlet.http.HttpServletRequest;
import org.springframework.stereotype.Controller;
import org.springframework.ui.ModelMap;
import org.springframework.web.bind.annotation.*;
import org.springframework.web.multipart.MultipartFile;
import org.springframework.web.servlet.ModelAndView;
@Controller
public class MydocController {
    //(1) 显示用户当前路径下的文件和子目录列表
    @RequestMapping(value = "/docs*", method = RequestMethod.GET)
    public ModelAndView list(@RequestParam("current") String pdir,
            HttpServletRequest request) {
        try {
            pdir = URLDecoder.decode(new String(pdir.getBytes("ISO-8859-1"),
                    "UTF-8"), "UTF-8");
        } catch (UnsupportedEncodingException e) {
                e.printStackTrace();
            }
            String userid = request.getRemoteUser();
```

```
        List<File> me = new ArrayList<File>();
        List<String> subdir = new ArrayList<String>();
        File f;
        if (pdir.equals("root")) { // 用户目录下的根路径用 root 代表
            f = new File("D:/user/" + userid);
            if (!f.exists())
                f.mkdir();  //用户初次进入,目录不存在则创建
        }
        else
            f = new File("D:/user/" + userid + "/" + pdir);
        File[] files = f.listFiles();
        for (int k = 0; k < files.length; k++) {
            if (files[k].isFile())
                me.add(files[k]);
        }
        for (int k = 0; k < files.length; k++) {
            if (files[k].isDirectory())
                subdir.add(files[k].getName());
        }
        ModelMap modelMap = new ModelMap();
        modelMap.put("files", me);
        modelMap.put("dirs", subdir);
        modelMap.put("current", pdir);
        return new ModelAndView("/filelist", modelMap);
    }

    // (2) 在当前路径下创建子目录
@RequestMapping(value = "/createdir", method = RequestMethod.POST)
public String createdir(@RequestParam("parentpath") String parentpath,
        @RequestParam("dirname") String subpath, HttpServletRequest
                request) {
    String userid = request.getRemoteUser();
    File f;
    String filestring;
    if (parentpath.equals("root"))
        filestring = "D:/user/" + userid + "/" + subpath;
    else
        filestring = "D:/user/" + userid + "/" + parentpath + "/" + subpath;
    f = new File(filestring);
    if (!f.exists())
```

```
        f.mkdir();
    try {
        return "redirect:/docs?current="
                + URLEncoder.encode(parentpath, "utf-8");
    } catch (UnsupportedEncodingException e) {  }
    return "redirect:/docs?current=root";
}

// (3) 文件上传到用户的当前目录路径下
@RequestMapping(value = "/fileupload", method = RequestMethod.POST)
public String handleFormUpload(
        @RequestParam("currentpath") String currentpath,
        @RequestParam("file1") MultipartFile file,
        HttpServletRequest request) {
    String userid = request.getRemoteUser();
    String path;
    if (currentpath.equals("root"))
        path = "d:/user/" + userid;
    else
        path = "d:/user/" + userid + "/" + currentpath;
    try {
        byte[] bytes = file.getBytes(); // 获取上传数据
        FileOutputStream fos = new FileOutputStream(path + "/"
            + file.getOriginalFilename()); // 获取文件名
        fos.write(bytes); // 将数据写入文件
        fos.close();
        return "redirect:/docs?current="
            + URLEncoder.encode(currentpath, "utf-8");
    } catch (IOException e) {
    }
    return "redirect:/docs?current=root";
}

// (4) 删除当前目录下所选文件
@RequestMapping(value = "/filedel*", method = RequestMethod.GET)
public String filedel(@RequestParam("dir") String currentpath,
        @RequestParam("file") String file, HttpServletRequest request) {
    try {
        file = URLDecoder.decode(new String(file.getBytes("ISO-8859-1"),
                "UTF-8"), "UTF-8");
```

```java
            currentpath = URLDecoder.decode(
                    new String(currentpath.getBytes("ISO-8859-1"), "UTF-8"),
                    "UTF-8");
            String userid = request.getRemoteUser();
            File x;
            x = new File("d:/user/" + userid
                    + ((currentpath.equals("root")) ? "" : "/" + currentpath)
                    + "/" + file);
            x.delete();
            return "redirect:/docs? current ="
                    + URLEncoder.encode(currentpath, "utf-8");
        } catch (UnsupportedEncodingException e) {
        }
        return "redirect:/docs? current = root";
    }
```

```java
    // (5) 删除当前目录下的某个子目录
    @RequestMapping(value = "/dirdel * ", method = RequestMethod.GET)
    public String dirdel(@RequestParam("dir") String dir,
            @RequestParam("parent") String parent,
            HttpServletRequest request) {
        try {
            dir = URLDecoder.decode(new String(dir.getBytes("ISO-8859-1"),
                    "UTF-8"), "UTF-8");
            parent = URLDecoder.decode(new String(
                    parent.getBytes("ISO-8859-1"), "UTF-8"), "UTF-8");
        } catch (UnsupportedEncodingException e) {
            e.printStackTrace();
        }
        String userid = request.getRemoteUser();
        File x;
        if (parent.equals("root"))
            x = new File("d:/user/" + userid + "/" + dir);
        else
            x = new File("d:/user/" + userid + "/" + parent + "/" + dir);
        x.delete();
        try {
            return "redirect:/docs? current ="
                    + URLEncoder.encode(parent, "utf-8");
        } catch (UnsupportedEncodingException e) {
```

```
                e.printStackTrace();
            }
            return "redirect:/docs? current = root";
        }
    }
```

【说明】

(1) 以上程序中不包括文件浏览下载的代码。实现文件下载的一个简单办法是将用户目录映射到资源路径。这样,可通过 Web 的 URL 路径访问文件。

只需要在服务器的 servlet-context.xml 文件中增加如下代码行:

```
<resources mapping = "/filepos/ * * " location = "file:d://user/" />
```

实际上,前面的各部分中文件和目录路径的访问也可以利用该资源路径来建立映射进行访问。只是我们在程序中写的是绝对路径。

(2) 程序中是将"d://user/"作为所有用户的根路径。如果应用部署在云端,则没有 D 盘,需要将应用环境中建立某个目录(例如:user)作为根目录,并设置如下映射关系。

```
<resources mapping = "/filepos/ * * " location = "/user/" />
```

然后,在控制器中可通过 Web 应用上下文对象的 getResource 方法访问映射关系,得到资源的物理存储路径,进而构建每个用户文档存储的根路径。

```
ApplicationContext c = RequestContextUtils.getWebApplicationContext(request);
File root  = c.getResource("/filepos").getFile(); //得到根目录
File userroot  =  new File(root,userid); //某个用户的根路径
```

21.2　显示视图设计

该应用无论进行何类操作,均用同一个视图文件进行显示,该视图文件中显示当前目录下的所有子目录列表,以及当前目录下的文件列表。在列出目录和子目录的时候提供删除子目录和删除文件的超链接。另外提供子目录创建和文件上传表单。另外还要显示当前目录路径,并提供回到上级目录的超链接。图 21-2 为显示界面。

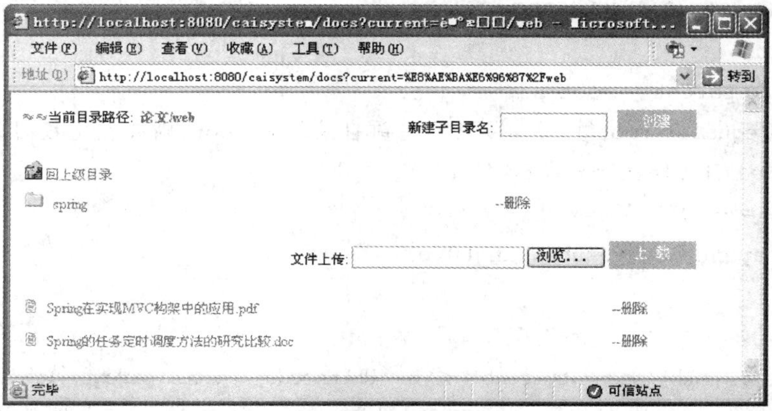

图 21-2　个人文档空间

【程序清单 21-2】文件为 WEB-INF/views/filelist.jsp

```
<%@page contentType="text/html; charset=UTF-8"%>
<%@ taglib uri="http://java.sun.com/jsp/jstl/core" prefix="c" %>
<%@page import="java.io.*"%>
<%@page import="java.util.*"%>
<%@page import="java.net.*"%>
<c:set var="path" value="${pageContext.request.contextPath}"/>
<html> <HEAD>
<meta http-equiv="Content-Type" content="text/html; charset=UTF-8">
<link rel="stylesheet" type="text/css" href="${path}/css/main.css">
</HEAD>
<% String cdir = (String)request.getAttribute("current");
%>
<body>
<!-- 显示当前目录和提供新建目录表单-->
<table border=0 width="95%" cellspacing="0" cellpadding="0">
<tr><td width=30% valign='top'><font color=red>≈≈</font>当前目录
路径:
  <font color=green><b><%=cdir %></b></font></td>
<td width=70% align=right valign="top">
<form action="${path}/createdir" method="post">
<font  color="#000000"> 新建子目录名:</font>
<input type="hidden" name="parentpath" value="${current}"/>
<INPUT type="text" size="10" name="dirname">  
<INPUT type="submit" value="创建" class=button></form>
</td></table>
<!--  显示回上级目录的超链接  -->
<table border=0 width=95%>
<tr><td>
<% String parent="root";
if (!cdir.equals("root")) {  //只要当前目录不是root,则存在上级目录
    int p=cdir.lastIndexOf("/");
    if (p!=-1) {
        parent=cdir.substring(0,p);
    }
%>
<a href="${path}/docs? current=<%=URLEncoder.encode(parent,"utf-8")%>">
<img src="${path}/images/istop.gif" border=0> 回上级目录</a>
<%}%>
</td></tr>
```

```
<!-- 以下列当前目录下所有子目录,并提供子目录进入和删除超链接-->
<%
List<String> dirs = (List<String>)request.getAttribute("dirs");
Iterator<String> p = dirs.iterator();
while (p.hasNext()) {
    String mydir = p.next();
 %>
<tr><td align = left  height = "28">
<% if (cdir.equals("root")) { %>
<a href = "${path}/docs? current = <% = URLEncoder.encode(mydir,"utf-8") %>">
<img src = "${path}/images/close.gif" border = 0>   <% = mydir %>
</a>
<% }else { %>
<a href = "${path}/docs? current = <% = URLEncoder.encode(cdir + "/" + mydir,"
utf-8") %>">
<img src = '${path}/images/close.gif' border = 0>   <% = mydir %>
</a>
<% } %>
</td>
<td><a href = "${path}/dirdel? dir = <% = URLEncoder.encode(mydir,"utf-8")
 + "&parent = "
 + URLEncoder.encode(cdir,"utf-8") %>" onclick = "return confirm('确定删除该目录
吗?');">--删除</a>
</td></tr>
<% } %>
</table>
<!--  以下提供文件上传表单   -->
<br>
<form name = "myFORM" ENCTYPE = "multipart/form-data"  action = "${path}/fileup-
load"  method = "post" >
<input type = "hidden" name = "currentpath" value = "${current}" />
<TABLE width = "95%" border = "0" cellspacing = "0" cellpadding = "0">
<TR>
<TD align = right width = "30%">
<font color = "#000000"> 文件上传: </font><INPUT TYPE = FILE
NAME = "file1"> <INPUT TYPE = SUBMIT VALUE = " 上 载 " class = button>
</td>
</TABLE>
</FORM>
<!--  以下列出当前路径下所有文件,并提供文件查看和删除超链接   -->
```

```
<table border = 0 width = 95 % >
<%
List<File> files = (List<File>)request.getAttribute("files");
Iterator<File> p2 = files.iterator();
while (p2.hasNext()) {
  File myfile = p2.next();
%>
<tr><td align = left   height = "28"><FONT color = #66a288 face = WingDings size = 3>2</FONT>  
<a href = " ${path}/filepos/<% = request.getRemoteUser() + "/" + cdir + "/" + myfile.getName() %>"><% = myfile.getName() %></a></td>
<td>
<a href = " ${path}/filedel? file = < % = URLEncoder.encode(myfile.getName()," utf-8") % >&dir = < % = URLEncoder.encode(cdir,"utf-8") % >" onclick = "return confirm ('确定删除该文件吗?');">--删除</a>
</tr>
<% } %>
</table>
</body></html>
```

【说明】由于程序中需要调用 Java 的 URLEncoder 类对路径进行编码处理。所以,该程序主要用 JSP 代码来处理来自模型的数据。例如,用 request.getAttribute("files")获取存储在模型中的文件列表。读者可思考将一些 JSP 代码改用 JSTL 和 EL 表达式代替。

【注意】以上通过超链去访问文件,实现对文件的下载,filepos 在前面已描述,为配置文件的资源路径映射定义,但对中文路径和中文文件名会出现资源不匹配问题。

21.3　文件下载处理更好方法

实现文件下载处理的另一种办法是通过 MVC 控制器进行处理,通过类似前面的文件删除的代码模式获取文件,JSP 视图文件中传递的参数和文件删除一样。

然后,利用文件输入流读取字节数据,利用 Servlet 的响应输出流将字节数据送客户端。可在程序清单 21-1 的控制器代码中增加如下方法设计:

```
@RequestMapping(value = "/downfile*")
public void downloadfile(@RequestParam("dir") String currentpath,
        @RequestParam("file") String file, HttpServletRequest request,
        HttpServletResponse response) {
    try {
        file = URLDecoder.decode(new String(file.getBytes("ISO-8859-1"),
                "UTF-8"), "UTF-8");
        currentpath = URLDecoder.decode(  new String(
                currentpath.getBytes("ISO-8859-1"), "UTF-8"),"UTF-8");
```

```
            String userid = request.getRemoteUser();
            File x;
            x = new File("d:/user/" + userid
                    + ((currentpath.equals("root")) ? "" : "/" + currentpath)
                    + "/" + file);
            byte[ ] data = new byte[1024];
            InputStream infile = new FileInputStream(x);
            response.setHeader("Content-Disposition", "attachment; filename=\""
             + URLEncoder.encode(file, "UTF-8") + "\""); //对文件名编码处理
            response.addHeader("Content-Length", "" + x.length());
            response.setContentType("application/octet-stream;charset=UTF-8");
            OutputStream outputStream = new BufferedOutputStream(
                    response.getOutputStream());
            while (true) {
                int byteRead = infile.read(data); // 从文件读数据给字节数组
                if (byteRead == -1) // 在文件尾,无数据可读
                    break; // 退出循环
                outputStream.write(data, 0, byteRead); //读文件数据送输出流
            }
            outputStream.flush();
            outputStream.close();
        } catch (IOException e) {  }
    }
```

【注意】

(1) 文件下载的附件名称在生成时需要用 UTF8 进行编码处理,否则在客户浏览器端附件文件名将显示为乱码。

(2) 程序中将文件的数据以 1024 字节为单位循环逐步读取送到客户端。

本章小结

用户文档网络存储系统是一个集文件上传、文件和目录管理、文件下载等功能的特殊应用,通过用户标识作为用户存储空间的根路径,每个用户可对各自的空间进行文档管理。由于文档路径中可能出现汉字,MVC 控制器的 Mapping 设计采用了特殊的处理技巧,解决了斜杠路径符和汉字编码解析问题。读者可制作一个研究型学习服务系统,允许学生有各自的文档空间和小组文档空间。

参考文献

[1] 李刚. 轻量级 Java EE 企业应用实践-Struts2＋Spring3＋Hibernate 整合开发[M]. 3 版. 北京:电子工业出版社,2011
[2] 郭锋. Spring 从入门到精通[M]. 北京:清华大学出版社,2006
[3] 丁振凡. Web 编程实践教程[M]. 北京:清华大学出版社,2011
[4] 陈雄华,林开雄. Spring 3. x 企业应用开发实战[M],北京:电子工业出版社,2012
[5] 丁振凡. 基于 Spring 的网络考试系统的服务设计[J]. 吉首大学学报(自然科学版),2013,34(1):21-25
[6] 齐白钰. Web 国际化通用框架研究及在大冬会系统中的应用. 硕士论文. 哈尔滨工程大学,2009
[7] 丁振凡. Spring REST 风格 Web 服务的 JSON 消息封装及解析研究[J]. 智能计算机与应用,2012,2(2):9-11
[8] 屈展,李婵. JSON 在 Ajax 数据交换中的应用研究[J]. 西安石油大学学报(自然科学版),2011,26(1):95-98
[9] 丁振凡. 李馨梅. 基于 JdbcTemplate 的数据库访问处理[J]. 智能计算机与应用,2012,2(3):29-32
[10] 丁振凡. Spring 3. x 的事务处理机制的研究比较[J]. 微型机与应用,2012,31(10):4-6
[11] 丁振凡. 基于 Spring MVC 的网络存储系统设计[J]. 计算机系统应用, 2013,22(2):178-181
[12] 丁振凡. 基于 AJAX 结合 Spring MVC 的信息访问服务模式研究[J]. 计算机时代,2012,6:25-29
[13] 丁振凡, 李馨梅. Spring 的任务定时调度方法的研究比较[J]. 智能计算机与应用,2012,2(4):55-56
[14] 丁振凡,吴根斌. Spring 3. x MVC 模型的数据校验国际化处理[J]. 计算机时代,2012,8:26-28
[15] 丁振凡. 利用 AJAX 结合 VML 实现 Web 图形化监控[J]. 电脑编程技巧与维护,2012,12:84-85
[16] 刘荣辉,薛冰. 基于 Annotation 的 Spring AOP 系统设计[J]. 计算机应用与软件,2009,26(9):18-20
[17] 丁振凡,吴根斌. 基于 Spring 的网站文件安全监测系统设计[J]. 计算机技术与发展,2012,12:179-182
[18] 丁振凡. 基于注解方式的 Spring 面向切面编程研究[J]. 计算机时代,2012,7:28-30

[19] 丁振凡. 基于 Spring Security 的 Web 资源访问控制[J]. 宜春学院学报,2012,34(8):71-74

[20] 丁振凡. 基于 Tika 语义分析的文档标题提取研究[J]. 长沙大学学报,2012,26(5):35-37

[21] 丁振凡. 用 Spring MVC 实现数据分页显示处理[J]. 智能计算机与应用,2012,2(5):20-22

[22] 丁振凡. Spring 安全的用户密码加密处理研究[J]. 长春工程学院学报,2012,13(3):108-111

[23] 丁振凡,王小明,邓建明,等.基于 Web 的货车检修工序监测系统的研制[J].华东交通大学学报,2012,29(5):44-49

[24] 丁振凡,王小明,吴小元,等. 利用 iText 包实现 Java 报表打印[J]. 微型机与应用,2012,31(18):84-86

[25] 丁振凡.基于 Tika 语义分析的文档内容检索服务研究[J]. 井冈山大学学报(自然科学版),2013,34(2):60-64

[26] 张 宇,王映辉,张翔南. 基于 Spring 的 MVC 框架设计与实现[J]. 计算机工程,2010,36(2):59-62

[27] 丁振凡. 基于 Spring Integration 消息流程的文件监控[J]. 吉首大学学报(自然科学版),2013,34(2):26-30

[28] 丁振凡.基于 AJAX 结合 Spring 的 Web 考试在线用户监测[J].长沙大学学报,2013,27(2):60-62